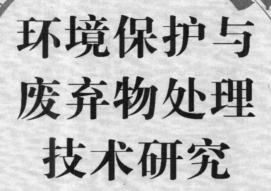

# 环境保护与废弃物处理技术研究

赵国莲　郭　瑛　公　静　主编

文化发展出版社
Cultural Development Press

**图书在版编目（CIP）数据**

环境保护与废弃物处理技术研究／赵国莲，郭瑛，公静主编．—北京：文化发展出版社，2020.12(2022.1重印)

ISBN 978-7-5142-3173-1

Ⅰ．①环…　Ⅱ．①赵…　②郭…　③公…　Ⅲ．①环境保护－固体废物处理　Ⅳ．① X705

中国版本图书馆 CIP 数据核字（2020）第 223572 号

# 环境保护与废弃物处理技术研究

主　　编：赵国莲　郭　瑛　公　静

责任编辑：张　琪　　　　　　责任校对：岳智勇
责任印制：邓辉明　　　　　　责任设计：侯　铮
出版发行：文化发展出版社有限公司（北京市翠微路 2 号　邮编：100036）
网　　址：www. wenhuafazhan. com
经　　销：各地新华书店
印　　刷：阳谷毕升印务有限公司

开　　本：787mm×1092mm　1/16
字　　数：377 千字
印　　张：20.5
印　　次：2021 年 5 月第 1 版　2022 年 1 月第 2 次印刷
定　　价：52.00 元
I S B N：978-7-5142-3173-1

◆　如发现任何质量问题请与我社发行部联系。发行部电话：010-88275710

# 编委会

| 作者 | 署名位置 | 工作单位 |
|------|---------|---------|
| 赵国莲 | 第一主编 | 山东省临沂市环境卫生管理处 |
| 郭瑛 | 第二主编 | 海南省建设项目规划设计研究院有限公司 |
| 公静 | 第三主编 | 山东省临沂市环境卫生管理处 |
| 夏俊 | 副主编 | 杭州华测检测技术有限公司 |
| 罗翔宇 | 副主编 | 国网宁夏电力有限公司电力科学研究院 |
| 程诚 | 副主编 | 浙江求实环境监测有限公司 |
| 袁旭兰 | 副主编 | 新疆中泰化学托克逊能化有限公司 |
| 许海华 | 副主编 | 国家海洋局南通海洋环境监测中心站 |
| 陈冰 | 副主编 | 中铝瑞闽股份有限公司 |
| 李建飞 | 副主编 | 山东爱沃达工程技术咨询有限公司 |
| 卢先春 | 编委 | 国投信开水环境投资有限公司 |

# 前　言

环境保护是指人类为解决现实的或潜在的环境问题，协调人类与环境的关系，保障经济社会的持续发展而采取的各种行动的总称。环境保护又是指人类有意识地保护自然资源并使其得到合理的利用，防止自然环境受到污染和破坏；对受到污染和破坏的环境必须做好综合治理，以创造出适合于人类生活、工作的环境。其方法和手段有工程技术的、行政管理的，也有法律的、经济的、宣传教育的等。环保，在我们的生活中极为重要，我们要尽自己的最大努力保护好环境。

近些年来，世界现代化进程加快，城市的发展、工业的发达，为社会产生了大量的财富。但是同时也带来了严重的环境污染，例如水污染、大气污染等。各种处理措施也得到了开发。然而，固体废弃物处理技术发展相对较慢。长期以来，固体废弃物主要通过土地填埋方式进行处理。然而，随着废弃物产量的增多，土地填埋已经无法实现固体废弃物的处理。同时，废弃物含有大量的污染物质，不妥善处理会存在着多种危害风险。因此，固体废弃物的处理与处置成为当前环境污染治理重要的方面之一。

为了满足从事环境保护和废弃物处理技术研究和工作人员的实际要求，编委会的专家们翻阅大量环境保护和废弃物处理技术的相关文献，并结合自己多年的实践经验编写了此书。

由于编写时间和水平有限，尽管编者尽心尽力，反复推敲核实，但难免有疏漏及不妥之处，恳请广大读者批评指正，以便做进一步的修改和完善。

《环境保护与废弃物处理技术研究》编委会

# 目　录

第一章　可持续发展的基本理论 ………………………………… 1
　　第一节　可持续发展理论的产生与发展 ……………………… 1
　　第二节　可持续发展理论的基本内涵与特征 ………………… 3
　　第三节　可持续发展理论的指标体系 ………………………… 5
　　第四节　我国实施可持续发展战略的行动 …………………… 11

第二章　循环经济和低碳经济 …………………………………… 15
　　第一节　清洁生产 …………………………………………… 15
　　第二节　循环经济与低碳经济 ……………………………… 17

第三章　资源环境保护 …………………………………………… 28
　　第一节　水资源的利用与保护 ……………………………… 28
　　第二节　土地资源的利用与保护 …………………………… 33
　　第三节　生物资源的利用与保护 …………………………… 36
　　第四节　矿产资源的利用与保护 …………………………… 45

第四章　水污染及其防治 ………………………………………… 49
　　第一节　水质指标与水质标准 ……………………………… 49
　　第二节　水污染控制与处理技术 …………………………… 52
　　第三节　水资源化与海洋污染 ……………………………… 57

第五章　大气与土壤污染及其防治 ……………………………… 63
　　第一节　大气污染及其防治 ………………………………… 63
　　第二节　土壤污染及其防治 ………………………………… 80

第六章　物理性污染及其防治 ·························································· 100

　第一节　噪声污染及其控制 ······················································ 100

　第二节　电磁性污染及其控制 ···················································· 106

　第三节　放射性污染及其控制 ···················································· 108

　第四节　光污染、热污染及其防治 ·············································· 109

第七章　固体废物的分类、收集与管理 ············································ 112

　第一节　城市生活垃圾的收集与运输 ·········································· 112

　第二节　城市垃圾中转站的设立与运行 ········································ 133

　第三节　工业固体废物的收集 ···················································· 137

　第四节　危险废物的收集与运输 ················································ 139

第八章　城市固体废弃物处理技术研究 ············································ 142

　第一节　城市生活垃圾的预处理技术 ·········································· 142

　第二节　城市生活垃圾填埋技术 ················································ 143

　第三节　城市生活垃圾焚烧处理处置技术 ···································· 149

　第四节　城市生活垃圾综合处置技术 ·········································· 158

第九章　农业固体废弃物处理技术研究 ············································ 163

　第一节　农业固体废弃物的预处理 ············································· 163

　第二节　垃圾的堆肥 ································································· 166

　第三节　畜禽粪便的综合利用 ···················································· 174

　第四节　农作物秸秆的综合利用 ················································ 180

第十章　医疗废弃物处理技术研究 ················································· 193

　第一节　医疗废物处理处置技术的选择和优化 ······························ 193

　第二节　医疗废物的源头分类和减量 ·········································· 199

　第三节　医疗废物优化焚烧处置技术 ·········································· 209

　第四节　医疗废物非焚烧优化处理技术 ········································ 232

第十一章　电子废弃物处理技术研究 ·············································· 252

　第一节　电子废弃物的资源利用与管理 ········································ 252

第二节　电子废弃物处理处置方案 ·························· 254

第三节　电子废弃物的火法冶金技术 ······················ 257

**第十二章　工业固体废弃物处理技术研究**·················· **265**

第一节　工业固体废弃物 ································ 265

第二节　煤系固体废弃物 ································ 269

第三节　煤炭固体废弃物在工业中的应用 ·················· 275

**第十三章　塑料废弃物处理技术研究**·······················**282**

第一节　料废弃物的分选分离 ·························· 282

第二节　废聚氯乙烯塑料的回收与利用技术 ················ 284

第三节　废工程塑料的回收与利用技术、 ·················· 288

第四节　废热固性塑料的回收与利用技术 ·················· 291

第五节　废聚苯乙烯塑料的回收与利用技术 ················ 296

**第十四章　橡胶废弃物处理技术研究**·······················**301**

第一节　废旧橡胶回收利用方法 ························ 301

第二节　胶粉的资源化利用 ···························· 303

第三节　再生橡胶的资源化利用 ························ 308

第四节　废旧橡胶直接作燃料与热裂解应用 ················ 311

**参考文献**··················································· **316**

# 第一章 可持续发展的基本理论

## 第一节 可持续发展理论的产生与发展

### 一、关于可持续发展的三次重要国际会议

《联合国人类环境会议》《联合国环境与发展会议》和《可持续发展世界首脑会议》这三次联合国会议一般被认为是国际可持续发展进程中具有里程碑性质的重要会议。

1.《联合国人类环境会议》

《联合国人类环境会议》于 1972 年在瑞典斯德哥尔摩召开。当时人类面临着环境日益恶化、贫困日益加剧等一系列突出问题，国际社会迫切需要共同采取一些行动来解决这些问题。这次会议就是在这样的国际背景下由联合国主持召开的。通过广泛的讨论，会议通过了重要文件《人类环境行动计划》，大会确定每年的 6 月 5 日为世界环境日。作为探讨保护全球环境战略的第一次国际会议，联合国人类环境大会的意义在于唤起了各国政府共同对环境问题，特别是对环境污染问题的觉醒和关注。

这次会议之后，根据需要联合国于 1973 年成立了联合国环境规划署。1983 年联合国第 38 届大会通过决议，成立了世界环境与发展委员会，挪威首相布伦特兰夫人（G.H.Brundland）任主席。

2.《联合国环境与发展会议》

1992 年联合国在巴西里约热内卢召开了《联合国环境与发展会议》。这次会议是根据当时的环境与发展形势需要，同时为了纪念联合国人类环境会议 20 周年而召开的，会议取得了如下成果。

（1）会议通过了《里约环境与发展宣言》和《21 世纪议程》两个纲领性文件。

（2）会议将公平性、持续性和共同性作为可持续发展的基本原则。

（3）各国政府代表签署了《气候变化框架公约》等国际文件及有关国际公约。

至此，可持续发展得到了世界最广泛和最高级别的政治承诺。可持续发展由理

论和概念推向行动。根据形势需要，联合国在这次会议之后于1993年成立了联合国可持续发展委员会。

### 3.《可持续发展世界首脑会议》

《可持续发展世界首脑会议》于2002年在南非约翰内斯堡召开。这次会议的主要目的是回顾《21世纪议程》的执行情况、取得的进展和存在的问题，并制定一项新的可持续发展行动计划，同时也是为了纪念《联合国环境与发展会议》召开10周年。经过长时间的讨论和复杂谈判，会议通过了《可持续发展世界首脑会议实施计划》这一重要文件。

## 二、关于可持续发展的三份重要报告

### 1.《增长的极限》

在《联合国人类环境会议》召开的1972年，国际社会发生了另一件具有重要意义的事情：非正式的国际协会——罗马俱乐部（The Club of Rome），针对长期流行于西方的高增长理论进行了深刻反思，于1972年提交了研究报告——《增长的极限》（The Limits to Growth）。报告的主要内容和论点如下。

（1）报告深刻阐明了环境的重要性以及资源与人口之间的关系。

（2）世界系统的五个基本因素人口增长、粮食生产、工业发展、资源消耗和环境污染的运行方式是指数增长而非线性增长。人口增长、工业发展过快，而地球的资源、环境对污染物的承载力是有限的，总有一天要达到极限，使得生态恶化、环境污染加剧、资源耗竭、粮食短缺。

（3）解决的办法是控制发展，必要时不发展。

《增长的极限》是罗马俱乐部于1968年成立以后发表的第一个研究报告，这一报告公开发表后迅速在世界各地传播，唤起了人类对环境与发展问题的极大关注，并引起了国际社会的广泛讨论。这些讨论是围绕着这份报告中提出的观点展开的，即经济的不断增长是否会不可避免地导致全球性的环境退化和社会解体。到20世纪70年代后期，经过进一步广泛的讨论，人们基本上达成了比较一致的结论，即经济发展可以不断地持续下去，但必须对发展加以调整，即必须考虑发展对自然资源的最终依赖性。

### 2.《世界自然保护策略》

由国际自然保护联盟牵头，与联合国环境规划署以及世界野生基金会等国际组织一起，于1980年发表了《世界自然保护策略》这份重要报告，并为这一报告加了一个副标题：为了可持续发展的生存资源保护。该报告的主要目的有以下三个。

（1）解释生命资源保护对人类生存与可持续发展的作用。

（2）确定优先保护的问题及处理这些问题的要求。

（3）提出达到这些目标的有效方式。

该报告分析了资源和环境保护与可持续发展之间的关系，并指出，如果发展的目的是为人类提供社会和经济福利的话，那么保护的目的就是要保证地球具有使发展得以持续和支撑所有生命的能力，保护与可持续发展是相互依存的，二者应当结合起来加以综合分析。这里的保护意味着管理人类利用生物圈的方式，使得生物圈在给当代人提供最大持续利益的同时保持其满足未来世代人需求的潜能；发展则意味着改变生物圈以及投入人力、财力、生命和非生命资源等去满足人类的需求和改善人类的生活质量。

虽然《世界自然保护策略》以可持续发展为目标，围绕保护与发展做了大量的研究和讨论，且反复用到可持续发展这个概念，但它并没有明确给出可持续发展的定义。

3.《我们共同的未来》

世界环境与发展委员会经过 3 年多的深入研究和充分论证，于 1987 年向联合国大会提交了研究报告《我们共同的未来》，报告分为共同的关切、共同的挑战、共同的努力三大部分。

该报告提出了"从一个地球走向一个世界"的总观点，并在这样的一个总观点下，从人口、资源、环境、食品安全、生态系统、物种、能源、工业、城市化、机制、法律、和平、安全与发展等方面比较系统地分析和研究了可持续发展问题的各个方面。该报告第一次明确给出了可持续发展的定义。

# 第二节 可持续发展理论的基本内涵与特征

## 一、可持续发展的定义

《我们共同的未来》是这样定义可持续发展的："既满足当代人的需求，又不对后代人满足其自身需求的能力构成危害的发展"。这一概念在 1989 年联合国环境规划署（UNEP）第 15 届理事会通过的《关于可持续发展的声明》中得到接受和认同。即可持续发展是指既满足当前需要，而又不削弱子孙后代满足其需要之能力的发展，而且绝不包含侵犯国家主权的含义。这个定义包含了三个重要的内容：首先是"需求"，要满足人类的发展需求，可持续发展应当特别优先考虑世界上穷人的需求；其次是"限制"，发展不能损害自然界支持当代人和后代人的生存能力，其思想实质是尽快发展经济满足人类日益增长的基本需要，但经济发展不应超出环境的容许极限，经济与环境协调发展，保证经济、社会能够持续发展；再次是"平等"，指各代之间的平等以及当代不同地区、不同国家和不同人群之间的平等。

## 二、可持续发展理论的基本特征

可持续发展理论的基本特征可以简单地归纳为经济可持续发展（基础）、生态（环境）可持续发展（条件）和社会可持续发展（目的）。

1. 可持续发展鼓励经济增长

它强调经济增长的必要性，必须通过经济增长提高当代人福利水平，增强国家实力和社会财富。但可持续发展不仅要重视经济增长的数量，更要追求经济增长的质量。这就是说，经济发展包括数量增长和质量提高两部分。数量的增长是有限的，而依靠科学技术进步，提高经济活动中的效益和质量，采取科学的经济增长方式才是可持续的。

2. 可持续发展的标志是资源的永续利用和良好的生态环境

经济和社会发展不能超越资源和环境的承载能力。可持续发展以自然资源为基础，同生态环境相协调。它要求在保护环境和资源永续利用的条件下，进行经济建设，保证以可持续的方式使用自然资源和环境成本，使人类的发展控制在地球的承载力之内。要实现可持续发展，必须使可再生资源的消耗速率低于资源的再生速率，使不可再生资源的利用能够得到替代资源的补充。

3. 可持续发展的目标是谋求社会的全面进步

发展不仅仅是经济问题，单纯追求产值的经济增长不能体现发展的内涵。可持续发展的观念认为，世界各国的发展阶段和发展目标可以不同，但发展的本质应当包括改善人类生活质量，提高人类健康水平，创造一个保障人们平等、自由、教育和免受暴力的社会环境。这就是说，在人类可持续发展系统中，经济发展是基础，自然生态（环境）保护是条件，社会进步才是目的。而这三者又是一个相互影响的综合体，只要社会在每一个时间段内都能保持与经济、资源和环境的协调发展，这个社会就符合可持续发展的要求。显然，在21世纪里，人类共同追求的目标，是以人为本的自然－经济－社会复合系统的持续、稳定、健康的发展。

## 三、可持续发展理论的基本原则

可持续发展理论的基本原则，见表1-1。

**表 1-1　可持续发展理论的基本原则**

| 基本原则 | 具体内容 |
|---|---|
| 持续性原则 | 这里的持续性是指生态系统受到某种干扰时能保持其生产力的能力。资源环境是人类生存与发展的基础和条件，资源的持续利用和生态系统的可持续性是保持人类社会可持续发展的首要条件。这就要求人们根据可持续性的条件调整自己的生活方式，在生态可能的范围内确定自己的消耗标准，要合理开发、合理利用自然资源，使再生性资源能保持其再生产能力，非再生性资源不至于过度消耗并能得到替代资源的补充，环境自净能力能得以维持。可持续发展的可持续性原则从某一个侧面反映了可持续发展的公平性原则 |
| 共同性原则 | 可持续发展关系到全球的发展。要实现可持续发展的总目标，必须争取全球共同的配合行动，这是由地球整体性和相互依存性所决定的。因此，致力于达成既尊重各方的利益而又保护全球环境与发展体系的国际协定至关重要。正如《我们共同的未来》中写的"今天我们最紧迫的任务也许是要说服各国，认识回到多边主义的必要性"，还有"进一步发展共同的认识和共同的责任感，是这个分裂的世界十分需要的"。这就是说，实现可持续发展就是人类要共同促进自身之间、自身与自然之间的协调，这是人类共同的道义和责任 |
| 公平性原则 | 所谓公平是指机会选择的平等性。可持续发展的公平性原则包括两个方面：一方面是本代人的公平性，即代内之间的横向公平性；另一方面是代际公平性，即世代之间的纵向公平性。可持续发展要满足当代所有人的基本需求，给他们机会以满足他们要求过美好生活的愿望。可持续发展不仅要实现当代人之间的公平，而且也要实现当代人与未来各代人之间的公平，因为人类赖以生存与发展的自然资源是有限的。从伦理上讲，未来各代人应与当代人有同样的权利来提出他们对资源与环境的需求。可持续发展要求当代人在考虑自己的需求与消费的同时，也要对未来各代人的需求与消费负起历史的责任，因为同后代人相比，当代人在资源开发和利用方面处于一种无竞争的主宰地位。各代人之间的公平要求任何一代都不能处于支配的地位，即各代人都应有同样的选择机会 |

# 第三节　可持续发展理论的指标体系

## 一、生态学方向的指标体系——生态足迹法

### 1. 生态足迹的概念

生态足迹评价法是 1992 年由加拿大生态经济学家威廉教授提出的一种度量可持续发展程度的方法，随后他和他的学生瓦克纳戈尔博士于 1996 年一起提出了具体的计算方法。生态足迹评价法是最具有代表性的基于土地面积定量测量可持续发展程度的量化指标。瓦克纳戈尔博士将生态足迹形象地比喻为"一只承载着人类与人类

所创造的城市、工厂的巨脚踏在地球上留下的脚印"。具体地说，生态足迹就是指人类作为地球生态系统中的消费者，其生产活动及消费对地球形成的压力，每一个人都需要一定的地球表面来支持自身的生存，这就是人类的生态足迹。生态足迹这一形象化概念，既反映了人类对地球环境的影响，也包含了可持续性机制。也就是说，当地球所能提供的土地面积再也容纳不下这只巨足时，其上的城市、工厂就会失去平衡；如果巨足始终得不到一块允许其发展的立足之地，那么它所承载的人类文明终将坠落与崩溃。生态足迹是一只环境的大脚，生态足迹越大，环境破坏就越严重。它的应用意义是：将生态足迹需求与自然生态系统的承载力（亦称生态足迹供给）进行比较，即可以定量地判断某一国家或地区目前可持续发展的状态，以便对未来人类生存和社会经济发展做出科学规划和建议。

2．生态足迹的计算模型

生态足迹通过建立数学模型来计算在一定的人口与经济规模条件下，为资源消费和废物消纳所必需的生物生产面积，包括陆地和水域，计算的尺度可以是某个个人、某个城市或某个国家。

生态足迹（生态足迹需求）模型为：

$$EF = N \times ef$$

$$ef = \sum_{i=1}^{n} \gamma_i \times A_i = \gamma_i \times c_i / Y_i$$

式中，EF 为计算中某一定数量人群的总生态足迹，$ghm^2$（全球公顷）；N 为总人口；ef 为人均生态足迹，$ghm^2$；$\gamma_i$ 为消费项目类型；为均衡因子（某生态生产性土地面积的均衡因子等于全球该生态生产性土地面积的平均生产力除以全球所有生态生产性土地面积的平均生产力）$A_i$ 为第 i 种消费项目人均占有的生态生产性土地面积，$hm^2$；$c_i$ 为第 i 种消费项目的人均消费量；$Y_i$ 为生态生产性土地生产第 i 种消费项目的世界年平均生物生产单位面积产量。

3．生态承载力

生态承载力是指"生态系统的自我维持、自我调节能力，资源与环境子系统的供容能力（资源持续供给能力、环境容纳废物能力）及其可维持养育的社会经济活动强度和具有一定生活水平的人口数量"。在不同区域、不同生态环境、不同社会经济状况下，其生态系统承载力是不同的。根据生态足迹的计算模型，通常将某个地区的生态承载力表征为该地区能够提供的所有生态生产性土地面积的总和。度量单位与生态足迹相同（$ghm^2$）。

总生态承载力为：

$$EC = \sum_{i=1}^{n} \gamma_i \times y_i \times a_i$$

式中，EC 为区域总生态承载力；$\gamma_i$ 为均衡因子；$y_i$ 为产量因子；$a_i$ 为区域内第 i 种生态生产性土地面积。

4. 生态赤字与生态盈余

根据一个地区的生态承载力与生态足迹，可以计算生态盈余或生态赤字。当一个地区的生态承载力小于生态足迹时，则出现生态赤字；当生态承载力大于生态足迹时，则产生生态盈余。生态盈余（赤字）计算公式如下：

$$ER \text{ 或 } ED = EC - EF$$

式中，ER、ED 分别为生态盈余和生态赤字。

生态足迹突出了以下与可持续发展紧密相关的主题。

（1）人类消费的增加及其后果。

（2）可持续发展所依赖的关键资源陆地和海洋；可获得资源的分布状况。

（3）贸易对可持续发展的影响和在环境压力下区域资源的重新分配问题。

生态足迹测量了人类生存所需的真实的生物生产面积。将其同国家或区域范围内所能提供的生物生产面积相比较，就能够判断一个国家或区域的生产消费活动是否处于当地的生态系统承载力范围之内，若超出了当地最大的生态系统承载力，就会出现生态赤字。生态赤字可通过三条途径来减少：增加土地的产出率；提高资源的利用效率；改变人们的生活消费方式。

## 二、经济学方向的指标体系

经济学家认为，可持续的经济是社会实现可持续发展的基础。在经济学方向上最具有代表性的指标是绿色 GDP（国内生产总值）和真实储蓄率，它们为评价一个国家或地区的可持续发展能力的动态变化提供了有利的判据。这里仅介绍绿色 GDP。

1. 传统 GDP 的缺陷

GDP 的中文译名是国内生产总值，是指一个国家或者地区生产的全部产品与劳务的价值。传统 GDP 的缺陷表现在统计中忽视了非市场性的活动和遗漏了环境破坏活动对 GDP 的影响。具体包括以下几点。

（1）不能反映经济运行的质量，GDP 计算的是经济活动的总量，不论质量好坏的产出都计算在国民财富中，许多自然灾害以及人为事故等对社会造成了严重的影响和破坏，而在GDP核算中，这些灾害事故都成为了经济的增长点。

（2）GDP没有考虑社会生活的质量，不能反映人们的生活福利状况，譬如，如果为了GDP的增长，人们牺牲自己的休闲活动，那么可能人的生活福利并没有增加。

（3）GDP的核算，只是记录看得见的对其有贡献的可以价格化的劳务，而对于其他的对社会生活有意义的不可价格化的劳务却视而不见，如GDP忽略了家务劳动、自愿者活动等的价值，不能真实全面地反映社会发展的全貌。

（4）从环境角度来看，在GDP的核算中，自然资源被认为是可任意使用的自由财富，没有考虑资源的稀缺性，忽略了生态环境的价值，忽视了环境破坏带来的灾害以及环境修复的花费，甚至于把这种损害作为GDP的增加点，以至于现在许多地方GDP增长越快，对自然环境的破坏也越严重。正如美国经济学家罗伯特·里佩托所指出的："一个国家可以耗尽它的矿产资源，砍伐它的森林，侵蚀它的土壤，污染它的地下水，杀尽它的野生动物，但是，可测量的国民收入却不会因这些自然资产的消失而受影响。"这段话是对评估经济发展具体方法的典型描述。

2．绿色GDP的核算

绿色GDP可以从如下最简要的图式出发，它是将现行统计下的GDP扣除两大基本部分的"虚数"。表达为：

绿色GDP=现行GDP-自然部分虚数-人文部分虚数

式中，自然部分的虚数，应从以下所列因素中扣除。

（1）环境污染所造成的环境质量下降。

（2）自然资源的退化与配比的不均衡。

（3）长期生态质量退化所造成的损失。

（4）自然灾害所引起的经济损失。

（5）资源稀缺性所引发的成本；物质、能量的不合理利用所导致的损失。

而人文部分的虚数，亦应从以下所列的因素中扣除。

（1）由于疾病和公共卫生条件所导致的支出。

（2）由于失业所造成的损失；由于犯罪所造成的损失。

（3）由于教育水平低下和文盲状况导致的损失。

（4）由于人口数量失控所导致的损失；由于管理不善（包括决策失误）所造成的损失。

绿色GDP比较合理地扣除了现实中的外部化成本，并从内部去反映可持续发展的质量和进程，因此它应逐渐地被认同，并且纳入国民经济核算体系之中。

目前，在我国GDP指标是各级党政干部考核的依据，所以它不单纯是一个技术性指标。由于片面追求 GDP 势必对环境与生态造成严重破坏，因此探索绿色 GDP 的评价方法，还具有可持续发展的制度保障意义。

3. 绿色 GDP 的应用

目前，绿色 GDP 的环境核算虽然困难，但发达国家还是取得了很大成绩，有些国家已经开始试行绿色 GDP，但迄今为止，全世界上还没有一套公认的核算模式。

原国家环境保护总局和国家统计局 2006 年 9 月 7 日向媒体联合发布了《中国绿色国民经济核算研究报告 2004》。这是中国第一份经环境污染调整的 GDP 核算研究报告，标志着中国的绿色国民经济核算研究取得了阶段性成果。研究结果表明，2004 年全国总环境污染退化成本为 5118.2 亿元，占当年 GDP 的 3.05%。虚拟治理成本为 2874 亿元，占当年 GDP 的 1.80%。

### 三、社会政治学方向的指标体系

社会政治学方向的指标体系最具有代表性的指标是人文发展指数（HDI），它是由反映人类生活质量的三大要素指标（即收入、寿命和教育）合成的一个复合指数。指数值在 0 ~ 1 区间，越大表明发展程度越高，通常用来衡量一个国家的进步程度。"收入"是指人均 GDP 的多少；"寿命"反映了营养和环境质量状况；"教育"是指公众受教育的程度，也就是可持续发展的潜力。收入通过估算实际人均国内生产总值的购买力来测算；寿命根据人口的平均预期寿命来测算；教育通过成人识字率（2/3 权数）和大、中、小学综合入学率（1/3 权数）的加权平均数来衡量。

虽然"人类发展"并不等同"可持续发展"，但该指数的提出仍有许多有益的启示。HDI 强调了国家发展应从传统的以物为中心转向以人为中心，强调了追求合理的生活水平而并非对物质的无限占有，向传统的消费观念提出了挑战。HDI 将收入与发展指标相结合。人类在健康、教育等方面的社会发展是对以收入衡量发展水平的重要补充，倡导各国更好地投资于民，关注人们生活质量的改善，这些都是与可持续发展原则相一致的。

联合国开发计划署（UNDP）发表的《2009 年人类发展报告》依据人文发展指数值的高低，将纳入统计的 182 个国家和地区人文发展水平划分为四类，分别是：超高人文发展水平（HDI 值为 0.900 及其以上），此类国家和地区有 38 个，其平均 HDI 值为 0.955；高人文发展水平（HDI 值为 0.800 ~ 0.899），此类国家和地区有 45 个，其平均 HDI 值为 0.833；中等人文发展水平（HDI 值为 0.500 ~ 0.799），此类国家和地区有 75 个，其平均 HDI 值为 0.686；低人文发展水平（HDI 值为 0.500 以下），此类国家和地区有 24 个，其平均 HDI 值为 0.423。

报告显示，2007 年世界人文发展指数平均值为 0.753。人文发展指数居世界前三位的国家是：挪威以 0.971 居世界榜首，澳大利亚以 0.970 位居第二，冰岛以 0.969 位列第三。我国以 0.772 位居世界第 92 位，属于中等人文发展水平。

## 四、系统学方向的指标体系

### 1. 联合国可持续发展委员会（UNCSD）指标体系

1992 年世界环境与发展大会以来，许多国家按大会要求，纷纷研究自己的可持续发展指标体系，目的是检验和评估国家的发展趋势是否可持续，并以此进一步促进可持续发展战略的实施。作为全球实施可持续发展战略的重大举措，联合国也成立了可持续发展委员会（UNCSD），其任务是审议各国执行《21 世纪议程》的情况，并对联合国有关环境与发展的项目和计划在高层次进行协调。为了对各国在可持续发展方面的成绩与问题有一个较为客观的衡量标准，该委员会于 1996 年发布了《可持续发展指标体系和方法》以供世界各国作为参考，并建立适合本国国情的指标体系。联合国可持续发展指标体系由驱动力指标、状态指标、响应指标构成，将人类社会发展分为社会、经济、环境和制度四个方面，共包含 130 多项指标。主要目的是回答发生了什么、为什么发生、我们将如何做这三个问题。世界有 20 多个国家和地区参与了指标测试，但该体系在测试的国家中很少使用，只好放弃。后来 UNCSD 开始建立基于环境或可持续发展主题本身的可持续发展指标体系，最终在 2001 年发布了研究结果。

### 2. 中国可持续发展能力评估指标体系

为了对可持续发展能力进行评估，中国科学院可持续发展战略研究组独立地开辟了可持续发展研究的系统学方向，依据此理论内涵，设计了一套"五级叠加，逐层收敛，规范权重，统一排序"的可持续发展指标体系。该指标体系分为总体层、系统层、状态层、变量层和要素层五个等级（见表 1-2）。

表 1-2　中国可持续发展能力评估指标体系的等级

| 级别 | 具体内容 |
| --- | --- |
| 总体层 | 从总体上综合表达一个国家或地区的可持续发展能力，代表着一个国家或地区可持续发展总体运行势态、演化轨迹和战略实施的总体效果 |
| 系统层 | 将可持续发展总系统解析为内部具有逻辑关系的五大子系统，即生存支持系统、发展支持系统、环境支持系统、社会支持系统和智力支持系统，该层主要揭示各子系统的运行状态和发展趋势 |

| 级别 | 具体内容 |
|------|----------|
| 状态层 | 反映决定各子系统行为的主要环节和关键组成成分的状态，包括某一时间断面上的状态和某一时间序列上的变化状况 |
| 变量层 | 从本质上反映、揭示状态的行为、关系、变化等的原因和动力，共采用45个"指数"加以代表 |
| 要素层 | 采用可测的、可比的、可以获得的指标及指标群，对变量层的数量表现、强度表现、速率表现给予直接的度量，共采用了225个"基层指标"，全面系统地对45个指数进行了定量描述，构成了指标体系最基层的要素 |

# 第四节　我国实施可持续发展战略的行动

中国对于当代可持续发展的认识、研究与行动堪与世界同步。从 20 世纪 80 年代（1983 年）就一直跟踪国际可持续发展的动向，并积极投入其中，为中国这个世界第一人口大国的可持续发展注入了深层次的活力。1984 年，马世骏和牛文元参与了世界第一部可持续发展纲领性文件（《我们共同的未来》）的讨论与起草。1988 年，已经把可持续发展研究正式列为中国科学院的研究项目。

从 1992—2016 年中国实施可持续发展战略的 25 年当中，具有里程碑意义的重大转变、重要行动和政策演进，可以从下面所列的重大事件中充分地体现出来。

（1）1992 年 6 月，联合国环境与发展大会在巴西里约热内卢召开，国务院总理李鹏代表中国政府在《里约宣言》上签字，在国内启动"国家社会发展综合实验区"。

（2）1992 年 8 月，国务院批准发布《中国环境与发展的十大对策》。

（3）1994 年 3 月，国务院第 16 次常务会议通过《中国 21 世纪议程中国 21 世纪人口、环境与发展白皮书》（以下简称"《中国 21 世纪议程》"）。

（4）1994 年，中央政府制定《国家"八七"扶贫攻坚计划》，要求用 7 年左右的时间，基本解决农村 8000 万贫困人口的温饱问题。

（5）1995 年 8 月，我国第一部流域治理法规《淮河流域水污染防治暂行条例》颁布实施。

（6）1996 年 3 月，全国人大第八届四次会议批准《中华人民共和国国民经济和社会发展"九五"计划和 2010 年远景目标纲要》，第一次以最高法律形式把可持续发展与科教兴国并列为国家战略。

（7）1997年3月，中央在北京召开第一次中央计划生育与环境保护工作座谈会，以后每年3月举行一次，并于1999年进一步扩大为中央人口、资源、环境工作座谈会。将"国家社会发展综合实验区"更名为"国家可持续发展实验区"。

（8）1998年，取得抵御长江特大洪水的胜利，全国人大常委会修订《森林法》和《土地管理法》。

（9）1998年政府批准《全国生态环境建设规划》，接着又在2001年批准实施《全国生态环境保护纲要》。在这一年，中国科学院决定组织队伍集中开展中国可持续发展战略研究，并把每年系列编纂出版的《中国可持续发展战略报告》作为研究成果公布于世。

（10）1999年8月，国务院总理朱镕基在陕西考察治理水土流失、改善生态环境和黄河防汛工作，提出退耕还草、还林的具体措施，落实"再造秀美山川"的号召。

（11）2000年10月，国务院发布了关于实施西部大开发的若干政策措施，开工建设十大项目。

（12）2001年3月，九届人大四次会议通过"十五"计划纲要，将实施可持续发展战略置于重要地位，完成了从确立到全面推进可持续发展战略的历史性进程。

（13）2002年9月3日，国务院总理朱镕基代表中国政府出席联合国在南非约翰内斯堡召开的"里约10年"世界首脑大会。他在演讲中指出，实现可持续发展，是世界各国共同面临的重大和紧迫的任务，并阐明了中国政府促进可持续发展的五点主张。

（14）2002年10月28日，第九届全国人民代表大会常务委员会通过《中华人民共和国环境影响评价法》。

（15）2003年1月，国务院印发了《中国21世纪初可持续发展行动纲要》。

（16）2003年以来，中央政府继"西部大开发"之后，又先后有序地部署"东北老工业基地振兴"和"中部崛起"等一系列区域发展战略，为中国发展的空间布局、区域经济一体化和宏观经济的调控提出了明确的方向。2003年6月，国务院启动国家中长期科技发展规划的制定。2003年12月，中国教育部制定《2003—2007年教育振兴行动计划》和《国家西部地区"两基"攻坚计划》。

（17）2003年10月，中共十六届三中全会提出"科学发展观"，并概括为：坚持以人为本，树立全面、协调、可持续的发展观，促进经济社会和人的全面发展，实施"五个统筹"。

（18）2004年3月10日，国家主席胡锦涛在中央人口、资源、环境工作座谈会上指出，科学发展观总结了20多年来中国改革开放和现代化建设的成功经验，吸取了世界上其他国家在发展进程中的经验教训，揭示了经济社会发展的客观规律，反映了中国共产党对发展问题的新认识。

（19）2005年3月5日，国务院总理温家宝在十届全国人大三次会议《政府工作报告》中宣示："明年将在全国全部免征农业税。原定五年取消农业税的目标，三年就可以实现。"农村税费改革是农村经济社会领域的一场深刻变革。全部免征农业税，取消农民各种负担，彻底改变2000多年来农民缴纳"皇粮国税"的历史。中国正在积极地推动工业支持农业、城市反哺农村，走上消除城乡过度差别、贫富过度差别、地区过度差别的社会和谐之路。

（20）2005年10月8日至11日，中共十六届五中全会的决议将是中国发展历史上的一个里程碑。坚持以人为本，创新发展观念，转变增长模式，提高发展质量，提升自主创新能力，构建和谐社会，落实"五个统筹"，实现社会公平，切实把经济社会发展转入全面协调可持续发展的轨道。

（21）2006年1月，国家主席胡锦涛在全国科技大会上宣布，到2020年中国建成创新型国家。

（22）2006年10月，中共十六届六中全会通过构建和谐社会的决议。

（23）2007年3月，全国人大通过国家"十一五"规划纲要，提出建设"资源节约型、环境友好型社会"，明确实现节能减排的约束性指标。

（24）2007年10月，中共十七大召开。国家主席胡锦涛在十七大报告中指出，转变发展方式，加强能源资源节约和生态环境保护，增强可持续发展能力，建设生态文明。

（25）2008年8月，国务院副总理李克强召开多部门会议，启动《中国资源环境统计指标体系》工作。

（26）《循环经济促进法》在2009年1月1日正式施行，标志着循环经济发展步入法制化轨道。循环经济的核心是资源的循环利用和高效利用，理念是物尽其用、变废为宝、化害为利，目的是提高资源的利用效率和效益，统计指标是资源生产率。简单地说，循环经济是从资源利用效率的角度评价经济发展的资源成本。

（27）2009年9月22日，国家主席胡锦涛出席联合国气候变化峰会开幕式，并发表了题为《携手应对气候变化挑战》的重要讲话。他强调中国高度重视和积极推动以人为本、全国协调可持续的科学发展，明确提出了建设生态文明的重大战略任务，强调要坚持节约资源和保护环境的基本国策，坚持走可持续发展道路，在加快建设资源节约型、环境友好型社会和建设创新型国家的进程中不断为应对气候变化做出贡献。

（28）2011 年 9 月 2 日，国务院总理温家宝在国土资源部考察时强调"以资源可持续利用促进经济社会可持续发展"。

（29）2012 年 11 月 8 日，国家主席胡锦涛在中国共产党第十八次代表大会上的报告《坚定不移沿着中国特色社会主义道路前进为全国建设小康社会而奋斗》中指出，要"着力推进绿色发展，循环发展，低碳发展"。

（30）2013 年 5 月 24 日，国家主席习近平在中共中央政治局第六次集体学习时强调，"坚持节约资源和保护环境基本国策努力走向社会主义生态文明新时代"。

（31）2013 年 11 月 12 日，国务院发布《全国资源型城市可持续发展规划》（2013—2020 年）（国发〔2013〕45 号）。

（32）2014 年 6 月 3 日，国家主席习近平在国际工程科技大会上发表主旨演讲时强调，"我们将继续实施可持续发展战略，优化国土空间开发格局，全面促进资源节约，加大自然生态系统和环境保护力度，着力解决雾霾等一系列问题，努力建设天蓝地绿水净的美丽中国"。

（33）2015 年 9 月 17 日，国家质量监督检验检疫总局、中华人民共和国国家发展和改革委员会为了规范节能低碳产品认证活动，促进节能低碳产业发展，发布《节能低碳产品认证管理办法》（第 168 号），自 2015 年 11 月 1 日起施行。

（34）2016 年 11 月 24 日，国务院发布《"十三五"生态环境保护规划》（国发〔2016〕65 号）。

（35）2016 年 12 月 3 日，国务院发布《中国落实 2030 年可持续发展议程创新示范区建设方案》（国发〔2016〕69 号）。

# 第二章 循环经济和低碳经济

## 第一节 清洁生产

### 一、清洁生产的概念

1. 清洁生产的定义

1996 年，联合国环境规划署将清洁生产定义为：清洁生产是一种新的创造性的思想。该思想将整体预防的环境战略持续应用于生产过程、产品和服务中，以增加生态效率和减少人类及环境的风险。对生产过程，要求节约原材料和能源，淘汰有毒原材料，减降所有废弃物的数量和毒性；对产品，要求减少从原材料提炼到产品最终处置的全生命周期的不利影响；对于服务，要求将环境因素纳入设计和所提供的服务中。

2002 年我国出台的《中华人民共和国清洁生产促进法》借鉴了上述定义，将清洁生产定义为：清洁生产是指不断采取改进设计、使用清洁的能源和原料、采用先进的工艺技术与设备、改善管理、综合利用等措施，从源头削减污染，提高资源利用效率，减少或者避免生产、服务和产品使用过程中污染物的产生和排放，以减轻或者消除对人类健康和环境的危害。

上述定义清晰地表达了清洁生产的战略性质、作用对象和目标。清洁生产强调战略措施的预防性、综合性和持续性。

预防性，即污染预防。清洁生产强调事前预防，要求以更为积极主动的态度和富有创造性的行动来避免或减少废物的产生，而不是等到废物产生以后再采取末端治理措施。后者往往只是污染物的跨介质转移，且带来生产的不经济性，是与传统的末端治理模式相对立的。

综合性，是指清洁生产以生产活动全部环节为对象。推行清洁生产在于实现两个全过程控制：在宏观层次上组织工业生产的全过程控制，包括资源和地域的评价、规划设计、组织、实施、运营管理、维护、改扩建、退役、处置以及效益评价等环节；在微观层次上进行物料转化生产全过程的控制，包括原料的采集、储运、预处理、加工、成形、包装、产品的储运、销售、消费以及废品处理等环节。

持续性，是指清洁生产是一个相对的概念，所谓清洁的工艺、清洁的产品以致清洁的能源是与现有的工艺、产品、能源相比较而言的。因此，推行清洁生产本身是个不断完善的过程，随着社会经济的发展和科学技术的进步，需要适时地提出更新的目标，争取达到更高的水平，是一个持续改进的过程。

清洁生产谋求达到两个目标：一个是通过资源的综合利用、短缺资源的代用、二次资源的利用以及节能、省料、节水，合理利用自然资源，减缓资源的耗竭；另一个是减少废料和污染物的生成和排放，促进工业产品在生产、消费过程中与环境相容，降低整个工业活动对人类和环境的风险。

2．清洁生产的内容

清洁生产包括以下三个方面的内容（见表 2-1）。

**表 2-1　清洁生产包括的内容**

| 项目 | 内容 |
|---|---|
| 清洁的能源 | 包括常规能源的清洁利用、可再生能源的利用、新能源的开发、各种节能技术等 |
| 清洁的生产过程 | 包括尽量少用、不用有毒有害的原料；保证中间产品的无毒、无害；减少生产过程中的各种危险性因素，如高温、高压、低温、低压、易燃、易爆、强噪声、强振动等；采用少废、无废的工艺和高效的设备，进行物料再循环（厂内、厂外）；使用简便、可靠的操作和控制；完善管理等 |
| 清洁的产品 | 清洁产品是指节约原料和能源而少用昂贵和稀缺的原料的产品，利用二次资源作原料的产品，在使用过程中以及使用后不致危害人体健康和生态环境的产品，易于回收、复用和再生的产品，合理包装的产品，具有合理使用功能（以及具有节能、节水、降低噪声的功能）和合理使用寿命的产品，报废后易处置、易降解等产品 |

## 二、清洁生产的实施途径

清洁生产的实施途径应包括企业的经营管理、政府的政策法规、技术创新、教育培训以及公众参与监督。其中，企业的经营管理是清洁生产的体现主体，而对于生产过程而言，清洁生产的实施途径包括以下几个方面。

1．原材料及能源的有效利用和替代

原材料是工艺方案的出发点，它的合理选择是有效利用资源、减少废物产生的关键因素。从原材料使用环节实施清洁生产的内容可包括：以无毒、无害或少害原料替代有毒、有害原料；改变原料配比或降低其使用量；保证或提高原料的质量，进行原料的加工，减少对产品的无用成分；采用二次资源或废物作原料替代稀有短缺资源的使用等。

2．改革工艺和设备

工艺是从原材料到产品实现物质转化的流程载体，设备是工艺流程的硬件单元。通过改革工艺与设备方面实施清洁生产的主要途径包括：利用最新科技成果，开发新工艺、新设备，如采用无氰电镀或金属热处理工艺、逆流漂洗技术等；简化流程、减少工序和所用设备；使工艺过程易于连续操作，减少开车、停车次数，保持生产过程的稳定性；提高单套设备的生产能力，装置大型化，强化生产过程；优化工艺条件，如温度、流量、压力、停留时间、搅拌强度以及必要的预处理、工序的顺序等。

3．改进运行操作管理

除了技术、设备等物化因素外，生产活动离不开人的因素，这主要体现在运行操作和管理上。很多工业生产产生的废物污染，相当程度上是由于生产过程中管理不善造成的。实践证明，规范操作、强化管理，往往可以通过较少的费用而提高资源能源利用效率，削减相当比例的污染。因此，优化改进操作、加强管理经常是清洁生产审核中最优先考虑也是最容易实施的清洁生产手段。具体措施包括：合理安排生产计划，改进物料储存方法，加强物料管理，消除物料的跑冒滴漏，保证设备完好等。

4．生产系统内部循环利用

生产系统内部循环利用是指一个企业生产过程中的废物循环回用。一般物料再循环是生产过程中常见的原则。物料的循环再利用的基本特征是不改变主体流程，仅将主体流程中的废物加以收集处理并再利用。这方面的内容通常包括：将废物、废热回收作为能量利用；将流失的原料、产品回收，返回主体流程之中使用；将回收的废物分解处理成原料或原料组分，复用于生产流程中；组织闭路用水循环或一水多用等。

# 第二节　循环经济与低碳经济

## 一、循环经济

### 1．循环经济与传统经济的区别

从物质流动的方向看，传统工业社会的经济是一种单向流动的线性掠夺经济，即"资源—产品—废物",而循环经济要求运用生态学规律把经济系统组成一个"资源—产品—再生资源"的反馈式流程,使物质和能量在整个经济活动中得到合理和持久的利用,最大限度地提高资源环境的配置效率,实现社会经济的生态化转向,见表2-2。

**表2-2 循环经济与传统经济的区别**

| 循环经济 | 传统经济 |
|---|---|
| 循环流动的生态经济,资源—产品—再生资源 | 单向流动的线形经济,资源—产品—废物 |
| 低开采,高利用,低排放 | 高能耗,高消耗,高污染 |
| 与环境友好的经济质量型增长 | 以牺牲环境为代价,求得经济数量型增长 |

循环经济的本质是以生态学规律为指导,通过生态经济综合规划,设计社会经济活动,使不同企业之间形成共享资源和互换副产品的产业共生组合,使上游生产过程产生的废弃物成为下游生产过程的原料,实现废物综合利用,达到产业之间资源的最优化配置,使区域的物质和能源在经济循环中得到永续利用,从而实现产品和资源可持续利用的环境和谐型经济模式。

2. 循环经济的三大原则

循环经济系统的建立和实施依赖于"减量化(reduce)、再利用(reuse)、再循环(recycle)"的行为原则(称为3R原则),以实现对产品和服务的前端、过程和末端的资源消费的控制和优化。

减量化属于输入端,旨在减少进入生产和消费过程的物质的量,从源头节约资源和减少污染物的排放。

再利用属于过程中,提高产品和服务的利用效率,要求产品或包装以初始形式多次使用,减少一次污染。

再循环(资源化)属于输出端,是指物品完成使用的功能后,将其直接作为原料进行利用或者对废物进行再生处理,重新变成再生资源。

循环经济的根本目标是要求在经济流程中系统地避免和减少废物产生,而废物再生利用只是减少废物最终处置量的方式之一。因此循环经济的3R原则并非并列,在具体操作上有先后顺序,减量化应放在首位,全过程都必须做到无毒化、无害化,避免简单的产生—循环利用—最终处置。

循环经济3R原则的排列顺序,实际上反映了20世纪下半叶以来人们在环境与发展问题上思想进步走过的三个阶段:首先,以环境破坏为代价追求经济增长的理念终于被抛弃，人们的思想从排放废物提高到了要求净化废物（通过末端治理方式）；随后，由于环境污染的实质是资源浪费，因此要求进一步从净化废物升华到利用废物（通过再生和循环）；今后，人们认识到利用废物仍然只是一种辅助性手段，环境与发展协调的最高目标应该是实现从利用废物到减少废物的质的飞跃。3R 原则可以促进 3Z 目标的实现，污染物零排放（zero emission）、物耗能耗零增长（zero increase）、废弃物零填埋（zero landfill）。

3. 循环经济的三个层次

（1）组织循环（小循环）。包括企业内部物质循环、事业单位与家庭中的中水回用和垃圾回收再利用等。企业内部物质循环属于清洁生产的范畴，把污染预防的环境战略持续运用于生产过程的各个环节，通过革新工艺、更新设备及强化管理等手段，提高生产效率，加大循环力度，实现污染物的少排放甚至零排放。例如，污水回用工艺便为企业内部典型的循环实践。

（2）区域循环（中循环）。按照生态学理论和生态设计原则，通过合理布置生产组织和生活组织，使一种组织的"排泄物"成为另一组织的"食物"，按生态系统中的"食物链"机构形式完成物质循环和能量流动，如建立生态工业园、生态农业园、生态社区等。目前，世界上最成功的区域循环经济体系是卡伦堡共生体系。

（3）社会循环（大循环）。社会生产与社会消费及环境之间大系统相互循环。要想建立比较完美的社会循环体系，必须在产业结构调整、升级的基础上进行"生态结构重组"，即按"食物链"形式进行产业布局，形成相互交错、能量流动畅通、物质良性循环的"产业网"。这种大循环体系中既存在着社会生产之间的循环、社会生活之间的循环、生产与生活之间的循环，也存在着生产活动与环境之间的循环、生活活动与环境之间的循环。例如，污水原位再生技术、城市污泥在森林与园林绿地的利用及大气降水回用等技术的研究。

4. 循环经济的成功实践

（1）国外成功实践

发达国家在逐步解决了工业污染和部分生活污染后，由后工业化或消费型社会结构产生的大量废弃物逐渐成为其环境保护和可持续发展的重要问题。在这一背景下，发达国家的循环经济首先是从解决消费领域的废弃物问题入手，发达国家通过制定法律、实施计划，已经取得了明显的效果。例如，德国于 1996 年提出了《循环经济与废弃物管理法》；日本国会于 2000 年通过了六项循环经济法案——《废弃物处理法》（修订）《建筑材料循环法》《资源有效利用法》（修订）《可循环食品资源循环法》《绿色采购法》《建立循环型社会基本法》等。其次，向生产领域延伸，最终旨在改变"大量生产、大量消费、大量废弃"的社会经济发展模式。发展清洁生产和建设生态工业园是发达国家促进工业可持续发展的重要做法。

麦卡伦堡工业园区是目前世界上工业生态系统运行最为典型的例子，见图2-1。这个工业园区的主体企业是电厂、炼油厂、制药厂和石膏板生产厂，以这四个企业为核心，通过贸易方式利用对方生产过程中产生的废弃物或副产品作为自己生产中的原料，不仅减少了废物产生量和处理费用，还产生了很好的经济效益，使经济发展和环境保护处于良性循环之中。其中的燃煤电厂位于这个工业生态系统的中心，对热能进行了多级使用，对副产品和废物进行了综合利用。电厂向炼油厂和制药厂供电过程中产生的蒸汽，使炼油厂和制药厂获得了生产所需的热能；通过地下管道向卡伦堡全镇居民供热，由此关闭了镇上3500座燃烧油渣的炉子，减少了大量的烟尘排放；将除尘脱硫的副产品工业石膏，全部供应附近的一家石膏板生产厂作原料。同时，还将粉煤灰出售，以供修路和生产水泥之用。炼油厂和制药厂也进行了综合利用。炼油厂产生的火焰气通过管道供石膏厂用于石膏板生产的干燥，减少了火焰气的排空；一座车间进行酸气脱硫生产的稀硫酸供给附近的一家硫酸厂；炼油厂的脱硫气则供给电厂燃烧。卡伦堡生态工业园区还进行了水资源的循环使用。炼油厂的废水经过生物净化处理，通过管道每年输送给电厂70万立方米的冷却水。整个工业园区由于进行了水的循环使用，每年减少25%的需水量。

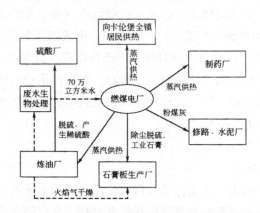

**图2-1 丹麦卡伦堡工业园区工业生态系统示意图**

（2）我国循环经济实践

我国是在压缩工业化和城市化过程中，在较低发展阶段，为寻求综合性和根本性的战略措施来解决复合型生态环境问题的情况下，借鉴国际经验，发展了自己的循环经济理念与实践。从目前的实践看，中国特色循环经济的内涵可以概括为是对生产和消费活动中物质能量流动方式管理的经济。具体来讲，是通过实施减量化、再利用和再循环的 3R 原则，依靠技术和政策手段调控生产和消费过程中的资源能源流程，将传统经济发展中的"资源—产品—废物排放"这一线性物流模式改造为"资源—产品—再生资源"的物质循环模式；提高资源能源效率，拉长资源能源利用链条，减少废物排放，同时获得经济、环境和社会效益，实现"三赢"发展。在运行模式上，我国将国外的废物循环利用、建设生态工业园和循环型社会等做法消化吸收，从解决工业、农业污染问题和区域环境问题入手，将其归纳成"3+1"模式。即在小循环、中循环、大循环以及废物处置和再生产业四个层面全面推进循环经济。"3+1"模式可以说是中国特色的循环经济模式，现已在各地应用，在学术界也得到认可。

目前，国内不同的行业有很多区域循环经济体系的示范园区，如广西贵港国家生态工业（制糖）示范园区、广东省南海生态工业园、新疆石河子市国家生态工业（造纸）示范园等。

广西贵港国家生态工业（制糖）示范园区通过产业系统内部中间产品和废弃物的相互交换和有机衔接，形成了一个较为完整的闭合式生态工业网络，使系统资源得到最佳配置，废弃物得到有效利用，环境污染减少到最低程度。在蔗田系统、制糖系统、酒精系统、造纸系统、热电联产系统、环境综合处理系统之间，形成了甘蔗—制糖—蔗渣造纸生态链、制糖—废糖蜜制酒精—酒精废液制复合肥生态链和制糖—低聚果糖生态链三条主要的生态链。因为产业间的彼此耦合关系，资源性物流取代了废物性物流，各环节实现了充分的资源共享，将污染负效益转化成资源正效益，如图 2-2 所示。

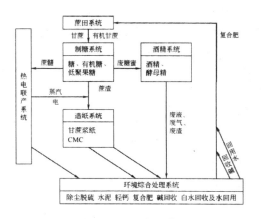

图2-2　贵港国家生态示范园区示意图

## 二、低碳经济

### 1. 低碳经济的历史背景

在人类大量消耗化石能源、大量排放 $CO_2$ 等温室气体，从而引发全球能源市场动荡和全球气候变暖的大背景下，国际社会正逐步转向发展"低碳经济"，目的是在发达国家和发展中国家之间建立起相互理解的桥梁，以更低的能源强度和温室气体排放强度支撑社会经济高速发展，实现经济、社会和环境的协调统一。

低碳经济的概念源于英国在 2003 年 2 月 24 日发表的《我们未来的能源——创建低碳经济》的能源白皮书。英国在其能源白皮书中指出，英国将在 2050 年将其温室气体排放量在 1990 年水平上减排 60%，从根本上把英国变成一个低碳经济的国家。英国是世界上最早实现工业化的国家，也是全球减排行动的主要推进力量。

### 2. 低碳经济的内涵

所谓低碳经济，是指在可持续发展思想指导下，通过技术创新、制度创新、产业转型、新能源开发等多种手段，尽可能地减少煤炭、石油等高碳能源消耗，不断提高碳利用率和可再生能源比重，减少温室气体排放，逐步使经济发展摆脱对化石能源的依赖，最终实现经济社会发展与生态环境保护双赢的一种经济发展形态。

低碳经济中的"经济"一词，涵盖了整个国民经济和社会发展的方方面面。而所提及的"碳"，狭义上指造成当前全球气候变暖的 $CO_2$ 气体，特别是由于化石能源燃烧所产生的 $CO_2$，广义上包括《京都议定书》中所提出的 6 种温室气体（二氧化碳、甲烷、氧化亚氮、氢氟碳化物、全氟化碳、六氟化硫）。低碳经济作为一种新的经济模式，包含三个方面的内容。首先，低碳经济是相对于高碳经济而言的，是相对于基于无约束的碳密集能源生产方式和能源消费方式的高碳经济而言的。因此，发展低碳经济的关键在于降低单位能源消费量的碳排放量（即碳强度），通过碳捕捉、碳封存、碳蓄积降低能源消费的碳强度，控制 $CO_2$ 排放量的增长速度。其次，低碳经济是相对于新能源而言的，是相对于基于化石能源的经济发展模式而言的。因此，发展低碳经济的关键在于促进经济增长与由能源消费引发的碳排放"脱钩"，实现经济与碳排放错位增长（碳排放低增长、零增长乃至负增长），通过能源替代、发展低碳能源和无碳能源控制经济体的碳排放弹性，并最终实现经济增长的碳脱钩。再者，低碳经济是相对于人为碳通量而言的，是一种为解决人为碳通量增加引发的地球生态圈碳失衡而实施的人类自救行为。因此，发展低碳经济的关键在于改变人们的高碳消费倾向和碳偏好，减少化石能源的消费量，减缓碳足迹，实现低碳生存。

### 3. 低碳经济的目标

发展低碳经济，实质是通过技术创新和制度安排来提高能源效率并逐步摆脱对化石燃料的依赖，最终实现以更少的能源消耗和温室气体排放支持经济社会可持续发展的目的。通过制定和实施工业生产、建筑和交通等领域的产品和服务的能效标准和相关政策措施，通过一系列制度框架和激励机制促进能源形式、能源来源、运输渠道的多元化，尤其是对替代能源和可再生能源等清洁能源的开发利用，实现低能源消耗、低碳排放以及促进经济产业发展的目标。

（1）保障能源安全

当前，全球油气资源不断趋紧、保障能源安全压力逐渐增大。21世纪以来，全球油气供需状况已经出现了巨大的变化，石油的剩余生产能力已经比20世纪80—90年代大大减少，一个中等规模的石油输出国出现供应中断就可能导致国际市场上石油供应绝对量的短缺。在全球油气资源地理分布相对集中的大前提下，受到国际局势变化和重要地区政局动荡等地缘政治因素的影响，国际能源市场的不稳定因素不断增加，油气供给中断和价格波动的风险显著上升。此外，西方发达国家还利用政治外交和经济金融措施对石油市场的投资、生产、储运和定价进行控制，构建符合其自身利益的全球政治经济格局。所有这些因素导致全球油气供应的保障程度及其未来市场预期都有所降低，推动油气价格在剧烈的波动中不断上涨并一度达到每桶147美元。

低碳发展模式就是在上述能源背景下所发展起来的社会经济发展战略，以减少对传统化石燃料的依赖，从而保障能源安全。目前，世界各国经济社会都受到油气供应中断风险增加和当前油气价格剧烈波动的影响，主要发达国家对于国际能源市场的高度依赖更是面临着保障能源安全的挑战，低碳发展模式就是调整与能源相关的国家战略和政策措施的重要手段。

（2）应对气候变化

气候变化问题为能源体系的发展提出了更加深远的挑战。气候变化问题是有史以来全球人类面临的最大的"市场失灵"问题，扭曲的价格信号和制度安排导致了全球环境容量不合理的配置和利用，并最终形成了社会经济中大量社会效率低下且不可持续的生产和消费。应对全球气候变化的国际谈判和国际协议的发展，实质上是对经济社会发展所必需的温室气体排放容量进行重新配置，制定相关国际制度，实现经济发展目标与保护全球气候目标的统一。

低碳发展模式是在全球环境容量瓶颈凸现以及应对气候变化的国际机制不断发展的背景下所发展起来的，是应对气候变化的必然选择。在未来形成全球大气容量国际制度安排的前提下，发展低碳经济，将化石燃料开发利用的环境外部性内部化，并通过国际国内政策框架的制定来促进构建经济、高效且清洁的能源体系，从而实现《联合国气候变化框架公约》的最终目标，使得"大气中温室气体的浓度稳定在防止气候系统受到具有威胁性的人为干扰的水平上"。当前，全球各国都共同面临着减少化石燃料依赖并降低温室气体排放和稳定其大气中浓度的挑战，发达国家和发展中国家在未来将承担"共同但有区别的"温室气体减排责任，而低碳发展模式能够实现经济社会发展和保护全球环境的双重目标。

（3）促进经济发展

发展低碳经济，目的在于寻求实现经济社会发展和应对气候变化的协调统一。低碳并不意味着贫困，贫困不是低碳经济的目标，低碳经济是要保证低碳条件下的高增长。通过国际国内层面合理的制度构建，规制市场经济下技术和产业的发展动向，从而实现整个社会经济的低碳转型。发展低碳经济，不仅有助于实现应对气候变化的全球重大战略目标，并且也能够为整个社会经济带来新的经济增长点，同时还能创造新的就业岗位和国家的经济竞争力。

在20世纪几次石油危机的刺激下，西方发达国家走在了全球发展低碳经济的前列。英国、德国、丹麦等欧洲各国以及日本长期重视发展可再生能源和替代能源的战略，在当前具备了引领全球低碳技术和低碳产业的优势。在全球金融危机和经济放缓的背景之下，美国前总统奥巴马在当选后公布的经济刺激方案中，也将发展替代能源和可再生能源、创造绿领就业机会作为核心，实现国家的"绿色经济复兴计划"。目前，欧美发达国家都在通过制度构建和技术创新发展低碳技术和低碳产业，推动社会生产生活的低碳转型，以新的经济增长点和增长面推动整体社会繁荣。

4．低碳经济实现的途径

发展低碳经济，需要在能源效率、能源体系低碳化、吸碳和碳汇以及经济发展模式和社会价值观念等领域开展工作。大量研究表明，通过发展低碳经济，采取业已或者即将商业化的低碳经济技术，大规模发展低碳产业并推动社会低碳转型，能够控制温室气体排放，关键是成本问题及如何分摊这些成本。

（1）提高能效和减少能耗

低碳发展模式要求改善能源开发、生产、输送、转换和利用过程中的效率并减少能源消耗。面对各种因素所导致的能源供应趋紧，整个社会迫切需要在既定的能源供应条件下支持国民经济更好更快地发展，或者说在保障一定的经济发展速度的同时，减少对能源的需求并进而减少对能源结构中仍占主导地位的化石燃料的依赖。提高能源效率和节约能源涵盖了整个社会经济的方方面面，尤其作为重点用能部门的工业、建筑和交通部门更是迫切需要提高能效的领域，通过改善燃油经济性、减少对小汽车的过度依赖、提高建筑能效和提高电厂能效等措施，实现节能增效的低碳发展目标。

发展低碳经济，制定并实施一系列相互协调并互为补充的政策措施，包括：实行温室气体排放贸易体系，推广能源效率承诺，制定有关能源服务、建筑和交通方面的法规并发布相应的指南和信息，颁布税收和补贴等经济激励措施。这些政策措施的目的在于，通过合理的制度框架引导和发挥自由市场经济的效率与活力，从而从以长期稳定的调控信号和较低的成本引导重点用能部门向低能耗和高能效的方向转型。

（2）发展低碳能源并减少排放

能源保障是社会经济发展必不可少的重要支撑，低碳发展模式则是要降低能源中的碳含量及其开发利用产生的碳排放，从而实现全球大气环境中温室气体环境容量的高效合理利用。实现经济社会发展的"低碳化"，是为了在合理的制度安排之下推动 $CO_2$ 排放所产生的环境负外部性内部化，从而实现从低效率的"高碳排放"转向大气环境容量得以优化配置和利用的"低碳经济"。通过恰当的政策法规和激励机制，推动低碳能源技术的发展以及相关产业的规模化，能够将其减缓气候变化的环境正外部性内部化，使得发展低碳经济更加具有竞争力。

降低能源中的碳含量和碳排放，主要涉及控制传统的化石燃料开发利用所产生的 $CO_2$，以及在资源条件和技术经济允许的情况下，通过以相对低碳的天然气代替高碳的煤炭作为能源，通过捕集各种化石燃料电厂以及氢能电厂和合成燃料电厂中的碳并加以地质封存，能够改善现有能源体系下的环境负外部性。此外，能源"低碳化"还包括开发利用新能源、替代能源和可再生能源等非常规能源，以更为"低碳"甚至"零碳"的能源体系来补充并一定程度上替代传统能源体系。风力发电、生物质能、光伏发电以及氢能等新型能源，在未来都有很大的发展潜力，特别是大量分散、不连续和低密度的可再生能源，能够很好地补充城乡统筹发展所必需的能源服务，并且新能源产业的发展也是提供就业岗位、促进能源公平的有力保障。

（3）发展吸碳经济并增加碳汇

低碳发展模式还意味着调整和改善全球大气环境中的碳循环，通过发展吸碳经济并增加自然碳汇，从而抵消或中和短期内无法避免的化石能源燃烧所排放的温室气体，最终有利于实现稳定大气中温室气体浓度的目标。减少毁林排放和增加植树造林，不仅可改变人类长期以来对森林、土地、林业产品、生物多样性等资源过度索取的状态，而且也是改善人与自然的关系、主动减缓人类活动对自然生态的影响以及打造生态文明的重要手段。

与自然碳汇相关的林业和土地资源对于不同发展阶段的国家具有不同的开发利

用价值，尤其是当前在保障粮食安全、缓解贫困、发展可持续生计等方面具有重大的意义。应对气候变化国际体制在避免毁林等方面的发展，就是将相关资源在自然碳汇方面的价值转化成为具体的经济效益，与其在其他领域所具有的价值进行综合的权衡，从而引导各国的经济社会发展路径朝低碳方向转型。通过植树造林增加自然碳汇降低大气中的温室气体浓度，通过控制热带雨林焚毁减少向大气中排放温室气体，以及通过对农业土地进行保护性耕作从而防止土壤中碳的流失，对于全球各国尤其是众多发展中国家都具有重要意义。

（4）推行低碳价值理念

低碳发展模式还要求改变整个经济社会的发展理念和价值观念，引导实现全面的低碳转型。1992年联合国环境与发展大会通过了《21世纪议程》，指出"地球所面临的最严重的问题之一，就是不适当的消费和生产模式"。发展低碳经济就是在应对气候变化的背景之下，从社会经济增长和人类发展的角度，对不合理的生产消费模式做出重大变革。

发展低碳经济要求经济社会的发展理念从单纯依赖资源和环境的外延型、粗放型增长，转向更多依赖技术创新、制度构建和人力资本投入的科学发展理念。传统的基于化石燃料所提供的高能流、高强度能源而支撑起来的工业化和城市化进程，必须从未来能源供需、相应资源环境成本的内部化等方面进行制度和技术创新。发展低碳经济还要求全社会建立更加可持续的价值观念，不能因对资源和环境过度索取而使其遭受严重破坏，要建立符合中国环境资源特征和经济发展水平的价值观念和生活方式。人类依赖大量消耗能源、大量排放温室气体所支撑下的所谓现代化的体面生活必须尽早尽快调整，这将是对当前人类的过度消费、超前消费和奢侈性消费等消费观念的重大转变，进而转向可持续的社会价值观念。

5．低碳经济与循环经济的关系

循环经济和低碳经济在最终目标上，都是要实现人与自然和谐的可持续发展。但循环经济追求的是经济发展与资源能源节约和环境友好三位一体的三赢模式；低碳经济是有特定指向的经济形态，针对的是导致全球气候变化的二氧化碳等温室气体以及主要是化石燃料的碳基能源体系，旨在实现与碳相关的资源和环境的有效配置和利用。在实现的途径上，二者都强调通过提高效率和减少排放。但低碳经济更加强调通过改善能源结构、提高能源效率，减少温室气体的排放；而循环经济强调提高所有的资源能源的利用效率，减少所有废弃物的排放。

在实现低碳经济的具体途径中，减少能源消耗和提高能源效率都很好地体现了循环经济"减量化"的要求，而对二氧化碳等温室气体的捕捉封存，尤其是二氧化碳封存并提高原油采收率等措施，则很好地体现了循环经济"再利用"和"资源化"的原则。此外，开发应用不消耗臭氧层物质的非温室气体类替代品，则体现了循环经济在"再设计、再修复、再制造"等更广泛意义上的要求。因此，低碳经济与循环经济具有紧密的联系。

从循环经济在世界各国的实践来看，循环经济与低碳经济根本的不同是所对应的经济发展阶段不同。循环经济是适应工业化和城市化全过程的经济发展模式，而低碳经济是 21 世纪新阶段应对气候变化而催生的经济发展模式。因此也可以认为，低碳经济是循环经济理念在能源领域的延伸，循环经济是发展低碳经济的基础，循环经济发展的结果必然走向低碳经济。对于处于工业化、城市化过程中的发展中国家来说，循环经济是不可逾越的经济发展阶段。

低碳经济的关注点和重点领域在低碳能源和温室气体的减排上，聚焦在气候变化上，这是与发达国家经济发展阶段相对应的。发达国家经过两百多年的工业化发展，特别是近几十年来后工业化社会的发展，在产业结构、传统污染物（$CO_2$、COD、固体废物等）治理以及资源利用率方面，都取得了显著的成果，但在现有经济技术条件下，改善的空间不是太大。由于资源禀赋的条件限制和经济规模的扩张，温室气体的排放并没有减少，可是从 $CO_2$ 排放量的构成看，还有较大的降低空间。因此对于发达国家来说，低碳经济追求的目标应该是绝对的低碳发展。

发展中国家的传统污染问题尚未得到解决，气候变化的问题又摆在面前，所以对发展中国家而言，目标应该是相对的低碳发展，重点在低碳，目的在发展。

# 第三章　资源环境保护

## 第一节　水资源的利用与保护

### 一、水体

水体是海洋、河流、湖泊、沼泽、水库、地下水的总称，是由水及水中悬浮物、溶解物、水生生物和底泥组成的完整的生态系统。

1．水的分布

地球上的海洋、河流、冰川、地下水、湖泊及土壤水、大气中的水和生物体内的水组成了一个紧密作用、相互交换的统一体，即水圈。全球水量约为 $13.9 \times 108km^3$，而海洋占总水量的 97.41%。陆地水量约为 $0.36 \times 103km^3$，包括湖泊、河流、冰川、地下水等。陆地水量中大部分为南北极冰盖、冰川，可被人类利用的淡水资源即地面河流、湖泊、地下水及生物、土壤含水等约占地球总水量的 0.6%。地球上水的分布见图 3-1。

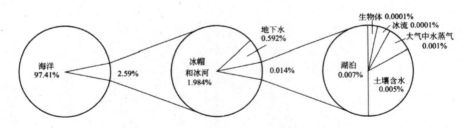

图 3-1　地球上水分布示意图

2．水的循环

在太阳辐射能和地球引力的作用下，水分不断地蒸发，汽化为水蒸气，上升到空中形成云，在大气环流作用下运动到各处，再凝结而成降水到达地面或海面。降落下来的水分一部分渗入地面形成地下水，一部分蒸发进入大气，一部分在地面形成径流，最终流入海洋。这种循环往复的水的运动为自然界的水分循环，如图 3-2 所示。

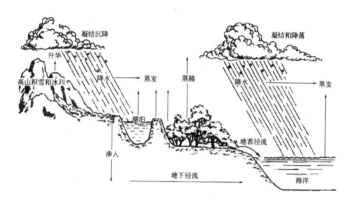

图3-2　水的自然循环过程示意图

水循环可使地球上的水不断更新成为一种可再生资源。人类社会在发展过程中抽取自然水用于工业、农业和生活，部分水被消耗掉，使用后成为废水，通过排水系统进入水体。这种取之自然水体、还之自然水体的受人类社会活动作用的水循环为水的社会循环。水的社会循环改变了水体的流量，也改变了水的性质，在一定空间和时间尺度上影响着水的自然循环。

3．水的社会功能

地球上有了水才有了生命，水是人类与其他生命体不可缺少的物质，也是社会经济发展的基础条件。水的社会功能体现在以下几个方面（见表3-1）。

表 3-1　水的社会功能

| 功能 | 具体内容 |
|---|---|
| 水是生命之源 | 水是构成人体的基本成分，又是新陈代谢的主要介质。每人每天为维持生命活动至少需要 2～2.5L 水，一般每人每天用水量在 40～50L |
| 水是工业的血液 | 工业用水约占全球总用水量的22%。工业用水量与工业发展布局、产业结构、生产工艺水平等多因素相关。中国工业用水量由1980年的 $4.57×10^{10}m^3$ 增至2015年的 $1.342×10^{11}m^3$，随着工业结构的调整、工艺技术的进步、工业节水水平的提高，我国的工业用水量增长逐渐放缓 |
| 水是农业的命脉 | 农业生产用水主要包括农业灌溉用水、林业和物业灌溉用水及渔业用水。生产1kg小麦耗水 $0.8～1.25m^3$，生产1kg水稻耗水 $1.4～1.6m^3$。农业用水量占全球用水的比例最大，约占2/3，农业灌溉用水占农业用水的90%，其中75%～80%是不能重复利用的消耗水 |

| 功能 | 具体内容 |
|---|---|
| 水的生态保障作用 | 生态系统的维系需要有一定水量作为保障，以此保持生态平衡。例如，保持江河湖泊一定的流量，可以满足鱼类和水生生物的生长需要，并有利于冲刷泥沙，冲洗农田盐分入海，保持水体自净能力。同时，由于水具有较大的比热容，可调节气温、湿度，从而起到防止生态环境恶化的作用 |
| 水是城市发展繁荣的基本条件 | 随着城市的发展、人口的增加、生活水平的提高，生活用水量不断增长。同时，与之配套的环境景观用水、旅游用水、服务业用水不断增加。如果没有充足的水资源，城市发展就会受到制约 |

## 二、水资源

### 1．水资源的含义

联合国教科文组织（UNESCO）和世界气象组织（WMO）共同制定的《水资源评价活动——国家评价手册》中定义水资源为"可以利用或有可能被利用的水源，具有足够数量和可用的质量，并能在某一地点为满足某种用途而被利用"。通常说的"水资源"是指陆地上可供生产、生活直接利用的江、河、湖、沼及部分储存在地下的淡水资源，亦即"可利用的水资源"。

水除了其固有的物理、化学性质外，作为一种自然资源，其具有独特性质。

（1）流动性与溶解性。水的流动性使水资源的各种价值得到充分的利用，同时也会造成洪涝灾害、泥石流、水土流失等灾害。由于水具有溶解性，可溶解、夹带各类物质，一方面可供生物体生活需求，另一方面也会使水质变坏，受到污染。

（2）再生性与有限性。由于存在水的循环使水体不断更新，水具有了再生性。水的再生循环量是一定的，因此水资源是有限的。再加上水污染使水资源的可利用量减少，水资源就更加有限了。

（3）时空分布的不均匀性。水资源的时空变化是由气候条件、地理条件等因素综合决定的。各地的地理纬度、大气环流和地形条件的变化决定了该地区的降水量，从而决定了该地区水资源量。降水量随时间分布也很不均匀。我国位于欧亚大陆东部，受太平洋季风气候影响，降水量由东南沿海向西北渐退，且夏秋多雨，而春冬降水量较少。

（4）社会性与商品性。水资源为人类提供生产生活资料，又为人类提供能源和交通运输，渗透到人类社会的各个领域，体现了水的社会性。同时，由于其使用价值而使其作为商品流通于市场，体现了其商品性。

2．水资源危机

水资源具有再生性和重复利用性。长久以来，人们普遍认为水是取之不尽、用之不竭的廉价的资源，缺乏保护意识。但是，近年来人们越来越深刻地认识到水资源短缺和水环境污染造成的水资源危机制约了经济发展，并影响到人们的生活。水资源危机就是指一个地区的需水量大于水资源的供给能力而出现的缺水现象。

（1）全球的水资源危机。全世界约有1/3的人生活在中度和高度缺水地区，其主要是由于水资源时空分布的不均匀性造成的，加之城市与工业区的集中发展，使得人口趋向集中在占地球较小部分的城镇和城市中。目前，世界上城市居民约占世界人口的41.6%，而城市占地面积只占地球总面积的0.3%，并且城市周围建设了工业区，集中用水量增大，往往超出当地水资源的供水能力。

水体的污染也是加剧水资源危机的主要原因。据世界银行报告，由于水污染和缺少供水设施，全世界有10亿多人口无法得到安全的饮用水，每年全世界至少有1500万人死于水污染引起的各类疾病。污染水排入海洋，造成海洋污染，并引发赤潮，给沿海养殖业及生态环境带来毁灭性影响。

（2）我国的水资源危机水资源短缺已成为我国突出的重大问题。2013年我国的水资源总量为$2.8 \times 10^{12} m^3$，居世界第五位。但由于我国人口众多，人均水资源占有量为2073$m^3$，世界排名第102位，仅为世界人均占有量（6055$m^3$）的1/3，全国110座城市严重缺水。联合国已将中国列为全球13个最缺水的国家之一。我国的水资源还存在着时空分布不均衡性，淮河以北拥有的水资源为全国水资源的19%，而耕地面积为全国的64%。如果用一条斜线将中国分为东南和西北两大区，占国土面积53%的东南沿海地区拥有全国水资源的93%，而西北地区的水资源非常紧张。

2003年原国家环境保护总局有关负责人指出，全国向水域排放的主要污染物的量已远远超过水环境容量。江河湖泊普遍遭受污染，75%的湖泊出现不同程度的富营养化。2015年，长江、黄河、珠江、松花江、淮河、海河和辽河七大水系总体为轻度污染。湖泊（水库）富营养化问题突出，达赉湖、滇池水质较差。同时，生态缺水直接加剧生态环境的恶化，制约着中国整体的可持续发展。

## 三、水资源的合理利用与保护

随着水资源危机日益严重，水资源的合理开发和保护也就越发重要。解决水资源危机，首先应扩大水资源供应量；其次是提高现有水资源的利用率，节约用水，合理分配；再次就是控制水污染，加强水资源的综合管理，使得水资源可持续利用，促进社会、经济、环境的和谐发展。

### 1．扩大水资源的供应量

由于水资源存在时空上的分布不均匀性，可采取措施对水资源缺少的干旱、半干旱地区供水，扩大其水资源的供应量。

通过水利措施，引水资源较为丰富的地区的水到水资源匮乏地区。我国在部分大中城市采用了引附近河水入市的措施，使城市的水资源短缺得到了缓解，如天津采用引滦河水进津、西安采用引入黑河水等措施。为了缓解我国北方缺水现状，我国政府采用"南水北调"的工程措施等。通过海水淡化提供部分工业用水，主要作为火（核）电的冷却用水，2014 年全国海水直接利用量为 $7.14 \times 10^{10} \text{m}^3$。

在未开发自然环境下，90% 的雨水都会自然渗透，但是在道路硬化、人工建设密集的地方，渗透力只有 20%，因此，城市容易出现积水。海绵城市的提出，为城市较好地利用水资源提供了新思路。

海绵城市是指通过加强城市规划建设管理，充分发挥建筑、道路和绿地、水系等生态系统对雨水的吸纳、蓄渗和缓释作用，有效控制雨水径流，实现自然积存、自然渗透、自然净化的城市发展方式。2015 年国务院办公厅提出了推进海绵城市建设的目标，综合采取"渗、滞、蓄、净、用、排"等措施，最大限度地减少城市开发建设对生态环境的影响，将 70% 的降雨就地消纳和利用。

### 2．提高水资源利用率，节约用水

（1）水资源危机使人们的节水意识提高。节约用水、提高水资源的利用率，不但可以增加水资源，也可以减少污水排放量，减轻水体污染。提高水资源利用率应当从农业、工业和城市用水三个方面进行。

（2）提高农业用水利用率。全球用水的 2/3 为农业灌溉用水，我国 2014 年耕地实际灌溉亩均用水量为 $402\text{m}^3$，农田灌溉水有效利用系数为 0.530。节水高效的现代灌溉农业和现代旱地农业的推广可大大提高水的利用率，同时也可使粮食增产。

（3）提高工业用水利用率。工业是城市中主要的用水部门。我国工业用水利用率不高，主要工业行业用水水平较低。许多发达国家已将加强工业节水作为解决城市用水困难的主要手段。工业节水的方法有调整产业结构和工业布局，开发和推广节水技术、工艺和设备，降低用水量，提高水的重复利用率。

（4）提高城市生活用水利用率。城市生活用水的节水潜力很大。我国多数城市自来水管网和用水管具的漏水损失高达 20% 以上，公共用水浪费惊人。城市节水应以创建节水型城市为目标，提高公众的节水意识，通过教育、管理、技术手段和经济杠杆，将城市生活用水、工业用水控制在城市水资源可承受的范围内。

3．控制水污染，加强水资源的综合管理

水资源具有可再生性，但水质污染降低了水资源的利用率。控制水污染不仅可以保障水质质量，也是提高水资源可利用量、维持可持续发展的必由之路。我国城市污水处理率到 2015 年已达到 91.97%，国内部分水体污染程度已得到了改善。2012—2014 年全国废污水排放总量分别为 $7.85 \times 10^{10}$t、$7.75 \times 10^{10}$t 和 $7.71 \times 10^{10}$t（不包括火电直流冷却水排放量和矿坑排水量），呈下降趋势。

加强水资源的综合管理，要有完善的环境管理体制。我国正在按照《水污染防治行动计划》（"水十条"）的要求，切实加大水污染防治力度，保障国家水安全。

# 第二节　土地资源的利用与保护

## 一、土地资源概述

土地是一个综合性的科学概念，它是由地质、地貌、气候、植被、土壤、水文、生物以及人类活动等多种因素相互作用下形成的高度综合的自然经济复合生态系统。土地作为一种资源，有两个主要属性：面积和质量。质量属性中除了地理分布、肥力高低、水源远近等因素外，还有一个重要的因素，即"土地的通达性"，包括土地离现有居民点的远近以及道路和交通情况等因素，这些因素影响着劳动力与机械到达该土地所消耗的时间和能量。

土地的基本属性是位置固定、面积有限和不可代替。位置固定是指每块土地所处的经纬度都是固定的，不能移动，只能就地利用。面积有限是指非经漫长的地质过程，土地面积不会有明显的增减。不可代替是指土地无论作为人类生活的基地，还是作为生产资料或动植物的栖息地，一般都不能用其他物质来代替，当然随着科学技术的发展，不可代替这个概念会有所变化，例如无土栽培植物已经出现。

从农业生产的角度看，合理利用、因地制宜就能提高土地利用率。实行集约经营，不断提高土地质量，就可以改善土壤肥力，增加农作物产量。如果利用不当，甚至进行掠夺式经营，就会导致土地退化，生产力下降，甚至使环境恶化，影响人类和动植物的生存。

从土地资源合理利用的角度看，没有不能利用的土地。我们应该把每块土地利用好，让它充分发挥作用。不同的用途对土地有不同的要求，如新建工厂，它重视的是工程地质和水文地质条件及土地面积的大小，而试验原子弹则要求在荒无人烟的大沙漠上进行。

### 1．我国土地资源的特点

我国土地资源的特点，见表3-2。

表3-2　我国土地资源的特点

| 特点 | 内容 |
|---|---|
| 土地类型多样，山地多于平地 | 全国山地占33%，高原占26%，丘陵地占10%，三项合计占全国土地面积的69%，山地资源丰富多样，开发潜力大。但是山地土层薄、坡度大，如利用不当，自然资源与生态环境易遭破坏 |
| 各类土地资源分布不平衡，土地生产力水平低 | 以耕地为例，我国大约有20亿亩的耕地，其中90%以上分布在东南部的湿润、半湿润地区。在全部耕地中，中低产耕地大约占耕地总面积的2/3 |
| 绝对数量较大，人均占有量小 | 我国内陆土地总面积约960万平方千米，居世界第三位，但人均占有土地面积不到世界人均水平的1/3 |
| 宜开发为耕地的后备土地资源潜力不大 | 在大约5亿亩的宜农后备土地资源中，可开发为耕地的面积仅约为1．2亿亩 |

### 2．我国的耕地现状

截至2014年底，全国共有农用地64574.11万公顷，其中耕地13505.73万公顷，园地1437.82万公顷，林地25307.13万公顷，牧草地21946.60万公顷；建设用地3811.42万公顷，其中城镇村及工矿用地3105.66万公顷。2014年，全国因建设占用、灾毁、生态退耕、农业结构调整等原因减少耕地面积38.80万公顷，通过土地整治、农业结构调整等增加耕地面积28.07万公顷，年内净减少耕地面积10.73万公顷。

2015年，中央累计下达高标准农田建设和土地整治重大工程等资金212.8亿元。开展并验收土地整治项目9535个，土地整治总规模为161.23万公顷，通过土地整治新增耕地15.68万公顷。

### 3．耕地减少的原因

耕地减少的主要原因如下：一是非农业用地，主要是国家基建用地、乡村集体基建占地和农民建房用地；二是由于农业内部结构调整，用于退耕造林、改果、改渔、改牧等；三是灾害毁地面积。另外，土地沙漠化和水土流失也是我国耕地面积减少的重要原因。全国有400多万公顷的农田受到沙漠化威胁，因为水土流失每年损失耕地上百万亩。土地的污染问题也不容忽视。

### 二、土地资源的保护

我国人口众多，适于农耕的土地资源有限，又普遍存在着居住环境任意扩大和大量占用耕地的问题。因此，保护好土地资源是迫在眉睫的工作之一。

1. 坚持土地用途管制制度

土地用途管制制度是《土地管理法》确定的加强土地资源管理的基本制度。通过严格按照土地利用总体规划确定的用途和土地利用计划的安排使用土地，严格控制占用农用地特别是耕地，实现土地资源合理配置、合理利用，从而保证耕地数量稳定。

2. 强化耕地占补平衡管理

耕地占补平衡制度是保证耕地总量不减少的重要制度。推广实行建设占用耕地与补充耕地的项目挂钩制度，切实落实补充耕地的责任、任务和资金；加强按项目检查核实补充耕地情况，确保建设占用耕地真正做到占一补一；推进耕地储备制度的建立，逐步做到耕地的先补后占；强化耕地的占补平衡管理，这是耕地保护的最有效途径之一。

3. 严格耕地保护执法

为实现我国今后耕地保有量保持在18亿亩的"红线"，还需要不断健全和完善保护耕地的相关立法和法规体系，严格执法和监督，及时发现和纠正违反耕地保护法规的行为，情节严重的应坚决查处。

4. 严格执行城市用地规模审核制度

严格控制城镇用地规模，实行用地规模服从土地利用总体规划、城镇建设项目服从城镇总体规划的"双重"管理，充分挖掘现有建设用地潜力，逐步实现土地利用方式由外延发展向内涵挖潜转变，才能切实保护城郊结合部的耕地资源。

5. 建立有效的土地收益分配机制

建立有效的土地收益分配机制，关键是要认真执行和落实《土地管理法》有关规定，确保新增用地的有关费用按标准缴足到位，使新增用地特别是占用耕地的总费用较以往真正有大幅度的提高，从而抑制整个建设用地的扩张。因此，一是要严格执行《土地管理法》确定的征地费用标准和耕地开垦费标准；二是要执行好财政部与国土资源部联合发布的《新增建设用地土地有偿使用费收缴使用管理办法》，确保足额、及时收缴；三是要建立保护耕地利益奖惩和补偿制度。

6. 建立耕地保护动态监测系统

首先应着眼于地面人工监测系统，主要是：加强完善土地变更登记，及时汇总，及时输入，这是信息库更新的重要来源；建立合理的观察网，进行定期观察或定点固定观察；建立自上而下校核和自下而上反馈的传输体系，以便不断地获取和检验。同时，应充分应用现代遥感等高新技术，及时监测耕地变更状况，尤其是城市周围的耕地利用情况，为耕地保护决策和执法检查提供科学依据。

7. 引入耕地保护的社会监督机制

我国用占世界 7% 的耕地，解决了占世界 25% 的人口的吃饭问题，基本上满足了人民生活需要，这是一项了不起的成就。我国土地开发历史悠久，勤劳智慧的中华民族在长期生产实践中，在土地资源的开发、利用、保护和治理方面都积累了丰富的经验。新中国成立以来，在建设基本农田、兴修水利、改良土壤、植树造林、建设草原、设置自然保护区等方面做了大量的工作。但是目前农林牧地的生产力不高，粮食单产仅达世界平均水平，每公顷草原羊牛肉、奶、皮毛产量仅及澳大利亚的 30% 左右；林地、水面和建设用地利用率也不高，提高土地生产力和利用率还有很大潜力。

# 第三节　生物资源的利用与保护

## 一、森林资源的利用与保护

1. 森林资源的概念及重要性

（1）概念

森林资源是林地及其所生长的森林有机体的总称。这里以林木资源为主，还包括林中和林下植物、野生动物、土壤微生物及其他自然环境因子等资源。森林是一种可再生的自然资源，具有经济效益、生态效益和社会效益。

（2）森林对人类生存和发展的重要性

森林资源是地球上最重要的资源之一，是生物多样性的基础，具有非常重要的生态功能和生态效益，是人类生产和生活活动的绿色屏障和绿色宝库。它不仅能够为生产和生活提供多种物品和原材料，而且具有以下功能。

1）释放氧气，吸收二氧化碳，$1hm^2$ 阔叶林每年可吸收 $1000kgCO_2$，释放 $730kgO_2$。

2）调节气候、涵养水源、防风固沙、保持水土。

3）净化空气、吸污降噪、杀菌等。

森林可以更新，属于可再生的自然资源，也是一种无形的环境资源和潜在的"绿色能源"。

（3）森林面积减少的原因

森林是保护人类的绿色屏障，但由于种种原因，全球平均每年损失森林面积达$1.8 \times 10^7 \sim 2.0 \times 10^7 hm^2$。森林面积急剧减少的原因是多方面的，有火灾、虫灾、洪灾等自然原因，也有乱砍滥伐、毁林开荒等人为因素，主要表现在以下几个方面。

1）毁林开荒。

2）酸雨对森林的威胁。酸雨使土壤酸化，损害树木根部，导致生理失调，破坏叶面蜡质保护层，干扰叶面的水、气交换，导致叶子变黄或脱落。

3）薪柴与木制产品的需求。世界上有1/3的人口用薪柴作为主要烧饭燃料，发展中国家的比例更高，依赖薪柴的人口达2/3。

从全球看，生活水平的提高增加了对建筑木材、家具和其他木制品木材的需求，从而增大了树木的砍伐量。

2．森林资源的保护

（1）强化森林管理

我国于1984年9月正式颁布了《中华人民共和国森林法》，国务院于1986年4月批准了《森林法实施细则》，这使得我国的林业建设、经营、管理和保护森林资源有法可依。

（2）改变林业经营思想

强化对森林的资源意识、生态意识，改变经营思想，发挥森林的多种功能、多种效益，经营、管理、利用好现有的森林资源；重视森林资源的生态效益；建立并实施森林资源实物量和价值量核算制度，实行有偿占用和有偿使用制度，在森林资源使用分配中引入市场机制，实行"使用者付费"经济原则，以促进用有益于环境的方式开发利用森林资源。

（3）加速造林、优化结构、调整林业生产布局

应以因地制宜、维护生态平衡为原则，调整林业生产布局；改善林木采伐方式，优化采伐的时空条件，控制采伐量，使采伐量不大于育林及生产量，达到生态效益与经济效益的统一。

（4）加强林区保护

主要是加强防火教育，建立监控预报系统，预防森林火灾；改善森林生态系统的结构，提高森林抗病虫的能力。同时，要提高灭火和防治病虫害的能力，减少林火、病虫害等造成的森林破坏和退化。

## 二、草地资源的利用与保护

1. 草地资源的概念及重要性

（1）概念

草地是草甸草原、干旱草原、荒漠草原、高寒草原、滩涂草地以及各类草山、草坡的总称。草地资源按其可利用方式可分为天然草地、改良草地和人工草地。草地植被大多是以多年生或一年生草本植物组成的群落。从生态学的角度来看，草本植物群落与其生存环境在特定空间的组合就是各种草地生态系统。草地资源是可再生资源。

（2）保护草地资源的重要意义

全世界草地（草原）面积约为 30 亿公顷，占全球陆地面积的 22%。草地不仅具有巨大的生产力和经济价值，而且有重要的生态意义。草地是转换太阳能为化学能、生物能的绿色能源库，是为人类提供生活资料和生产资料的基地，同时也是丰富的基因库。它适应性强、覆盖面积大、更新速度快，具有维护生态平衡、保持水土、防风固沙等重要的生态功能。保护和合理开发利用草地资源，发展草地畜牧业，可以缓解人们对粮食的依赖，减轻人口对耕地的压力，提高人们的生活水平，对于经济社会发展来说，具有重要的战略意义。

（3）草原生态环境存在的主要问题

1）草原退化严重据 1987 年国际草地植被学术会议提供的资料，世界草地资源面积占陆地总面积的 38%。多年来由于人类过度放牧、开垦、占用、挖草为薪，加上环境污染，使草地面积不断缩小，草场质量日益退化。不少草地出现灌丛化、盐渍化，甚至正向荒漠化发展。前苏联中亚荒漠地区草地退化面积占该地区总面积的 27%；美国普列利草原退化率也为 27%；北非地中海沿岸及中东地区草原退化更为严重，草原退化甚至成为沙漠化原因之一。美国 20 世纪 30 年代与前苏联 20 世纪 50 年代均由于毁草开荒、过垦过牧，发生了多起震惊世界的黑风暴。

我国由于植被破坏、超载放牧、不合理开垦以及草原工作的低投入、轻管理等，使得 90% 的可利用天然草地不同程度地退化。目前全国草地"三化"（退化、沙化、盐碱化）的面积已达 1.35 亿公顷，并且每年还以 200 万公顷的速度增加，全国草地的退化使平均产草量下降了 30% ~ 50%。

严重的鼠虫害也加重了草场的退化。由于草地的生态平衡被破坏，2000 年，在我国的新疆、内蒙古、青海、甘肃、四川、陕西、宁夏、河北、辽宁、吉林、黑龙江、山西十二省（或自治区）普遍发生了草地鼠害和虫害，受影响的草地总面积为 4266.7 万公顷。2001 年内蒙古地区的草地普遍遭受了严重的旱灾，使大面积草原失去植被而只剩下黄沙。

２）动植物资源遭到严重破坏由于草原土壤的营养成分锐减，滥垦过牧，重利用、轻建设，致使生物资源破坏的速度惊人，如塔里木盆地天然胡杨林、新疆红柳林现已减少大半。许多药材因乱挖滥采，数量越来越少，如名贵药材肉苁蓉、锁阳和"内蒙古黄芪"等现已很少见到，新疆山地的雪莲、贝母数量也锐减。

野生动物一方面由于乱捕滥猎，另一方面随着人类活动的加剧，使它们的栖息地日渐缩小，不少种类濒于灭绝。

３）草地资源未能充分、有效地利用目前，我国草地牧业基本上处于原始自然放牧利用阶段，草地资源的综合优势和潜在生产力未能有效发挥，牧区草原生产力仅为发达国家（如美国、澳大利亚等）的 5% ~ 10%。

２．我国草地资源的保护

（１）加强草地资源的管理

加强与《草原法》配套的法规建设和机构建设。严格按照《草原法》及相关法规，对乱垦、滥挖、滥搂、滥牧等掠夺式利用草原者给予批评、警告、罚款或赔偿经济损失等处罚，对构成刑事犯罪的追究刑事责任。

要以新技术和新方法检测草地资源的类型、结构、生产力和载畜能力的动态变化，为以草定畜、合理放牧提供科学依据。要解决好牧区人民生活用能源问题，杜绝搂草、挖草等破坏草地资源的行为。

大规模采药对草地破坏极大，应分清情况正确引导。制止乱挖、滥采，已严重退化的草地，绝对禁止采挖药材。

（２）重视和发展草地产业

要广泛宣传、开阔思路，真正认识开发草地资源的重要作用和巨大经济潜力，把开发草地资源、发展草地产业摆到与农林业同等重要的战略地位。要在先进科学技术和先进管理方法支持下，按照不同草地类型的区域优势进行草地资源的优化开发，提高其生产力。

在开发的同时，要运用经济手段保护草地资源，推行草地有偿使用制度，把开发过程中的环境代价计入草地产品成本，限制草地资源的过度利用和破坏。

（３）加快草地的治理和建设

加快"三化"草地的治理和重点牧区的建设。

（４）预防草原灾害

加强牧区用火管理，建立健全草原火灾预警预报系统。加强牧草病虫害、鼠害防治技术研究，控制病虫鼠害对草原的毁坏，保护草地生态系统。

### 三、湿地资源的利用与保护

湿地是指天然或人工的、永久或暂时的沼泽地、泥炭地及水域地带，带有静止或流动的淡水、半咸水及咸水水体，包含低潮时水深不超过 6m 的海域，湿地包括河流、湖泊、沼泽、近海与海岸等自然湿地以及水库、稻田等人工湿地。

湿地具有很强的调节地下水的功能，它可以有效地蓄水、抵抗洪峰；它能够净化污水，调节区域小气候；湿地还是水生动物、两栖动物、鸟类和其他野生生物的重要栖息地。湿地与森林、海洋并称为全球三大生态系统，孕育和丰富了全球的生物多样性，被人们比喻为"地球之肾"。

然而，由于人们开垦湿地或改变其用途，使得生态环境遭到了严重的破坏，如造成洪涝灾害加剧、干旱化趋势明显、生物多样性急剧减少等。

为了保护湿地，18 个国家于 1971 年 2 月 2 日在伊朗的拉姆萨尔签署了一个重要的湿地公约——《关于特别是作为水禽栖息地的国际重要湿地公约》（简称《湿地公约》）。1996 年 10 月《湿地公约》第 19 次常委会决定将每年 2 月 2 日定为世界湿地日，每年一个主题。

我国湿地资源的情况是：2014 年 1 月公布的调查结果显示，全国湿地总面积为 5360.26 万公顷，湿地面积占国土面积的比率（即湿地率）为 5.58%。与第一次调查相比较，湿地面积减少了 339.63 万公顷。目前，划定的湿地保护红线是到 2020 年，我国湿地面积不少于 8 亿亩，这是遏制我国湿地资源面积减少、功能退化趋势的迫切需要，也是推进生态文明、建设美丽中国、实现可持续发展的迫切需要。

### 四、生物多样性保护

生物多样性是指植物、动物、微生物和生态系统的遗传多样性、物种多样性和生态系统多样性。保护生物多样性就是在基因、物种与环境三个水平上的保护。

1. 保护生物多样性的重要性

生物多样性是人类社会赖以生存和发展的基础，它给人类提供了赖以生存的一切，我们的衣、食、住、行及物质文化生活的许多方面都与生物多样性的维持密切相关，只有注意保护它，才能使人类社会实现可持续发展。

（1）生物多样性为人类生存和发展提供了大量的生活资料（食物、烧柴、建筑材料等）和生产资料（木材、纤维、造纸原料、橡胶、树脂、松香、木柴和木炭等燃料、食品、布料和医药等）。维持生物多样性，会不断丰富我们的食物品种，也会提供各种工业生产中的必要原材料和新型能源。

（2）生物多样性可改善生态系统的调节能力，维护生态平衡。生物多样性在自然界维系能量的流动、净化环境、控制生物灾害、改良土壤、涵养水源及调节小气候等多方面发挥着重要的作用。丰富多彩的生物与它们的物理环境共同构成了人类所赖以生存的优良的环境。

（3）生物多样性保存了物种的遗传基因，为繁殖良种提供了遗传材料，以其为外源基因，可培养出更多、更有价值的生物新物种。

（4）生物多样性对现代科学技术的发展还具有特殊的贡献。人类有许多发明创造就是来自生物的启示。例如，仿生学即源于一些鸟、兽、昆虫等。一些物种引发了人们的灵感，或成为人工智能的仿制原型。例如，依据响尾蛇用红外线自动热定位来确定捕捉物位置的原理，成功设计了导弹引导系统；根据昆虫平衡棒具有保持航向不偏离作用的原理，制造了控制高速飞行器和导弹航向稳定作用的振动陀螺仪。此外，动物作为医学等科学研究的试验模型，也对科学技术发展起着极为重要的作用。

（5）千姿百态的生物给人以美的享受，也是艺术创造的源泉。生物多样性还为人们提供休闲娱乐和生态旅游、可更新能源、环境监测和预警等生态服务功能。而人类文化的多样性很大程度上起源于生物及其环境的多样性。

总之，生物多样性既是过去、现在，又是将来社会经济发展的基础，保护和合理开发利用生物多样性是当代社会及经济发展的必然趋势。

2．生物多样性保护的措施

生物多样性保护的措施，见表3-3。

表3-3　生物多样性保护的措施

| 措施 | 具体内容 |
| --- | --- |
| 完善自然保护区及其他保护地网络 | 首先要采取措施加强现有自然保护区的功能；其次是要在生物多样、迫切需要保护的地区建立新的自然保护区 |
| 保护对生物多样性有重要意义的野生物种及作物与家畜的遗传资源 | 传统的保护生物多样性的方法强调通过建立保护区，禁止采猎濒危物种，以及在低温储存设施和种子库保存种子，将生态系统、物种和基因源与人类活动分离开。如今，科学家认为不可能将所有的基因、物种和生态系统都置于人类影响之外，相反保护措施必须把各种对策综合在一起，包括通过建立人工环境来拯救物种的规划 |
| 加强生物多样性保护管理 | 要建立和完善生物多样性保护的法律体系；制定生物多样性保护的战略和计划；积极推行和完善各项管理制度，强化监督管理，逐步使生物多样性管理制度化、规范化和科学化 |

| 措施 | 具体内容 |
|------|---------|
| 进一步加强生物多样性保护的国际合作 | 生物多样性保护关系到实施可持续发展战略、协调人与自然的关系、维护生态平衡、造福子孙后代的大事，需要世界各国协调一致，共同行动，加强合作。生物多样性保护的国际合作不仅包括科研、技术转让，还包括保护措施上的合作。例如，边境地区跨国自然保护区的建立，跨国迁徙动物的保护研究，以及野生动植物的贸易调查和有关的信息交流等 |
| 建立全国范围的生物多样性信息和监测网 | 必须加强现有保护区内的监测工作，不仅要监测目前的情况，尤其要监测采取某项保护行动后产生的结果 |

## 五、自然保护区及其作用

1. 自然保护区的定义及意义

（1）自然保护区的定义和分类

1）定义。自然保护区是具有典型特征的自然生态系统或自然综合体（如珍稀动植物的集中栖息或分布区、重要的自然景观区、水源涵养区、具有特殊意义的自然地质构造、重要的自然遗产和人文古迹等）以及其他为了科研、监测、教育、文化娱乐目的而划分出的保护地域的总称。

2）自然保护区的类型。1993年国际自然和自然资源保护联盟（IUCN）形成了一个"保护区管理类型指南"。指南中将保护区类型按保护目标确定为6种：自然保护区/荒野区，国家公园，自然纪念地，生境/物种管理区，受保护的陆地景观/海洋景观，受管理的资源保护区。

根据我国的国家标准《自然保护区类型与级别划分原则》的规定，我国自然保护区共分三个类别、九个类型（表3-4）。

**表3-4 我国自然保护区的类型划分**

| 类别及保护对象 | 类型 | 自然保护区示例 |
|------|------|---------|
| 自然生态系统类（保护各类较为完整的自然生态系统及其生物、非生物资源） | 森林生态系统、草原与草甸生态系统、荒漠生态系统、内陆湿地和水域生态系统、海洋和海岸生态系统类型 | 吉林长白山、福建武夷山、云南西双版纳、广东鼎湖山、吉林查干湖、陕西太白山、新疆喀纳斯保护区等 |

| 类别及保护对象 | 类型 | 自然保护区示例 |
|---|---|---|
| 野生生物类（保护珍稀的野生动植物） | 野生动物、野生植物类型 | 四川卧龙大熊猫保护区、黑龙江扎龙自然保护区（丹顶鹤）、广西上岳自然保护区（金花茶）、四川金佛山银杉保护区等 |
| 自然遗迹类（保护有科研、教育或旅游价值的化石和孢粉产地、火山口、岩溶地貌、地质剖面等） | 地质遗迹、古生物遗迹类型 | 山东山旺自然保护区（生物化石产地）、湖南张家界森林公园（砂岩峰林）、黑龙江五大连池自然保护区（火山地质地貌） |

（2）建立自然保护区的意义

自然资源和生态环境是人类赖以生存和发展的基本条件，保护好自然资源和生态环境，保护好生物多样性，对人类的生存和发展具有极为重要的意义，主要表现在以下几个方面。

1）保护自然本底。自然保护区保留了一定面积的各种类型的生态系统，可以为子孙后代留下天然的"本底"。这个天然的"本底"是今后在利用、改造自然时应遵循的途径，为人们提供评价标准以及预计人类活动将会引起的后果。

2）储备物种。保护区是生物物种的储备地，又可以称为储备库。它也是拯救濒危生物物种的庇护所。

3）开辟科研、教育基地。自然保护区是研究各类生态系统自然过程的基本规律、研究物种的生态特性的重要基地，也是环境保护工作中观察生态系统动态平衡、取得监测基准的地方。当然它也是教育试验的好场所。

4）保留自然界的美学价值。自然界的美景能令人心旷神怡，而且良好的情绪可使人精神焕发，燃起生活和创造的热情。所以自然界的美景是人类健康、灵感和创作的源泉。

2．自然保护区的作用

（1）自然界的天然"本底"

自然保护区有效地保护了自然环境的自然资源，保护了自然界的本来面目，由于人类的活动，自然界中不受人类影响和干扰的区域越来越少，自然界的天然"本底"显得愈发宝贵、愈发重要，人类亟待通过建立自然保护区来保存自然界中的生态系统、珍稀濒危野生生物、自然历史遗迹。

（2）天然的物种基因库

自然保护区还保护了物种的多样性和遗传基因的多样性，因而是"天然的物种基因库"，有利于物种及其遗传资源的永续利用。

（3）科学研究的"天然实验室"

自然保护区是天然的、长期的、稳定的、完整的自然地域，有利于生态科学、生物科学、环境科学、地球科学进行长期的、系统的、连续的观测与研究。

（4）天然的"自然博物馆"

自然保护区保护了大批宝贵的自然历史遗产，保留了地球演化和生物进化所留下来的大量信息，可供有关专业的教师引导学生进行野外实习，是一座天然的"自然博物馆"。

（5）生态旅游的"天堂"

近年来，生态旅游异军突起，发展迅猛，自然保护区是开展生态旅游的最佳场所。

（6）维持生态环境的稳定性

自然保护区的功能往往是多方面的、综合性的，一般来讲，自然保护区可以改善环境、保护资源、涵养水源、保持水土、净化空气、调节气候、保护生物的多样化，所有这些功能都有利于维持生态环境的稳定性。

（7）自然资源的"宝库"

自然保护区保护各种自然资源，以使我们的后代子孙也可以永续利用，从这个意义上讲，自然保护区是各种珍贵自然资源的"宝库"。

（8）开展环境外交的重要阵地

我国列入联合国教科文组织"国际人与生物圈保护区网"的自然保护区（其中张家界、九寨沟和黄龙3处自然保护区被列为世界自然遗产地）是开展国际环境外交的重要场所。

3．我国自然保护区的保护方式

我国人口众多，自然植被少。保护区不能像有些国家采用原封不动、任其自然发展的纯保护方式，而应采取保护、科研教育、生产相结合的方式，而且在不影响保护区的自然环境和保护对象的前提下，还可以和旅游业相结合。因此，我国的自然保护区内部大多划分成核心区、缓冲区和试验区3个部分。

核心区是保护区内未经或很少经人为干扰过的自然生态系统的所在，或者是虽然遭受过破坏，但有希望逐步恢复成自然生态系统的地区。该区以保护种源为主，又是取得自然本底信息的所在地，而且还是为保护和监测环境提供评价的来源地。

核心区内严禁一切干扰。

缓冲区是指环绕核心区的周围地区。只准进入从事科学研究观测活动。

试验区位于缓冲区周围，是一个多用途的地区。可以进入从事科学试验、教学实习、参观考察、旅游以及驯化、繁殖珍稀、濒危野生动植物等活动，还包括有一定范围的生产活动，还可有少量居民点和旅游设施。

上述保护区内分区的做法，不仅保护了生物资源，而且使保护区成为教育、科研、生产、旅游等多种目的相结合的、为社会创造财富的场所。

# 第四节　矿产资源的利用与保护

## 一、矿产资源概述

矿产资源是地壳在长期形成、发展与演变过程中的产物，是自然界矿物质在一定的地质条件下，经一定地质作用而聚集形成的。不同的地质作用可以形成不同类型的矿产，按其特点和用途，通常分为金属矿产（如铁、锰、铬等黑色金属，铜、铅、锌等有色金属，金、银、铂等贵金属，铀、镭等放射性金属，锂、铍、铌、钽等稀有、稀土金属）、非金属矿产（如磷、硫、盐、碱、金刚石、石棉、石灰石等）、能源矿产（如煤、石油、天然气、地热）和水气矿产四大类。

矿产资源的消耗是一个国家富裕水平的指标，矿产资源的利用与生活水平有关。当前各国对矿产资源的消耗存在巨大差别，美国主要矿物消耗量是世界其他国家平均消耗量的2倍，是不发达国家的十几倍。占世界人口30%的发达国家消耗掉的各种矿物占世界总消耗量的90%。随着经济的发展和人口的增长，今后世界对矿产资源的需求将大大增加，而其储量是有限的，大量消耗就必然使人类面临资源逐渐减少以至于枯竭的威胁，同时也带来一系列的环境污染问题。

## 二、我国主要矿产资源简述

中国疆域辽阔、成矿地质条件优越，是世界上矿产资源最丰富、矿种齐全配套的少数几个国家之一。

目前我国已发现的矿产有171种，可分为能源矿产、金属矿产、非金属矿产和水气矿产（如地下水、矿泉水、二氧化碳气）四大类。探明有一定数量的矿产有153种，其中，能源矿产8种，金属矿产54种，非金属矿产88种，水气矿产3种。最近发现我国的可燃冰储量全球领先，并于2017年5月时才成功试采。

1．能源矿产资源

中国能源矿产资源比较丰富，已知探明储量的能源矿产有煤、石油、天然气、油页岩、铀、钍、地热等 8 种。与世界探明可采储量相比，中国煤炭储量位于世界前列，但我国的能源矿产资源结构不理想，煤炭资源比重偏大，石油、天然气资源相对较少。

2．金属矿产资源

中国属于世界上金属矿产资源比较丰富的国家之一。世界上已经发现的金属矿产在中国基本上都有探明储量。其中，探明储量居世界第一位的有钨、锡、锑、稀土、钽、钛，居世界第二位的有钒、钼、铌、铍、锂，居世界第四位的有锌，居世界第五位的有铁、铅、金、银等。

3．非金属矿产资源

中国是世界上非金属矿产品种比较齐全的少数国家之一，全国现有探明储量的非金属矿产产地 5000 多处。大多数非金属矿产资源探明储量丰富，其中菱镁矿、石墨、萤石、滑石、石棉、石膏、重晶石、硅灰石、明矾石、膨润土、岩盐等矿产的探明储量居世界前列；磷、高岭土、硫铁矿、芒硝、硅藻土、沸石、珍珠岩、水泥灰岩等矿产的探明储量在世界上占有重要地位；大理石、花岗石等天然石材，品质优良，蕴藏量丰富；钾盐、硼矿资源短缺。但是，一些非金属矿产分布不平衡，特别在沿海和经济发达地区，探明储量尚不能满足本地区经济发展和出口创汇对资源的需求。

## 三、矿产资源开发对环境的影响

人类开发矿产资源每年多达上百亿吨，矿产资源的开采、冶炼与加工，对环境造成的影响是多方面的，而且还会对人类自身直接造成危害。

1．对土地资源的破坏

矿产的露天采掘和废石的大量堆积都要占用大量土地。开采建筑材料的采石场，例如对石灰岩、花岗岩、石膏、碎石、玻璃用砂的大量开采，会造成生态环境的严重破坏，而且大煞风景，破坏旅游资源。沙砾坑、黏土坑、磷石坑，以及挖掘或淘洗河床砾石，也会造成对植被和土地平整性的破坏。

2．由采矿引起的岩石和顶板的块体运动

由矿坑和石油抽出而引起的崩塌、陷落和地面下沉，以及由采矿或废石堆积引起的滑坡、泥石流等，都会造成对土地资源的破坏和对人类安全的威胁。

3．对地下水和地表水体的影响

由采矿造成的土壤、岩石裸露可能加速侵蚀，使泥沙入河，淤塞河道；由矿区和尾矿堆渗出的酸性废水或其他污水会造成对水体的污染等。

4．对大气的污染

矿物冶炼排放的大量烟气、化石燃料的燃烧，特别是含硫多的燃料，是造成大气污染的主要原因。

5．对海洋的污染

海上采油、运油、石油化工与有机高分子合成工业等都会造成对海洋的污染。

此外，还有与采矿和加工有关的疾病，以及辐射暴露对人体健康的危害等方面。

可见，人类对矿产资源的大量开发，虽然可以大大提高人类的物质生活水平，但同时也会造成对自然资源的破坏和对环境的污染。

## 四、矿产资源的合理开发利用与保护

1．矿产资源可持续利用的总体目标

在继续合理开发国内矿产资源的同时，适当利用国外资源，提高资源的优化配置和合理利用资源的水平，最大限度地保证国民经济建设对矿产资源的需要，努力减少矿产资源开发所造成的环境代价，全面提高资源效益、环境效益和社会效益。

2．具体措施

矿产资源的具体措施，见表3-5。

**表3-5 矿产资源的具体措施**

| 保护措施 | 主要内容 |
|---|---|
| 加强矿产资源管理 | 首先，加强对矿产资源的国家所有权的保护。认真贯彻国家为矿产资源勘查开发规定的统一规划、合理布局、综合勘查、合理开采和综合利用的方针。其次，组织制定矿产资源开发战略、资源政策和资源规划。再次，建立集中统一领导、分级管理的矿产资源执法监督组织体系。最后，建立健全矿产资源核算制度、有偿占有开采制度和资源化管理制度 |
| 建立健全矿产资源开发中的环境保护措施 | 制定矿山环境保护法规，依法保护矿山环境，执行"谁开发谁保护、谁闭坑谁复垦、谁破坏谁治理"的原则；制定适合矿产特点的环境影响评价和办法，进行矿山环境质量监测，实施矿山开发的全过程环境管理；监测矿山自然环境破坏状态，制定保护恢复计划；开展矿产资源综合利用和"三废"资源化活动，鼓励推广矿产资源开发废弃物最小量化和清洁生产技术；制定和实施矿产资源开发生态环境补偿收费、复垦保证金政策，减少矿产资源开发的环境代价 |

续表

| 保护措施 | 主要内容 |
|---|---|
| 努力开展矿产综合利用的研究 | 开展对采矿、选矿、冶炼等方面的科学研究。对分层赋存多种矿产的地区，研究综合开发利用的新工艺；对多组分矿物要研究对矿物中少量有用组分进行富集的新技术，提高各矿物组分的回收率；适当引进新技术，有计划地更新矿山设备，以尽量减少尾矿，最大限度地利用矿产资源。积极进行新矿床、新矿种、矿产新用途的探索研究工作，加强矿产资源和环境管理人员的培训工作 |
| 加强国际合作和交流 | 如引进推广煤炭、石油、重金属、稀有金属等矿产的综合勘查和开发技术；在推进矿山"三废"资源化和矿产开采对周围环境影响的无害化方面加强国际合作，以更好地利用资源、保护环境 |

# 第四章　水污染及其防治

## 第一节　水质指标与水质标准

### 一、水质和水质指标

1．水质

水质就是水的品质，是指水与其中所含杂质共同表现出的物理学、化学、微生物学方面的综合性质。

2．水质指标

水质指标是指水中所含杂质的种类、成分和数量，是判断水质是否符合要求的具体衡量标准。水质指标可概括地分为物理性指标、化学性指标、生物学指标和放射性指标。

（1）物理性水质指标

物理性水质指标包括水温、外观（包括漂浮物）、颜色、臭和味、浑浊度、透明度、悬浮固体含量、电导率和氧化还原电位。

悬浮固体含量是指把水样经滤纸过滤后，被滤纸截留的残渣在 103 ～ 105℃烘干后固体物质的量。

（2）化学性水质指标

一般化学性水质指标包括 pH、碱度、硬度、各种阳离子、各种阴离子、总含盐量、一般有机物质等。

有毒化学性水质指标包括各种重金属、氰化物、多环芳烃、各种农药等。

氧平衡指标包括溶解氧、化学需氧量、生化需氧量、总需氧量等。

1）pH。反映水体的酸碱性质。天然水体的 pH 一般在 6 ～ 9，饮用水的适宜 pH 在 6.5 ～ 8.5。

2）溶解氧（DO）。是指溶解在水中氧气的浓度。由于水中有机物通常要氧化分解，消耗水中氧气，导致水体溶解氧降低，因此溶解氧值是间接反映水体受有机物污染程度的指标。溶解氧值越高，说明水中总有机物浓度越低，水体受有机物污染程度越低。

3）生化需氧量（BOD）。是指在20℃水温下，微生物氧化有机物所消耗的氧量。水中各种有机物被微生物完全氧化分解大约需要100天，为了缩短检测时间，一般生化需氧量以被检验的水样在20℃下五天内的耗氧量为代表，称为五日生化需氧量，简称 $BOD_5$。对生活污水来说，五日生化需氧量约等于完全氧化分解耗氧量的70%。生化需氧量的测定条件与有机物进入天然水体后被微生物氧化分解的情况相似，因此能够直接反映水中能被微生物氧化分解的有机物量，较准确地体现有机物对水质的影响。

4）化学需氧量（COD）。是指在一定条件下，水中各种有机物在强氧化剂作用下，将有机物氧化成二氧化碳和水所消耗的氧化剂量。常采用的氧化剂是重铬酸钾（ $K_2Cr_2O_7$ ），在强酸性条件下，与定量水样混合并加热回流2h，水中绝大部分的有机物被氧化，因此化学需氧量可以较精确地表示污水中有机物的总含量，测定时间短，不受水质限制，应用较为广泛。

5）高猛酸盐指数（CODMn）。是指在一定条件下，以高猛酸钾（ $KMnO_4$ ）为氧化剂，处理水样时所消耗的氧化剂的量。此法也被称为化学需氧量的高锰酸钾法。高锰酸盐指数仅限于测定地表水、饮用水和生活污水，不适用于工业废水。

6）总有机碳（TOC）。是指水体中溶解性和悬浮性有机物含碳的总量，是评价水体需氧有机物的一个综合指标。

7）总需氧量（TOD）。是指水中能被氧化的物质，主要是有机物质在燃烧中变成稳定的氧化物时所需要的氧量。TOD值能反映全部有机物质经燃烧后转变为 $CO_2$ 、 $H_2O$ 、 $NO$ 、 $SO_2$ 等无机物所需要的氧量。它比COD和高锰酸盐指数更接近于理论需氧量值。它们之间没有固定的相关关系。

（3）生物学水质指标

生物学水质指标包括细菌总数、总大肠菌群数、各种病原细菌、病毒等。

大肠菌群数是每升水样中含有大肠菌群的数目，作为卫生指标，可用来判断水体是否受到粪便污染，判断水体是否存在病原菌。

病毒是表明水体中是否存在病毒及其他病原菌的指标。

（4）放射性指标

放射性指标包括总 α 放射性、总 β 放射性、 $^{226}Ra$ （镭226）和 $^{228}Ra$ （镭228）等。

## 二、水质标准

水的用途不同，对水质的要求也不同，因此应当建立起相应的物理、化学和生物学的质量标准，对水中的杂质加以限制。此外，为了保护环境、保护水体的正常用途，也需要对排入水体的生活污水和工农业废水提出一定的限制和要求。这就是水质标准。水质标准是环境标准的一种。下面介绍我国3种常用水质标准。

1. 地表水环境质量标准

保护地表水体不受污染是环境保护工作的重要任务之一，它直接影响水资源的合理开发和有效利用。这就要求一方面要制定水体的环境质量标准和废水的排放标准，另一方面要对必须排放的废水进行必要而适当的处理。

2002年原国家环保总局颁布了修订后的《地表水环境质量标准》。该标准依据地表水水域使用目的和保护目标，将我国地表水按功能划分为五类。

（1）Ⅰ类主要适用于源头水、国家自然保护区。

（2）Ⅱ类主要适用于集中式生活饮用水地表水源地一级保护区、珍稀水生生物栖息地、鱼虾产卵场、仔稚幼鱼的索饵场等。

（3）Ⅲ类主要适用于集中式生活饮用水地表水源地二级保护区、鱼虾类越冬场、洄游通道、水产养殖区等渔业水域及游泳区。

（4）Ⅳ类主要适用于一般工业用水区及人体非直接接触的娱乐用水区。

（5）Ⅴ类主要适用于农业用水区及一般景观要求水域。

不同功能的水域执行不同标准值。同一水域兼有多类功能的执行最高功能类别对应的标准值。

2. 生活饮用水卫生标准

饮用水直接关系到人们日常生活和身体健康，因此供给居民足量的优质饮用水是最基本的卫生条件之一。生活饮用水水质标准制定的主要原则如下。

（1）卫生上安全可靠，饮用水中不应含有各种病原微生物和寄生虫卵。

（2）化学成分对人体无害，不应对人体健康产生不良影响或对人体感官产生不良刺激。

（3）使用时不致造成其他不良影响，如过高的硬度导致水垢的形成等。

3. 污水综合排放标准

只对地表水体中有害物质规定容许的标准限值，不能完全控制各种工农业废物对水体的污染。为了进一步保护水环境质量，必须从控制污染源着手，制定相应的污染物排放标准。

该标准按照污水排放去向，规定了水污染物的最高允许排放浓度。对排入 GB

3838 标准中Ⅲ类地表水域的污水执行一级标准；排入 GB 3838 中Ⅳ、Ⅴ类地表水域的污水执行二级标准；排入设置二级污水处理厂的城镇排水系统的污水执行三级标准。将排放的污染物按其性质及控制方式分为两类：第一类污染物是指能在环境和动物体内蓄积，对人类健康产生长远不良影响者，如汞、镉、铬、铅、砷、苯并[α]芘等，监测时必须在车间或车间处理设施排放口采样，监测时须在排污单位排放口采样。

生活污水和工业废水在排入水体或城市下水道之前，需经过一定程度的处理，使其水质符合相应的标准，不得任意排放。

# 第二节　水污染控制与处理技术

## 一、水污染控制

一方面，水污染是当今世界各国面临的共同问题，随着经济的发展、人口的增长和城市化进程的加快，全球水污染日益加重。另一方面，由于人们生活水平的提高，对水环境质量的要求也日益提尚，形成了矛盾。因此，进行水污染控制，保证水环境的可持续利用，已成为世界各国特别是发展中国家最紧迫的任务之一。

水污染控制应分别从污染预防、污染治理和污染管理三个方面共同控制以达到控制目的。

1. 污染预防

主要是利用法律、管理、经济、技术和宣传教育等手段，对生活污水、工业废水和农村面源等进行综合控制，防止污染发生、削减污染排放。控制污染源的重点是工业污染源和农村面源。对于工业污染源，推行清洁生产的控制方法。清洁生产是指采用能源利用率最高、污染物排放量最小的生产工艺。清洁生产的方法有以无毒无害的原料和产品代替有毒有害的原料和产品，改革生产工艺，减少对原料、水及能源的消耗；采用循环用水系统，减少废水排放量；回收废水中有用成分，降低废水浓度等。

对于农业污染源，提倡科学施肥和农药的合理使用，尽量减少化肥、农药的残留，进而减少农田径流中氮、磷和农药的含量。

2. 污染治理

对产生的污水进行合理处理，确保在排入水体前达到国家或地方规定的排放标准。对于含酸、碱、有毒有害物质、重金属或其他污染物的工业废水，应先进行厂内处理，满足受纳水体要求的标准，方可排出。在城市重点建设城市污水处理厂，使污水集中大规模进行处理。同时，重视城市污水管网的规划建设，实现雨污分流。

3. 污染管理

对污染源、水体及处理设施进行综合整体规划管理。包括对污染源和受纳水体断面常规的监测和管理、对污水处理厂的监测和管理以及对水体卫生特征的监测和管理。

## 二、废水处理常见方法及流程

1. 废水处理基本方法

废水处理的目的就是将废水中的污染物以某种方法分离出来，或者将其分解转化为无害的稳定物质，从而使污水得到净化。一般要达到防止毒害和病菌的传染，避免有异味的目的，以满足不同用途的需求。

废水处理方法的选择，应当根据废水中污染物的性质、组成、状态及水量、排放接纳水体的类别或水的用途而定。同时还要考虑废水处理过程中所产生的污泥、残渣的处理利用和可能出现的二次污染问题。

一般废水的处理方法可分为物理法、化学法和生物法三类（见表4-1）。

表 4-1　一般废水的处理方法

| 处理方法 | 具体内容 |
| --- | --- |
| 化学法 | 利用化学反应或物理化学作用处理和回收可溶性物质或胶状物质。例如，中和法用于中和酸性或碱性废水；萃取法利用可溶性废物在两相中溶解度的不同回收酚类、重金属等；氧化还原法用来除去废水中还原性或氧化性污染物，杀灭天然水体中的致病细菌等 |
| 生物法 | 利用微生物的生化作用处理废水中的有机污染物。例如，生物滤池法和活性污泥法用来处理生活污水或有机工业废水，使有机物转化降解成无机物，达到净化水质的目的 |
| 物理法 | 利用物理作用处理、分离和回收废水中的污染物。应用筛滤法除去水中较大的漂浮物；应用沉淀法除去水中相对密度大于1的悬浮颗粒的同时回收这些颗粒物；应用浮选法（或气浮法）可以除去乳状油滴或相对密度小于1的悬浮物；应用过滤法可除去水中的悬浮颗粒；蒸发法用于浓缩废水中不挥发性的可溶物质等 |

以上方法各有其适用范围，必须取长补短、互为补充，往往使用一种处理方法很难达到良好的效果。一种废水究竟采用哪种或哪几种方法处理，要根据废水的水质、水量、受纳方对水质的要求、废物回收的价值、处理方法的特点等，通过调查研究、科学试验，并按照废水排放的指标、地区的情况和技术的可行性确定。

## 2．城市污水的处理

城市污水成分中固体物质仅占 0.03% ~ 0.06%，生化需氧量（BOD$_5$）一般在 75 ~ 300mg/L。根据对污水的不同净化要求，废水处理的各种步骤可划分为一级处理、二级处理和三级处理（图 4-1）。

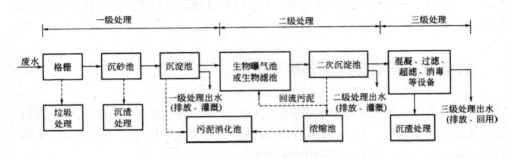

图 4-1　城市废水的三级处理系统

（1）一级处理

一级处理由筛滤、重力沉淀和浮选等方法串联组成，去除水中粒径大于 100μm 的颗粒物。筛滤可以去除较大物质；重力沉淀可去除无机颗粒物和相对密度大于 1 的有凝聚性的有机颗粒物；浮选可以去除相对密度小于 1 的颗粒物（如油脂），往往采取压力气浮的方法，在高压下溶解气体，随后在常压下，产生小气泡附着于颗粒物表面，使之浮于水面而去除。废水经过一级处理后，一般达不到排放标准。

（2）二级处理

二级处理常用生物法和絮凝法。生物法主要是去除一级处理后废水中的有机物；絮凝法主要是去除一级处理后废水中的无机悬浮物和胶体颗粒物或低浓度的有机物。

1）絮凝法。是通过投加絮凝剂破坏胶体的稳定性，使胶体粒子发生凝聚，产生絮凝颗粒，由于吸附作用，吸附废水中污染物，经沉降（或上浮）与水分离去除。常用的絮凝剂有硫酸铁、明矾、三氯化铁、聚合氯化铝、聚合硫酸铁等无机絮凝剂和有机聚合物絮凝剂。有机聚合物絮凝剂按其分子链上活性基团在水溶液中呈现的电荷性质，分为非离子型、阳离子型和阴离子型三类。絮凝剂的选择和用量要根据不同废水的性质、浓度、pH、温度等具体条件而定。选择的原则是去除率高、用量少、易获得、价格便宜、形成的絮体密实、沉降快、易于从水中分离。

2）生物法。是利用微生物处理废水的方法。通过构筑物中微生物的作用，把废水中可生化的有机物分解为无机物，以达到净化水质的目的。同时，微生物又利用废水中的有机物发展繁衍，使其净化作用持续进行。生物法分为好氧生物处理法和厌氧生物处理法两大类。好氧生物处理是在有氧的条件下，由好氧或兼氧微生物进行的。目前生产上主要用好氧生物处理法，包括生物滤池法和活性污泥法两类。生物滤池中的滤料表面有发达的微生物膜，活性污泥中有大量微生物存在于自身构成的絮状活性污泥颗粒上。处理时，废水中的有机物先吸附到生物膜或活性污泥颗粒表面，通过微生物的代谢把有机物氧化分解或同化为微生物细胞质，最后经过沉淀与水分离，得到净水。好氧生物处理时废水中的有机物氧化分解的最终产物是 $CO_2$、$H_2O$、$NO_3^-$、$NH_3$ 等。

经过二级处理后的水，一般可以达到农田灌溉水标准和废水排放标准。但是水中还存留有一定量的悬浮物、没有被生物降解的溶解性有机物、溶解性无机物和氮、磷等富营养物，并含有病毒和细菌。在一定条件下，仍然可能造成天然水体的污染。

图 4-1 为活性污泥法的污水处理厂的流程示意图。当污水进入处理厂后，首先通过格栅，去除悬浮杂质，防止大颗粒物损坏水泵或堵塞管道。有时使用磨碎机，将较大的杂物破碎成较小的颗粒，使其可以随水流流动，在后续的沉降池中沉降去除。

污水经过格栅的筛滤后进入沉砂池，大粒粗砂、石块、碎屑等大颗粒都沉降下来。污水进入沉淀池，在沉淀池中，水流速度减缓，大多数的悬浮物由于重力作用沉降。经沉淀池底部的刮泥板收集排除。废水在沉淀池中的停留时间为 90 ~ 150min，可去除 50% ~ 65% 的悬浮物和 25% ~ 40% 的 $BOD_5$。到此为废水的一级处理。对于一级污水处理厂，污水再经氯化消毒后排入水体。

曝气池是二级处理的主要设备，污水与活性污泥在充分搅拌下，与连续鼓入的空气接触，好氧微生物氧化降解有机物为 $NO_3^-$、$SO_4^{2-}$ 和 $CO_2$ 等无机盐，同时得到自身需要的能量。曝气 6h，可去除大部分的 $BOD_5$。污水再流经二次沉淀池（二沉池），固体物质（主要是微生物絮体）因重力沉降作用分离出来，成为活性污泥。二沉池出水经氯气消毒后排入自然水体，或作为中水或景观用水再利用。

活性污泥一部分返回曝气池参与有机物的氧化分解，另一部分与沉淀池收集的泥渣经浓缩池浓缩后在污泥消化池中进行厌氧分解，释放出甲烷和二氧化碳，收集后可作燃料使用。剩余的固体废渣经过干燥可作为肥料使用。

（3）三级处理

在一级处理、二级处理后，进一步处理难降解的有机物、磷和氮等能够导致水体富营养化的可溶性无机物。采用的技术有生物脱磷除氮法、混凝沉淀法、砂滤法、活性炭吸附法、离子交换法和电渗析法等。三级处理通常是以污水回收、再生为目的，在一级处理、二级处理后增加的处理工艺。所需处理费用较高，必须因地制宜，视具体情况确定。

综上所述，近代水质污染控制的重点，初期着眼于预防传染性疾病的流行，进而转移到需氧污染物的控制，目前又发展到防治水体富营养化的处理及废水净化回收重复利用方面，做到废水资源化。对于工业废水按要求进行单项治理，如含酚废水、含油废水及各种有毒重金属废水等，以防止对天然水体造成污染。

## 三、污泥处理技术

污泥是污水处理的副产品，也是必然产物。在城市污水和工业废水处理过程中，产生很多沉淀物与漂浮物。有的是从污水中直接分离出来的，如沉砂池中的沉渣、初沉池中的沉淀物、隔油池和浮选池中的沉渣等；有的是在处理过程中产生的，如化学沉淀污泥；有的是生物化学法产生的活性污泥或生物膜。一座二级污水处理厂，产生的污泥量约占处理污水量的0.3%～5%（含水率以97%计）。如进行深度处理，污泥量还可增加0.5～1.0倍。污泥的成分非常复杂，不仅含有很多有毒物质，如病原微生物、寄生虫卵及重金属离子等，也可能含有可利用的物质，如植物营养素、氮、磷、钾、有机物等。这些污泥若不加以妥善处理，就会造成二次污染。所以污泥在排入环境前必须进行处理，使有毒物质得到及时处理，有用物质得到充分利用，所以对污泥的处理必须给予充分的重视。一般污泥处理的费用约占全污水处理厂运行费用的20%～50%。污泥处理的流程如图4-2所示。

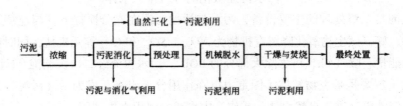

**图4-2　污泥处理的流程图**

### 1．污泥的脱水与干化

从二次沉淀池排出的剩余污泥含水率高达99%～99.5%，污泥体积大，不便于堆放及输送，所以污泥的脱水、干化是当前污泥处理的主要方法。

二次沉淀池排出的剩余污泥一般先在浓缩池中静置处理，使泥水分离。污泥在浓缩池内静置停留12～24h，可使含水率从99%降至97%，体积缩小为原污泥体积的1/3。

污泥进行自然干化（或称晒泥）是借助于渗透、蒸发与人工撇除等过程而脱水的。一般污泥含水率可降至 75% 左右，使污泥体积缩小许多。污泥机械脱水是以滤膜两面的压力差作为推动力，污泥中的水分通过滤膜称为滤液，固体颗粒被截留下来称为滤饼，从而达到脱水的目的。常采用的脱水机械有真空过滤脱水机（真空转鼓机、真空吸滤机）、压滤脱水机（板框压滤机、滚压带式过滤机）、离心脱水机等。一般采用机械法脱水，污泥的含水率可降至 70% ~ 80%。

2．污泥消化

（1）污泥的厌氧消化。将污泥置于密闭的消化池中，利用厌氧微生物的作用，使有机物分解，这种有机物厌氧分解的过程称为发酵。由于发酵的最终产物是沼气，污泥消化池又称沼气池。在 30 ~ 50℃下，$1m^3$ 污泥可产生沼气 10 ~ $15m^3$，其中甲烷含量约为 50%。沼气可用作燃料和化工原料。

（2）污泥的好氧消化。利用好氧和兼氧菌，在污泥处理系统中曝气供氧，微生物分解可降解有机物（污泥）及细胞原生质，并从中取得能量。

近年来人们通过实践发现，污泥厌氧消化工艺的运行管理要求高，比较复杂，而且处理构筑物要求封闭、容积大、数量多且复杂，所以污泥厌氧消化法适用于大型污水处理厂污泥量大、回收沼气量多的情况。污泥好氧消化法设备简单、运行管理比较方便，但运行能耗及费用较高些，它适用于小型污水处理厂污泥量不大、回收沼气量少的场合。而且当污泥受到工业废水影响，进行厌氧消化有困难时，也可采用好氧消化法。

（3）污泥的最终处理。对主要含有机物的污泥，经过脱水及消化处理后，可用作农田肥料。

脱水后的污泥，如需要进一步降低其含水率时，可进行干燥处理或加以焚烧。经过干燥处理，污泥含水率可降至 20% 左右，便于运输，可作为肥料使用。当污泥中含有有毒物质不宜用作肥料时，应采用焚烧法将污泥烧成灰烬，做彻底的无害化处理，可用于填地或充作筑路材料使用。

# 第三节　水资源化与海洋污染

## 一、水资源化

随着人口的增长，城市化、工业化以及灌溉对水需求的日益增加，水资源短缺问题日益严重。在可供淡水有限的情况下，应积极采取措施保护宝贵的水资源，一般采取以下几种措施。

### 1. 提高水资源利用率

提高水资源利用率不但可以增加水资源，而且可以减少污水排放量，减轻水体污染。主要措施如下。

（1）降低工业用水量，提高水的重复利用率

采用清洁生产工艺提高工业用水重复利用率，争取少用水。通过发展建设，我国工业用水重复使用率已有了较大的发展，但与发达国家相比，还有较大差距。进一步加强工业节水，提高用水效率，是缓解我国水资源供需矛盾，实现社会与经济可持续发展的必由之路。

（2）减少农业用水，实施科学灌溉

全世界用水的70%为农业的灌溉用水，而只有37%的灌溉用水用于作物生长，其余63%被浪费。因此，改进灌溉方法是提高用水效率的最大潜力所在。改变传统的灌溉方式，采用喷灌、滴灌和微灌技术，可大量减少农业用水。

（3）提高城市生活用水利用率，回收利用城市污水

我国城市自来水管网的跑、冒、滴、漏损失至少达城市生活用水总量的15%，家庭用水浪费现象普遍。通过节水措施可以减少无效或低效耗水。对于现代城市家庭，厕所冲洗水和洗浴水一般占家庭生活用水总量的2/3。厕所冲洗节水方式有两种：一种是中水回用系统，利用再生水冲洗；另一种是选用节水型抽水马桶，比传统型抽水马桶节省用水2倍左右。采用节水型淋浴头，可以节约大量洗浴用水。

### 2. 调节水源量以增加可靠供水

人们通过调节水源量，开发新水源方式，缓解水资源紧张局面。可采取的措施如下。

（1）建造水库，调节流量

建造水库，调节流量，可以丰水期补充枯水期不足的水量，还可以有防洪、发电、发展水产等多种用途，但必须注意建库对流域和水库周围生态系统的影响。

（2）跨流域调水

跨流域调水是一项耗资巨大的供水工程，即从丰水流域向缺水流域调水。是解决缺水地区水资源需求的一种重要措施。

（3）地下蓄水

地下蓄水即是人工补充地下水，解决枯水季节的供水问题。已有20多个国家在积极筹划，在美国加利福尼亚州每年就有25亿立方米水储存于地下，荷兰每年增加含水层储量200万～300万立方米。

（4）海水淡化

海水淡化可以解决海滨城市淡水紧缺问题。截止到 2015 年底，全球约有 18000 家海水淡化工厂，总生产能力为 $8.655 \times 10^7 \mathrm{m}^3/\mathrm{d}$。其中，中东和北非地区的生产能力大约占到了 44%（$3.732 \times 10^7 \mathrm{m}^3/\mathrm{d}$），我国已建成海水淡化装置的总产水量也已达到 890.3kt/d。

（5）恢复河水、湖水水质

采用系统分析的方法，研究水体自净、污水处理规模、污水处理效率与水质目标及其费用之间的相互关系，应用水质模拟预测及评价技术，寻求优化治理方案，制定水污染控制规划，恢复河水、湖水水质，增加淡水供应。

3．加强水资源管理

通过水资源管理机构，制定合理利用水资源和防止污染的法规；采用经济杠杆，降低水浪费，提高水利用率。强化水资源的统一管理，实现水资源的可持续利用，建立节水防污型社会，促进资源与社会经济、生态环境协调发展。

## 二、海洋污染

海洋是地球上最大的水体，占地球面积的 70.8%。海洋从太阳吸收热量，又将热量释放到大气中，彼此作用，调节全球气候。同时海洋为人类提供食物，海底蕴藏着丰富的资源和能源。海洋不仅为人类提供廉价的航运，海水还是取之不尽的动力资源。

由于人类的活动直接或间接地将物质或能量排入海洋环境，改变了海洋的原来状态，以致损害海洋生物资源、危害人类健康、妨碍海洋渔业、破坏海水正常使用或降低海洋环境优美程度的现象，就是海洋污染。海洋污染的污染源有：城市生活和生产排水及废弃物，农药及农业废物，船舶、飞机及海上设施，原子能的产生和应用，军事活动等。首先污染海洋的污染物各种各样，这些物质进入海洋，轻则破坏沿海环境，损害生物资源，重则危及人类健康。其次是某些不合理的海岸工程建设，给海洋环境带来的严重影响。再有是对水产资源的过量利用，如对红树林、珊瑚礁的乱伐乱采，危及生态平衡。上述问题的存在已对人类生产和生活均构成了严重威胁。

1．海洋污染的种类及危害

海洋的污染主要是发生在靠近大陆的海湾。由于密集的人口和工业，大量的废水和固体废物被倾入海水，加上海岸曲折造成水流交换不畅，使得海水的温度、pH、含盐量、透明度、生物种类和数量等性状发生改变，对海洋的生态平衡构成危害。目前，海洋污染突出表现为石油污染、赤潮、重金属和有毒物质污染、塑料制品和核污染等几个方面。

（1）石油污染

石油化工、石油运输、海洋采油及石油储存均会对海洋产生石油污染。我国每年排入海的油量约 10 万吨，当发生事故时污染更加严重。2010 年美国墨西哥湾采油泄漏，490 万桶原油排入墨西哥湾，造成大面积水域污染。石油污染不但丧失了宝贵的石油，给海洋生物也带来了严重的后果。石油污染后的海区，要经过 5 ~ 7 年才能使生物重新繁殖。据估计 1L 石油在海面上的扩散面积达 100 ~ 2000m²，1L 石油完全氧化需消耗 40 万升海水中的溶解氧，致使海域缺氧，造成生物资源的破坏；石油在海生动物体内蓄积、使海鸟沾油污死亡，同时对污染海域的人类的生产、生活及旅游产生深远影响。1991 年的海湾战争造成的输油管溢油，使 200 多万只海鸥死亡，许多鱼类和其他动植物也在劫难逃，一些珍贵的鱼种已经灭绝，美丽丰饶的波斯湾变成了一片死海，海洋石油污染对海洋生态系统的破坏是难以挽回的。

（2）赤潮

由于大量营养物质排入海洋，使入海河口、海湾和沿岸水域富营养化，致使浮游生物大量繁殖，形成赤潮。仅 2003 年我国沿海就发生赤潮 119 次，2012 年东南沿海发生赤潮造成直接经济损失超过 20 亿元。

赤潮的危害有：导致水体缺氧，使海洋生物大量死亡；浮游植物堵塞海洋鱼类的呼吸器官，导致鱼类死亡；含毒素的浮游生物使鱼贝死亡且危害人体健康。

（3）重金属和有毒物质污染

化工污水占入海总污水量的 32.1%。化工污水含大量有毒物质，如重金属、难降解有毒有机物等，对海洋造成严重污染。

重金属和有机有毒难降解有机物在海洋生物体内富集进入食物链，影响到人类健康。破坏海滨旅游景区的环境质量，使其失去应有价值。

（4）塑料制品

全世界每年进入海洋的塑料垃圾达 660 万吨。每天约有 64 万个塑料容器被抛入大海，塑料袋和薄膜被海洋动物当作食品吞食，致使动物死亡甚至种群灭绝，造成海洋生态破坏。

（5）放射性污染

由于核能源的开发、军事活动、海底核废物处置等造成大量放射性物质进入海洋，部分放射性同位素在动物体内的含量已达到可检出程度。

另外，人类生产造成海洋的热污染可改变海洋生态系统及海洋洋流运动，进而影响全球气候。

目前，全球海洋污染较严重的地区主要集中在发达地区的近海海域，如波罗的海、地中海北部、美国东北部沿海海域和日本的濑户内海。我国近海海域的污染状况也相当严重，虽然汞、镉、铅的浓度总体上尚在标准允许范围之内，但已有局部的超标区；石油和COD在各海域中有超标现象。其中污染最严重的渤海，由于污染已造成渔场外迁、鱼群死亡、赤潮泛滥、有些滩涂养殖场荒废、一些珍贵的海生资源正在丧失。

2．海洋污染的特征

海洋是地球上最大的水体，具有巨大的自净能力，但其对污染物的消纳能力并不是无限的。海洋污染的特征主要表现为以下几个方面（见表4-2）。

表4-2　海洋污染的特征

| 特征 | 主要内容 |
| --- | --- |
| 污染持续性强 | 海洋是地球各地污染物的最终归宿。与其他水体污染不同，海洋环境中的污染物很难再转移出去。因此随着时间的推移，一些不能溶解和不易分解的污染物（如重金属和难降解有机氯等）在海洋中积聚 |
| 污染源多而复杂 | 海洋的污染源极其复杂，除了船舶和海上油井排出的有毒有害物质外，沿海地区产生的污染物直接排入海洋，内陆地区的污染物也部分通过河流最终流入海洋。大气污染物通过气流及降水作用进入海洋。因此，海洋有"世界垃圾桶"之称 |
| 防治难、危害大 | 海洋污染有很长的积累过程，不易及时发现，一旦形成污染，需要长期治理才能消除影响，且治理费用高，造成的危害会影响到各方面，特别是对人体产生的毒害，更是难以彻底清除干净 |
| 污染扩散范围大 | 海洋中的污染物可通过洋流、潮汐、重力流等作用与海水进行充分混合，将污染物带到其他海域。例如，在北冰洋和南极洲捕获的鲸鱼体内分别检测到0.2mg/kg和0.5mg/kg（干重）的多氯联苯，可见海洋污染的扩散范围之大 |

3．海洋污染的控制

由于海洋污染具有以上的特点，因此在海洋污染的控制上应从污染源上加强管理，给予控制。

（1）石油污染控制

为防止溢油污染海洋，应当建立监测体系，开发配备相应的围油栅、撇油器、收油袋等防污设备，绘制海洋环境石油敏感图，建立溢油漂移数值模型、数据库和溢油漂移软件，一旦发生溢油事件，可使有关人员在很短的时间内了解溢油海域的污染情况及溢油的运行轨迹，及时采取措施，减少石油污染。对于产生的石油污染，应首先利用油障包围石油，然后回收油障内石油，用吸油材料和油处理剂处理剩余石油。对于难进行回收操作的海面石油，可用焚烧方法，减少污染，即点燃海上石油使之燃烧后减少。如果石油冲上海岸和沙滩，可将被石油污染的沙砾挖沟深埋。

（2）塑料垃圾的防治

通过采取用可降解塑料代替现用塑料、颁布法律法规制止向海洋排放塑料垃圾等措施减少塑料对海洋的污染。

（3）赤潮问题的管理对策

严格规范沿海排污制度，在沿海地区禁用含磷洗涤用品。对赤潮采用预报、监控措施，降低赤潮影响。

海洋环境保护是在调查研究的基础上，针对海洋环境方面存在的问题，依据海洋生态平衡的要求制定有关法规，并运用科学的方法和手段来调整海洋开发和环境生态之间的关系，以达到对海洋资源持续利用的目的。海洋环境是人类赖以生存和发展的自然环境的重要组成部分，包括海洋水体、海底和海面上空的大气以及同海洋密切相关并受到海洋影响的沿岸和河口区域。海洋环境问题的产生，主要是人们在开发利用海洋的过程中，没有考虑海洋环境的承受能力，低估了自然界的反作用，使海洋环境受到不同程度的损害。海洋环境保护问题已成为当今全球关注的热点之一。

要成功地保护海洋，人类必须遵守以下原则。

1）禁止向海洋倾倒任何有毒有害废料。

2）所有的工业和生活污水必须处理后才能排放入海。

3）加强在陆地上对垃圾的管理、处理和资源化，不把海洋作为垃圾倾倒场；保护水产资源，规范渔业和海水养殖业，保护水生生态系统，维护生态平衡。

# 第五章 大气与土壤污染及其防治

## 第一节 大气污染及其防治

### 一、大气污染及其防治基础内容

1. 大气与大气污染

（1）大气的组成

大气是多种气体的混合物。其组成包括恒定组分、可变组分和不定组分。

1）大气的恒定组分。是指大气中含有的氮气、氧气、氩气及微量的氖气、氦气、氪气、氙气等稀有气体。其中氮气、氧气、氩气三种组分占大气总量的99.96%。在近地层大气中，这些气体组分的含量几乎可认为是不变的。

2）大气的可变组分。主要是指大气中的二氧化碳、水蒸气等，这些气体的含量由于受地区、季节、气象以及人们生产和生活活动等因素的影响而有所变化。在正常状态下，水蒸气的含量为 0 ~ 4%，二氧化碳的含量近年来已达到 0.033%。

由恒定组分及正常状态下的可变组分所组成的大气，称为洁净大气。

3）大气的不定组分。是指尘埃、硫、硫化氢、硫氧化物、氮氧化物、盐类及恶臭气体等。一般来说，这些不定组分进入大气中，可造成局部和暂时性的大气污染。当大气中不定组分达到一定浓度时，就会对人、动植物造成危害，这是环境保护工作者应当研究的主要对象。

（2）大气污染及分类

大气污染是指由于人类活动或自然过程，使得某些物质进入大气中，呈现出足够的浓度，并持续足够的时间，因此而危害了人体的舒适、健康和福利，甚至危害了生态环境。所谓人类活动不仅包括生产活动，而且也包括生活活动，如做饭、取暖、交通等。一般来说，由于自然环境所具有的物理、化学和自净作用，会使自然过程造成的大气污染经过一段时间后自动消除，所以可以说，大气污染主要是人类活动造成的。

按照污染范围，大气污染大致可分为以下几种（见表5-1）。

**表5-1　大气污染按照污染范围分类**

| 类别 | 内容 |
| --- | --- |
| 全球性污染 | 涉及全球范围的大气污染，目前主要表现在温室效应、酸雨和臭氧层破坏三个方面 |
| 广域污染 | 涉及比一个地区或大城市更广泛地区的大气污染 |
| 地区性污染 | 涉及一个地区的大气污染，如工业区及其附近地区受到污染或整个城市受到污染 |
| 局部地区污染 | 局限于小范围的大气污染，如烟囱排气 |

### 2．大气污染物及来源

（1）大气污染物分类

大气污染物是指由于人类活动或自然过程排入大气并对人和环境产生有害影响的那些物质。按照其存在状态，可分为两大类：颗粒污染物和气态污染物。

1）颗粒污染物

颗粒污染物是指大气中的液体、固体状物质。按照来源和物理性质，颗粒污染物可分为粉尘、烟、飞灰、黑烟和雾，在泛指小固体颗粒时，通称粉尘。我国环境空气质量标准中，根据粉尘颗粒的大小，将其分为以下几种。

①总悬浮颗粒物（TSP）。是指环境空气中空气动力学直径小于等于100μm的颗粒物。

②粒径小于等于10μm颗粒物（$PM_{10}$）。是指环境空气中空气动力学直径小于等于10μm的颗粒物，也称可吸入颗粒物。

③粒径小于等于2.5μm颗粒物（$PM_{2.5}$）。是指环境空气中空气动力学直径小于等于2.5μm的颗粒物，也称细颗粒物。

$PM_{2.5}$和$PM_{10}$也是很多城市大气的首要污染物和引发雾霾的重要原因。此外，可吸入颗粒物（$PM_{10}$）在环境空气中持续的时间很长，被人吸入后，会累积在呼吸系统中，引发许多疾病，对于老人、儿童和已患心肺病者等敏感人群，风险是较大的。

2）气态污染物

气体状态污染物是指在常态、常压下以分子状态存在的污染物，简称气态污染物。气态污染物主要包括以二氧化硫为主的含硫化合物、以氧化氮与二氧化氮为主的含氮化合物、碳氧化物、有机化合物和卤素化合物等。

气态污染物可分为一次污染物和二次污染物。一次污染物是指直接从污染源排到大气中的原始污染物；二次污染物是指由于一次污染物与大气中已有组分或几种一次污染物之间经过一系列化学或光化学反应而生成的与一次污染物性质不同的新污染物。受到普遍重视的一次污染物主要有硫氧化物（$SO_x$）、氮氧化物 $NO_x$、碳氧化物（$CO$、$CO_2$）及有机污染物（$C_1 \sim C_{10}$ 化合物）等；二次污染物主要有硫酸烟雾和光化学烟雾。

（2）主要大气污染物及来源

1）大气污染源

大气污染源可分为自然污染源和人为污染源两类。自然污染源是指由于自然原因向环境释放的污染物，如火山喷发、森林火灾、飓风、海啸、土壤和岩石风化以及生物腐烂等自然现象形成的污染源。人为污染源是指人类活动和生产活动形成的污染源。

人为污染源可分为工业污染源、生活污染源、交通运输污染源和农业污染源。工业污染源是大气污染的一个重要来源，工业排放到大气中的污染物种类繁多，有烟尘、硫氧化物、氮氧化物、有机化合物、卤化物、碳化合物等。生活污染源主要由民用生活炉灶和采暖锅炉产生，产生的污染物有灰尘、二氧化硫、一氧化碳等有害物质。交通运输污染源来自于汽车、火车、飞机、轮船等运输工具，特别是城市中的汽车，量大而集中，对城市的空气污染很严重，成为大城市空气的主要污染源之一，汽车排放的废气主要有一氧化碳、二氧化硫、氮氧化物和碳氢化合物等。农业污染源主要来源于农药及化肥的使用。田间施用农药时，一部分农药会以粉尘等颗粒物形式散逸到大气中，残留在作物上或黏附在作物表面的仍可挥发到大气中。进入大气的农药可以被悬浮的颗粒物吸收并随气流向各地输送，造成大气农药污染。

为便于分析污染物在大气中的运动，按照污染源性状特点可分为固定式污染源和移动式污染源。固定式污染源是指污染物从固定地点排出，如各种工业生产及家庭炉灶排放源排出的污染物，其位置是固定不变的。移动式污染源是指各种交通工具，如汽车、轮船、飞机等是在运行中排放废气，向周围大气环境散发出的各种有害物质。此外，按照排放污染物的空间分布方式可分为：点污染源，即集中在一点或一个可当作一点的小范围排放污染物；面污染源（国外称为非点源污染），即在一个大面积范围排放污染物。

2）大气中几种主要气态污染物

大气中几种主要气态污染物，见表5-2。

表 5-2　大气中几种主要气态污染物

| 污染物名称 | 主要内容 |
|---|---|
| 光化学烟雾 | 是在阳光照射下，大气中的氮氧化物、碳氢化合物和氧化剂之间发生一系列光化学反应而生成的蓝色烟雾（有时带些紫色或黄褐色），其主要成分有臭氧、过氧乙酰硝酸酯（PAN）、酮类和醛类等。其危害比一次污染物大得多。光化学烟雾发生时，大气能见度降低，眼和喉黏膜有刺激感，呼吸困难，橡胶制品开裂，植物叶片受损、变黄甚至枯萎 |
| 氮氧化物 NOx | 是氮的氧化物的总称，包括氧化亚氮、一氧化氮、二氧化氮、三氧化二氮等，其中污染大气的主要是 NO 和 $NO_2$。NO 毒性不大，但进入大气后会缓慢氧化成 $NO_2$，$NO_2$ 的毒性约为 NO 的 5 倍，当 $NO_2$ 参与大气中的光化学反应，形成光化学烟雾后，其毒性更强。人类活动产生的 NOx，主要来自各种炉窑、机动车和柴油机排气，其次是硝酸生产、硝化过程、炸药生产及金属表面处理等。其中由燃料燃烧产生的 NOx 约占 83% |
| 碳氧化物 COx | 主要是一氧化碳和二氧化碳。大气中的碳氧化物主要来自煤炭和石油的燃烧，在空气不充足的情况下燃烧，就会产生一氧化碳。CO 是一种窒息性气体，1t 锅炉工业用煤燃烧约产生 1.4kg 一氧化碳；1t 居民取暖用煤燃烧约产生 20kg 以上一氧化碳；一辆行驶中的汽车，每小时约产生 1～1.5kg 一氧化碳。二氧化碳虽然不是有毒物质，但大气中含量过高就会造成温室效应，有可能导致全球性灾难 |
| 硫氧化物 SOx | 是硫的氧化物的总称，包括二氧化硫、三氧化硫、三氧化二硫、一氧化硫等。其中 $SO_2$ 是目前大气污染物中数量较大、影响范围也较广的一类气态污染物，几乎所有工业企业都可能产生，它主要来源于化石燃料的燃烧过程以及硫化物矿石的焙烧、冶炼等热过程。硫氧化物和氮氧化物是形成酸雨或酸沉降的主要前体物 |
| 硫酸烟雾 | 是指大气中的 $SO_2$ 等硫氧化物，在相对湿度比较高、气温比较低并有颗粒气溶胶存在时发生一系列化学或光化学反应而生成的硫酸雾或硫酸盐气溶胶。硫酸烟雾引起的刺激作用和生理反应等危害要比 $SO_2$ 气体大得多 |
| 碳氢化合物 HC | 属于有机化合物中最简单的一类，仅由碳、氢两种元素组成，又称烃。碳氢化合物中包含多种烃类化合物，进入人体后会使人体产生慢性中毒，有些化合物会直接刺激人的眼、鼻黏膜，使其功能减弱，更重要的是碳氢化合物和氮氧化物在阳光照射下，会产生光化学反应，生成对人及生物有严重危害的光化学烟雾。其主要来源为汽车尾气、工业废气 |

（3）典型大气污染

1）煤烟型污染

由煤炭燃烧排放出的烟尘、二氧化硫等一次污染物以及再由这些污染物发生化学反应而生成二次污染物所构成的污染称为煤烟型污染。此污染类型多发生在以燃煤为主要能源的国家与地区，历史上早期的大气污染多属于此种类型。

我国的大气污染以煤烟型污染为主，主要的污染物是烟尘和二氧化硫，此外，还有氮氧化物和一氧化碳等。这些污染物主要通过呼吸道进入人体内，不经过肝脏的解毒作用，直接由血液运输到全身。

2）石油型污染

石油型污染的污染物来自石油化工产品，如汽车尾气、油田及石油化工厂的排放物。这些污染物在阳光照射下发生光化学反应，并形成光化学烟雾。石油型污染的一次污染物是烯烃、二氧化氮以及烷、醇、羰基化合物等，二次污染物主要是臭氧、氢氧基、过氧氢基等自由基以及醛、酮和过氧乙酰硝酸酯。

此类污染多发生在油田及石油化工企业和汽车较多的大城市。近代的大气污染，尤其在发达国家和地区，一般属于此种类型。我国部分城市随着汽车数量的增多，也有出现"石油型污染"的趋势。

3）复合型污染

复合型污染是指以煤炭为主，还包括以石油为燃料的污染源排放出的污染物体系。此种污染类型是由煤炭型向石油型过渡的阶段，它取决于一个国家的能源发展结构和经济发展速度。

4）特殊型污染

特殊型污染是指某些工矿企业排放的特殊气体所造成的污染，如氯气、金属蒸气或硫化氢、氟化氢等气体。

前三种污染类型造成的污染范围较大，而第四种污染所涉及的范围较小，主要发生在污染源附近的局部地区。

3．大气污染现状

2019 年 5 月 29 日，中华人民共和国生态环境部发布的 2018 年《中国生态环境状况公报》显示：338 个地级及以上城市平均优良天数比例为 79.3%，同比上升 1.3 个百分点；细颗粒物浓度为 39μg/m³，同比下降 9.3%。$PM_{10}$ 年平均浓度为 71μg/m³，同比下降 5.3%。京津冀及周边地区"2+26"个城市平均优良天数比例为 50.5%，同比上升 1.2 个百分点；$PM_{2.5}$ 浓度为 6μg/m³，同比下降 11.8%。北京优良天数比例为 62.2%，同比上升 0.3 个百分点；$PM_{2.5}$ 浓度为 51μg/m³，同比下降 12.1%。长三角地区 41 个城市平均优良天数比例为 74.1%，同比上升 2.5 个百分点；$PM_{2.5}$ 浓度为 44μg/m³，同比下降 10.2%。汾渭平原 11 个城市平均优良天数比例为 54.3%，同比上升 2.2 个百分点；$PM_{2.5}$ 浓度为 58μg/m³，同比下降 10.8%。全国酸雨区面积约 53 万平方千米，占国土面积的 5.5%，同比下降 0.9 个百分点；酸雨污染主要分布在长江以南到云贵高原以东地区，总体仍为硫酸型。

### 4．大气污染的危害及影响

大气污染对人体健康、植物、器物和材料、大气能见度和气候都有重要影响。

（1）对人体健康的危害

大气污染物入侵人体主要有三条途径：表面接触、摄入含污染物的食物和水、吸入被污染的空气。大气污染对人体健康的危害主要表现为引起呼吸道疾病。在突发高浓度污染物作用下，可造成急性中毒，甚至在短时间内死亡。长期接触低浓度污染物，会引起支气管炎、支气管哮喘、肺气肿和肺癌等病症。

（2）对植物的危害

大气污染对植物的伤害通常发生在叶子上，最常遇到的毒害植物的气体是二氧化硫、臭氧、过氧乙酰硝酸酯、氟化氢、乙烯、氯化物、氯气、硫化氢和氨气。

（3）对器物和材料的危害

大气污染物对金属制品、涂料、皮革制品、纺织品、橡胶制品和建筑物等的损害也是严重的。这种损害包括沾污性损害和化学性损害两个方面。沾污性损害主要是粉尘、烟等颗粒物落在器物上面造成的，化学性损害是由于污染物的化学作用，使器物和材料被腐蚀或损害。

（4）对大气能见度的影响

大气污染最常见的后果之一是大气能见度降低。能见度是指在指定方向上仅能用肉眼看见和辨认的最大距离。一般来说，对大气能见度或清晰度有影响的污染物，应是气溶胶粒子、能通过大气反应生成气溶胶粒子的气体或有色气体。因此，对能见度有潜在影响的污染物有总悬浮颗粒物、二氧化硫和其他气态含硫污染物、一氧化氮和二氧化氮、光化学烟雾。

（5）对气候的影响

大气污染对气候产生大规模影响，其结果是极为严重的。已被证实的全球性影响有由 $CO_2$ 等温室气体引起的温室效应以及 $SO_2$、$NOx$ 排放产生的酸雨等。另外，一些研究者认为，由于太阳辐射的散热损失和吸收损失，大气气溶胶粒子会导致太阳辐射强度的降低，辐射－散热损失可能会致使气温降低 1℃。虽然这是一种区域性的影响，但它在很大的地区内起作用，以致具有某种全球性影响。

## 二、气象条件对污染物传输扩散的影响

污染物从排放到对人体和生态环境产生切实的影响，中间经历了复杂的大气过程：迁移、扩散、沉降、化学反应等。由于气象条件的不同，大气扩散稀释能力相差很大，因此，即使是同一污染源排出的污染物，对人体和环境造成的危害程度也

不同。历史上有名的公害事件，往往就是在不利的气象条件下发生的。

## 1．大气圈及其结构

地球表面环绕着一层很厚的气体，称为环境大气，简称大气。自然地理学将受地球引力而随地球旋转的大气层称为大气圈，根据气温在垂直于下垫面（地球表面情况）方向上的分布，可将大气圈分为5层：对流层、平流层、中间层、暖层和散逸层（见表5-3）。

**表5-3 大气圈分层**

| 名称 | 内容 |
| --- | --- |
| 对流层 | 对流层是大气圈最低的一层。由于对流程度在热带比寒带强烈，故自下垫面算起的对流层的厚度随纬度增加而降低，赤道处为16～17km，中纬度地区为10～12km，两极附近只有8～9km。对流层的特征是对流层虽然较薄，但却集中了整个大气质量的3/4和几乎全部水蒸气，主要的大气现象都发生在这一层，它是天气变化最复杂、对人类活动影响最大的一层。对流层的温度分布特点是下部温度高，上部温度低，所以大气易形成较强烈的对流运动。此外，人类活动排放的污染物也大多聚集于对流层，即大气污染主要发生在这一层，特别是靠近地面1～2km的近地层，因此对流层与人类的关系最为密切 |
| 平流层 | 位于对流层之上、平流层下部的气温几乎不随高度而变化，为等温层。该等温层的上界距地面20～40km。平流层的上部气温随高度上升而增高，在距地面50～55km的平流层顶处，气温可升至-3～0℃，比对流层顶处的气温高出60～70℃。这是因为在平流层的上部存在厚度约为20km的臭氧层，该臭氧层能强烈吸收200～300nm的太阳紫外线，致使平流层上部的气层明显地增温。<br><br>在平流层中，很少发现大气上下运动的对流，虽然有时也能观察到高速风或在局部地区有湍流出现，但一般多是处于平流流动，很少出现云、雨、风暴天气，大气透明度好，气流也稳定。进入平流层的污染物，由于在大气层中扩散速度较慢，污染物在此层停留时间较长，有时可达数十年之久。进入平流层的氮氧化物、氯化氢以及氟利昂有机制冷剂等能与臭氧层中臭氧发生光化学反应，致使臭氧浓度降低，严重时臭氧还可能出现"空洞"。如果臭氧层遭到破坏，则太阳辐射到地球表面上的紫外线将增强，从而导致地球上更多的人患皮肤癌，地球上的生态系统也会受到极大的威胁 |
| 中间层 | 位于平流层顶之上，层顶高度为80～85km，这一层里有强烈的垂直对流运动，气温随高度增加而下降，层顶温度可降至-113～-83℃ |
| 暖层 | 位于中间层的上部，暖层的上界距地球表面800多千米，该层的下部基本上由分子氮所组成，而上部由原子氧所组成。原子氧可吸收太阳辐射出的紫外线，因而暖层中气体的温度是随高度增加而迅速上升的。由于太阳光和宇宙射线的作用，使得暖层中的气体分子大量被电离，所以暖层又称电离层 |
| 散逸层 | 暖层以上的大气层统称散逸层，这是大气圈的最外层，气温很高，空气极为稀薄，空气粒子的运动速度很高，可以摆脱地球引力而散逸到太空中 |

大气成分的垂直分布，主要取决于分子扩散和湍流扩散的强弱。在 80 ～ 85km 以下的大气层中，以湍流扩散为主，大气的主要成分氮气和氧气的组成比例几乎不变，称为均质层。在均质层以上的大气层中，以分子扩散为主，气体组成随高度变化而变化，称为非均质层。这层中较轻的气体成分有明显增加。

2. 风和湍流对污染物传输扩散的影响

在各种影响污染物传输扩散的气象因素中，风和湍流对污染物在大气中的扩散和稀释起着决定性作用。

（1）风

风在不同时刻有着相应的风向和风速。风速是指单位时间内空气在水平方向移动的距离。风速可根据需要用瞬时值表示，也可用一定时间间隔内的平均值表示。通常，气象台站所报出的风速都是指一定时间间隔的气象风速。在研究污染物扩散和稀释规律时所用的风速，多为测定时间前后的 5min 或 10min 间隔的平均风速。

风不仅对污染物起着输送的作用，而且还起着扩散和稀释的作用。一般来说，污染物在大气中的浓度与污染物的排放总量成正比，而与平均风速成反比，若风速增加一倍，则在下风向污染物的浓度将减少一半。

（2）湍流

风速有大有小，具有阵发性，并在主导风向上还出现上下左右无规则的阵发性搅动，这种无规则阵发性搅动的气流称为大气湍流。大气污染物的扩散，主要靠大气湍流的作用。

如果设想大气是作很有规则的运动，只有分子扩散，那么，从污染源排出的烟云几乎就是一条粗细变化不大的带子。然而，实际情况并非如此，因为烟云向下风向飘移时，除本身的分子扩散外，还受大气湍流作用，从而使得烟团周界逐渐扩张。

图 5–1（a）是烟团处于比它尺度小的大气湍流中的扩散状态。烟团在向下风方向移动时，由于受到小尺度的涡团搅动，烟管的外侧不断与周围空气相混合，并缓慢地扩散。

图 5–1（b）是烟团处于比它尺度大的大气揣流作用下的扩散状态。由于烟团被大尺度的大气涡团夹带，烟团本身截面尺度变化不大。

图 5–1（c）表示在实际大气中同时存在着不同尺度的涡团时的烟云状态，因为烟团同时受三种尺度的揣流作用，所以扩散过程进行得也较快。

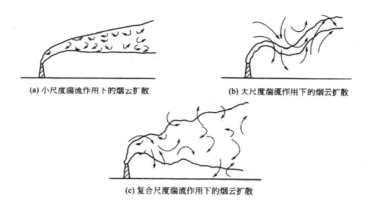

(a) 小尺度湍流作用下的烟云扩散                    (b) 大尺度湍流作用下的烟云扩散

(c) 复合尺度湍流作用下的烟云扩散

**图5-1  不同尺度湍流作用下的烟云扩散示意图**

3．气温对污染物传输扩散的影响

（1）太阳、大气和地面的热交换

太阳是一个炽热的球体，不断向外辐射能量。大气本身吸收太阳辐射的能力很弱，而地球表面上分布的陆地、海洋、植被等直接吸收太阳辐射的能力很强，因此太阳辐射到地球上的能量的大部分穿过大气而被地面直接吸收。地面和大气吸收了太阳辐射，同样按其自身温度向外辐射能量。据统计，有 75% ~ 95% 的地面长波辐射被大气吸收，而且几乎在近地面 40 ~ 50m 厚的气层中就被全部吸收了。低层大气吸收了地面辐射后，又以辐射的方式传给上部气层，地面的热量就这样以辐射方式一层一层地向上传递，致使大气自下而上地增热。

综上所述，太阳、大气、地面直接的热交换过程，首先是太阳辐射加热了地球表面，然后是地面辐射加热大气。因此，近地层大气温度随地表温度的升高而增高（自下而上被加热），随地表温度的降低而降低（自下而上被冷却），地表温度的周期性变化引起低层大气温度随之周期性地变化。

（2）气温的垂直变化与大气污染的关系

地球表面上方气温的垂直分布情况（气温垂直递减率 $\gamma$）决定着大气的稳定度，而大气稳定度又影响着揣流的强度，因而气温的垂直分布情况与大气污染有十分密切的联系。由于气象条件的不同，气温的垂直分布可分为以下三种情况。

1）气温随高度增加而降低，气层温度上冷下暖，上层空气密度大，下层空气密度小，即又冷又重的空气在上，又暖又轻的空气在下，容易形成上下对流。一旦污染物排入这种气层中，由于上下对流强烈，继而引发湍流，很容易得到稀释扩散。

2）气温随高度增加而升高，此时气层温度上暖下冷，又暖又轻的空气在上层，又冷又重的空气在下层，气层最稳定，不容易形成对流和湍流。这就是通常所说的逆温。污染物排入这种气层中，很难得到稀释扩散，容易形成严重的大气污染。

3）气温不随高度而变化，这种气层称为等温层。由于气温没有上下温差，此时也不容易形成对流，对污染物扩散不利。我们熟知的臭氧层就是位于等温层中，由于该层稀释污染物能力弱，所以一旦破坏臭氧层的物质排入该层，就会造成严重的臭氧层破坏，即使停止排放破坏物，原来的破坏臭氧层的物质也会持续停留在臭氧层很长时间。所以，臭氧层一旦破坏，很难修复。

4. 大气稳定度与大气污染的关系

（1）大气稳定度的概念

大气稳定度是指在垂直方向上大气稳定的程度，即是否容易发生对流。对于大气稳定度可以做这样的理解，如果一空气块受到外力的作用，产生了上升或下降运动，但外力去除后，可能发生三种情况：气块减速并有返回原来高度的趋势，则称这种大气是稳定的；气块加速上升或下降，则称这种大气是不稳定的；气块被外力推到某一高度后，既不加速也不减速，保持不动，则称这种大气是中性的。

（2）大气稳定度的判断

以图5-2为例，用气块（气团）理论讨论大气稳定度的判别问题，即在大气中假想割取出与外界绝热密闭的气块，由于某种气象因素有外力作用于气块，使它产生垂直方向运动，则以此气块在大气中所处的运动状态来判别大气的稳定度（由于气块在升降过程中与外界没有热交换，所以可认为是绝热过程，此时，每升降100m气块温度变化1℃，记为 $\gamma_d$）

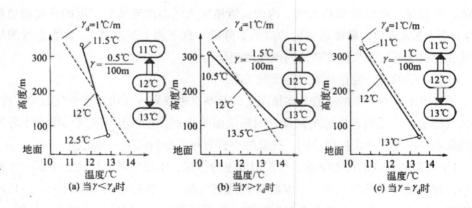

图5-2 大气稳定度判断示意图

首先看图 5-2（a）。已知距地面 100m 高度处的大气温度为 12.5℃，200m 处为 12℃，300m 处为 11.5℃（即 $\gamma$ =0.5℃ /100m ＜ $\gamma_d$ =1℃ /100m）。由于某种气象因素作用，迫使大气作垂直运动，如把 200m 处割取的绝热气块（此气块温度为 12℃）推举到 300m 处，气块内部的温度将按 $\gamma_d$ =1℃ /100m 的递减率下降到 11℃。则这时，在 300m 处气块内部的温度为 11℃，气块外部大气的温度为 11.5℃。气块内部的气体密度大于外部大气的密度，于是气块的重力大于外部的浮升力，即受外力推举上升的气块总是要下沉，力争恢复到原来的位置。反之亦然。综上所述，不论何种气象因素使大气作垂直上下运动，它都是力争恢复到原来状态。对于这种状态的大气，称为稳定状态。

同理，在 $\gamma > \gamma_d$ 时，如图 5-2（b）所示，由于某种气象因素使大气作垂直上下运动，它的运动趋势总是远离平衡位置。这种状态下的大气称为不稳定的状态。图 5-2（c）中是表示 $\gamma = \gamma_d$ 时的大气状态，气块因受外力作用上升或下降，气块内的温度与外部的大气温度始终保持相等，气块被推到哪里就停在哪里。这时的大气状态称为中性状态。

$\gamma$ 越小，大气越稳定。

（3）烟流形状与大气污染的关系

大气稳定度不同，高架点源排放烟流扩散形状和特点不同，造成的污染状况差别很大。以一个高架源连续排放烟云的例子做一说明，典型的烟流形状有 5 种类型，见表 5-4。

表 5-4　典型的烟流形状

| 形状 | 具体内容 |
| --- | --- |
| 波浪型 | 烟流呈波浪状，污染物扩散良好，发生在全层不稳定大气中。多发生在白天，地面最大浓度落地点距烟囱较近，浓度较高 |
| 锥型 | 烟流呈圆锥形，发生在中性条件下。垂直扩散比扇型差，比波浪型好 |
| 扇型 | 烟流垂直方向扩散很小，像一条带子飘向远方。从上面看，烟流呈扇形展开。它发生在烟囱出口处于逆温层中。污染情况随烟囱高度不同而异。当烟囱很高时，近处地面上不会造成污染，在远处会造成污染；烟囱很低时，会造成近处地面上严重污染 |
| 漫烟型（熏烟型） | 对于辐射逆温，日出后逆温从地面向上逐渐消失，即不稳定大；气从地面向上逐渐扩展，当扩展到烟流的下边缘或更高一点时，烟流便发生了向下的强烈扩散，而上边缘仍处于逆温层中，漫烟型便发生了。这种烟流多发生在上午 8:00—10:00，持续时间很短 |
| 爬升型（屋脊型） | 烟流下部是稳定的大气，上部是不稳定的大气。一般在日落后出现，由于地面辐射冷却，低层形成逆温，而高空仍保持递减层结。它持续时间较短，对近处地面污染较小 |

### 三、主要大气污染物的防治技术

根据存在形态，大气污染物分为颗粒污染物和气态污染物。颗粒污染物的去除过程就是常说的除尘，除尘效率是评价除尘技术优劣的重要技术指标，而除尘效率的高低与除尘装置性能密切相关。气态污染物的去除技术主要有吸收、吸附和催化氧化等，其中烟气中二氧化硫和氮氧化物的去除技术已是研究的热点问题。

1. 颗粒污染物控制技术

（1）除尘装置的性能指标

评价净化装置性能的指标，包括技术指标和经济指标两大类。技术指标主要有处理气体流量、净化效率和压力损失等；经济指标主要有设备费、运行费和占地面积等。此外，还应考虑装置的安装、操作、检修的难易程度等因素。

1）除尘器的经济性

经济性是评价除尘器性能的重要指标，它包括除尘器的设备费和运行维护费两部分。设备费主要是材料的消耗，此外还包括设备加工和安装的费用以及各种辅助设备的费用。设备费在整个除尘系统的初投资中占的比例很大，在各种除尘器中，以电除尘器的设备费最高，袋式除尘器次之，文丘里除尘器、旋风除尘器最低。除尘系统的运行管理费主要指能源消耗，对于除尘设备主要有两种不同性质的能源消耗：一是使含尘气流通过除尘设备所做的功；二是除尘或清灰的附加能量。其中文丘里除尘器能耗最高，而电除尘器最低，因而运行维护费也低。在综合考虑比较除尘器的费用时，要注意到设备投资是一次性的，而运行费用是每年的经常费用。因此若一次投资高而运行费用低，这在运行若干年后就可以得到补偿。运行时间越长，越显出其优越性。

2）评价除尘器性能的技术指标

除尘装置的技术指标主要有处理能力、除尘效率和除尘器阻力。

处理能力。是指除尘装置在单位时间内所能处理的含尘气体的流量，一般用体积流量表示。实际运行的除尘装置由于漏气等原因，进出口气体流量往往并不相等，因此用进口流量和出口流量的平均值表示处理能力。

除尘效率。是即被捕集的粉尘量与进入装置的粉尘量之比。除尘效率是衡量除尘器清除气流中粉尘的能力的指标，根据总捕集效率，除尘器可分为低效除尘器（50%～80%）、中效除尘器（80%～95%）、高效除尘器（95%以上）。习惯上一般把重力沉降室、惯性除尘器列为低效除尘器；中效除尘器通常指颗粒层除尘器、低能湿式除尘器等；电除尘器、袋式除尘器及文丘里除尘器则属于高效除尘器范畴。

除尘器阻力。它表示气流通过除尘器时的压力损失。阻力大，用于风机的电能也大，因而阻力也是衡量除尘设备的耗能和运转费用的一个指标。根据除尘器的阻力，可分为：低阻除尘器（＜500Pa），如重力沉降室、电除尘器等；中阻除尘器（500～2000Pa），如旋风除尘器、袋式除尘器、低能湿式除尘器等；高阻除尘器（2000～20000Pa），如高能文丘里除尘器。

（2）除尘装置分类

根据除尘原理的不同，除尘装置一般可分为以下几大类。

1）机械式除尘器

机械式除尘器包括重力沉降室、旋风除尘器、惯性除尘器和机械能除尘器。这类除尘器的特点是结构简单、造价低、维护方便，但除尘效率不高。往往用作多级除尘系统的预除尘。

2）洗涤式除尘器

洗涤式除尘器包括喷淋洗涤器、文丘里洗涤器、水膜除尘器、自激式除尘器。这类除尘器的主要特点是主要用水作为除尘的介质。一般来说，湿式除尘器的除尘效率高，但采用文丘里除尘器时，对微细粉尘效率仍为95％以上，但所消耗的能量也高。湿式除尘器的缺点是会产生污水，需要进行处理，以消除二次污染。

3）过滤式除尘器

过滤式除尘器包括袋式除尘器和颗粒层除尘器。其特点是以过滤机理作为除尘的主要机理。根据选用的滤料和设计参数的不同，袋式除尘器的效率可达到99.9％以上。

4）电除尘器

电除尘器用电力作为捕集机理，有干式电除尘器（干法清灰）和湿式电除尘器（湿法清灰）之分。这类除尘器的特点是除尘效率高（特别是湿式电除尘器）、消耗动力小，主要缺点是钢材消耗多、投资高。

在实际除尘器中，往往综合了各种除尘机理的共同作用。例如卧式旋风除尘器，有离心力的作用，同时还兼有冲击和洗涤的作用，特别是近年来为了提高除尘器的效率，研制了多种多机理的除尘器，如用静电强化的除尘器等。因此，以上分类是有条件的，是指其中起主要作用的除尘机理。

（3）除尘器的选择

选择除尘器时，必须在技术上能满足工业生产和环境保护对气体含尘的要求，在经济上是可行的，同时还要结合气体和颗粒物的特征和运行条件，进行全面考虑。例如，黏性大的粉尘容易黏结在除尘器表面，不宜采用干法除尘；纤维粉尘不宜采用袋式除尘器；憎水性粉尘不宜采用湿法除尘；如果烟气中同时含有 $SO_2$、$NOx$ 等气体污染物，可考虑采用湿法除尘，但是必须注意腐蚀问题；含尘气体浓度高时，在电除尘器和袋式除尘器前应设置低阻力的预净化装置，以去除粗大尘粒，从而提高袋式除尘器的过滤速度，避免电除尘器产生电晕闭塞。一般来讲，为减少喉管磨损和喷嘴堵塞，对文丘里、喷淋塔等湿式除尘器，入口含尘浓度在 $10g/m^3$ 为宜，袋式除尘器入口含尘浓度在 $0.2 \sim 20g/m^3$ 为宜，电除尘器在 $30g/m^3$ 为宜。此外，不同除尘器对不同粒径粉尘的除尘效率也是完全不同的，在选择除尘器时，还必须了解欲捕集粉尘的粒径分布情况，再根据除尘器的分级除尘效率和除尘要求选择适当的除尘器。

2．主要气态污染物治理技术

（1）常见气态污染物治理方法

用于气态污染物处理的技术有吸收法、吸附法、冷凝法、催化转化法、直接燃烧法、膜分离法以及生物法等。其中，吸收法和吸附法是应用最多的两种气态污染物的去除方法。

1）吸收法

吸收是利用气体在液体中溶解度不同的这一现象，以分离和净化气体混合物的一种技术。例如，从工业废气中去除二氧化硫（$SO_2$）、氮氧化物（$NOx$）、硫化氢（$H_2S$）以及氟化氢（$HF$）等有害气体。

2）吸附法

吸附是一种固体表面现象。它是利用多孔性固体吸附剂处理气态污染物，使其中的一种或几种组分，在分子引力或化学键力的作用下，被吸附在固体表面，从而达到分离的目的。常用的固体吸附剂有骨炭、硅胶、矾土、沸石、焦炭和活性炭等，其中应用最为广泛的是活性炭。活性炭对广谱污染物具有吸附功能，除 $CO$、$SO_2$、$HOx$、$H_2S$ 外，还对苯、甲苯、二甲苯、乙醇、乙醚、煤油、汽油、苯乙烯、氯乙烯等物质都有吸附功能。

（2）从烟气中去除二氧化硫的技术

煤炭和石油燃烧排放的烟气通常含有较低浓度的 $SO_2$。由于燃料硫含量的不同，燃烧设备直接排放的烟气中 $SO_2$ 浓度范围为 $10^{-4} \sim 10^{-3}$ 数量级。例如，在 15% 过剩空气条件下，燃用硫含量为 1% ~ 4% 的煤，烟气中 $SO_2$ 占 0.11% ~ 0.35%；燃用硫含量为 2% ~ 5% 的燃料油，烟气中 $SO_2$ 仅占 0.12% ~ 0.31%。由于 $SO_2$ 浓度低，烟气流量大，烟气脱硫通常是十分昂贵的。

烟气脱硫按脱硫剂是否以溶液（浆液）状态进行脱硫而分为湿法脱硫和干法脱硫。湿法是指利用碱性吸收液或含催化剂粒子的溶液，吸收烟气中的 $SO_2$。干法是指利用固体吸收剂和催化剂在不降低烟气温度和不增加湿度的条件下除去烟气中的 $SO_2$。喷雾干燥法工艺采用雾化的脱硫剂浆液进行脱硫，但在脱硫过程中雾滴被蒸发干燥，最后的脱硫产物也是干态，因此常称为干法或半干法。

在过去的 30 年中，烟气脱硫技术逐渐得到了广泛应用。一直以来，湿法工艺都占绝对优势。无论是美国还是其他国家，综合考虑技术成熟度和费用因素，广泛采用的烟气脱硫技术仍然是湿法石灰石脱硫工艺。

石灰石－石灰湿法脱硫最早由英国皇家化学工业公司在 20 世纪 30 年代提出，目前是应用最广泛的脱硫技术。在现代的烟气脱硫工艺中，烟气用含亚硫酸钙和硫酸钙的石灰石、石灰浆液洗涤，$SO_2$ 与浆液中的碱性物质发生化学反应生成亚硫酸盐和硫酸盐，新鲜石灰石或石灰浆液不断加入脱硫液的循环回路。

浆液中的固体连续地从浆液中分离出来并排往沉淀池。试验证明，采用石灰作吸收剂时液相传质阻力很小，而采用石灰石时，固、液相传质阻力就相当大。特别是使用气液接触时间较短的洗涤塔时，采用石灰较石灰石优越。但接触时间和持液量增加时，磨细的石灰石在脱硫效率方面可接近石灰。早期的运行表明，石灰石法钙硫比为 1.1 时，$SO_2$ 去除率可达 70%，而目前通过技术的不断改进，脱硫率可达到 90% 以上，与石灰法脱硫率相当。

由于湿法脱硫的特点，有多种因素影响到吸收洗涤塔的长期可靠运行，这些技术问题包括：设备腐蚀、结垢和堵塞，除雾器堵塞，脱硫剂利用率低，固体废物的处理和处置问题等。为此，提出了改进的石灰石－石灰湿法烟气脱硫，它是为了提高 $SO_2$ 的去除率，改进石灰石法的可靠性和经济性，发展了加入己二酸的石灰石法。己二酸在洗涤浆液中起缓冲 pH 作用，它来源广泛、价格低廉。己二酸的缓冲作用抑制了气液界面上由于 $SO_2$ 溶解而导致的 pH 降低，从而使液面处 $SO_2$ 的浓度提高，大大加速了液相传质。另外，己二酸的存在也降低了必需的钙硫比和固废量。

除此之外，双碱流程也是为了克服石灰石－石灰湿法容易结垢的弱点和提高 $SO_2$ 去除率而发展起来的。即采用碱金属盐类或碱类水溶液吸收 $SO_2$，然后用石灰或石灰石再生吸收 $SO_2$ 后的吸收液，将 $SO_2$ 以亚硫酸钙或硫酸钙形式沉淀出，得到较高纯度的石膏，再生后的溶液返回吸收系统循环使用。

（3）从烟气中去除氮氧化物的技术

对冷却后的烟气进行处理，以降低 NOx 的排放量，通称为烟气脱硝。烟气脱硝是一个棘手的难题。原因之一是烟气量大，浓度低（体积分数为 $2.0 \times 10^{-4}$ ～ $1.0 \times 10^{-3}$）。在未处理的烟气中，与 $SO_2$ 对比，可能只有 $SO_2$ 浓度的 1/5 ～ 1/3。原因之二是 NOx 的总量相对较大，如果用吸收或吸附过程脱硝，必须考虑废物最终处置的难度和费用。只有当有用组分能够回收，吸收剂或吸附剂能够循环使用时，才可考虑选择烟气脱硝。

目前有两类商业化的烟气脱硝技术，分别称为选择性催化还原（SCR）和选择性非催化还原（SNCR）。

1）选择性催化还原法

SCR 过程是以氨作还原剂，通常在空气预热器的上游注入含 NOx 的烟气。此处烟气温度为 290 ~ 400℃，是还原反应的最佳温度。在含有催化剂的反应器内 NOx 被还原为 $N_2$ 和水，催化剂的活性材料通常由贵金属、碱性金属氧化物和 / 或沸石等组成。

还原反应：

$$4NH_3+4NO+O_2 \rightarrow 4N_2+6H_2O$$
$$8NH_3+6NO_2 \rightarrow 7N_2+12H_2O$$

潜在氧化反应：

$$4NH_3+5O_2 \rightarrow 4N0+6H_2O$$
$$4NH_3+3O_2 \rightarrow 2N_2+6H_2O$$

工业实践表明，SCR 系统对 NOx 的转化率为 60% ~ 80%。

催化剂失活和烟气中残留的氨是与 SCR 工艺操作相关的两个重要因素。长期操作过程中催化剂"毒物"的积累是失活的主因，降低烟气的含尘量可有效地延长催化剂的寿命。由于三氧化硫的存在，所有未反应的氨都将转化为硫酸盐，生成的硫酸铵为亚微米级的微粒，易于附着在催化转化器内或者下游的空气预热器以及引风机上。随着 SCR 系统运行时间的增加，催化剂活性逐渐丧失，烟气中残留的氨或者"氨泄漏"也将增加。根据日本和欧洲 SCR 系统运行的经验，最大允许的氨泄漏为 $5 \times 10^{-6}$（体积分数）。

2）选择性非催化还原法

在选择性非催化还原法脱硝工艺中，尿素或氨基化合物作为还原剂将 NO 还原为 $N_2$。因为需要较高的反应温度（930 ~ 1090℃），还原剂通常注进炉膛或者靠炉膛出口的烟道。

化学反应：

$$4NH_3+6NO \rightarrow 5N_2+6H_20$$
$$CO（NH_2）_2+2NO+0.5O_2 \rightarrow 2N_2+CO_2+2H_2O$$

基于尿素为还原剂的 SNCR 系统，尿素的水溶液在炉膛的上部注入，1mol 的尿素可以还原 2mol 的 NO，但实际运行时尿素的注入量控制尿素中 N 与 NO 的摩尔比在 1.0 以上，多余的尿素假定降解为氮、氨和二氧化碳。工业运行数据表明，SNCR 工艺的 NO 还原率较低，通常在 30% ~ 60%。

（4）机动车污染的控制

全球因燃烧矿物燃料而产生的一氧化碳、碳氢化合物和氮氧化物的排放量，几乎 50% 来自汽油机和柴油机。在城市的交通中心，机动车是造成空气中 CO 含量的 90% ~ 95%、NO 和 HC 含量的 80% ~ 90% 以及大部分颗粒物的原因。由此可知机动车排气对大气的污染程度确实是惊人的。

1）机动车排放源排放的物质

机动车发动机排出的物质主要包括：燃料完全燃烧的产物（$CO_2$、$H_2O$、$N_2$）、不完全燃烧的产物 CO、HC 和炭黑颗粒等，燃料添加剂的燃烧生成物（铅化合物颗粒），燃料中硫的燃烧产物 $SO_2$，以及高温燃烧时生成的 NOx 等。此外，还有曲轴箱、化油器和油箱排出的未燃烃。

2）控制机动车尾气污染的措施

随着汽车工业的快速发展，我国汽车保有量大幅度增加，给我国能源、环境带来巨大压力。2010—2015 年全国汽车四项污染物（一氧化碳、碳氢化合物、氮氧化物、颗粒物）排放总量呈持续增长态势。未来五到十年我国汽车特别是轻型汽车的产量和保有量仍会快速增长，排放总量仍会不断增加，因此应适时加严轻型车排放标准，有效减小机动车污染物排放增加幅度。

为贯彻《中华人民共和国环境保护法》和《中华人民共和国大气污染防治法》，防治机动车污染排放，改善环境空气质量，制定此标准。《轻型汽车污染物排放限值及测量方法（中国第六阶段）》对适用范围、型式检验申请和批准、技术要求和试验、型式检验扩展、生产一致性、在用符合性、标准的实施等方面均进行了明确规定。

3．大气污染综合防治措施与行动

（1）大气污染综合防治的含义

大气污染综合防治是防与治的结合，是为了达到区域环境空气质量控制目标，对多种大气污染控制方案的技术可行性、经济合理性、区域适应性和实施可行性等进行最优化选择和评价，从而得出最优控制技术方案和工程措施。

例如，对于我国大中城市存在的颗粒物和 $SO_2$ 等污染的控制，除了应对工业企业的集中点源进行污染物排放总量控制外，还应同时对分散的居民生活用燃料结构、燃用方式、炉具等进行控制和改革，对机动车排气污染、城市道路烟尘、建筑施工现场环境、城市绿化、城市环境卫生、城市工程区规划等方面，一并纳入城市环境规划与管理，才能取得综合防治的显著效果。

（2）大气污染综合防治措施

1）落实《大气污染防治行动计划》（以下简称"大气十条"）

对各省（区、市）贯彻落实情况进行考核，督促环境空气质量恶化的省份采取整改措施，改善环境空气质量。明确地方政府责任，大幅度提高处罚力度，强化了煤、车、VOCs等污染控制，加强区域协作、重污染天气应对工作。"大气十条" 22项配套政策全部落实，25项重点行业排放标准全部颁布。建立空气质量目标改善预警制度，每季度向各省（区、市）人民政府通报空气质量改善情况，对改善幅度明显的和不力的省份和城市分别进行表扬和督办。对全国重点城市进行督查，重点对各类工业园区及工业集中区、火电、钢铁、水泥等重点行业，不符合国家政策的小作坊、燃煤锅炉单位等进行检查；对邯郸、秦皇岛、运城、唐山等重点地区开展无人机执法检查。

2）推进重点行业污染治理

开展重点行业挥发性有机物综合整治，提升了石化行业VOCs污染防治精细化管理水平，提高了管理措施的可操作性。开展生物质成型燃料锅炉供热示范项目，促进绿色能源发展。发布《关于在北方采暖地区全面试行水泥错峰生产的通知》，促进节能减排，化解水泥行业产能过剩的矛盾，改善大气质量。

3）机动车污染防治

推进黄标车淘汰工作，加强新生产机动车环保达标监管。积极推广新能源汽车。积极推动油品质量改善，全国全面供应国四标准车用汽柴油，北京、天津、上海等地率先供应国五标准车用汽柴油。

4）重污染天气应对

2015年，全国共有24个省（区、市）、280个地级以上城市编制重污染天气应急预案。京津冀地区共发布重污染天气预警154次。在京津冀持续重污染期间，对重点地区开展重污染天气应急响应专项督查工作，重点督查高架源、散煤控制、小企业群排放、工地施工、VOCs排放等情况。

# 第二节　土壤污染及其防治

## 一、土壤污染基础内容

### 1. 土壤的基本特征与土壤污染

土壤是指位于地球陆地表面、具有一定肥力、能够生长植物的疏松层。土壤是各种陆地地形条件下的岩石风化物经过生物、气候诸自然要素的综合作用以及人类生产活动的影响而发生发展起来的。土壤是一个复杂而多相的物质系统。它由各种不同大小的矿物颗粒、各种不同分解程度的有机残体、腐殖质及生物活体、各种养分、水分和空气等组成。土壤的各种组成物质相互影响、相互作用、相互制约，处在复杂的理化、生物化学的转化之中，具有复杂的理化、生物学特性。土壤具有供应和协调植物生长发育所需水分、养分、部分空气和热量的能力，这种能力称为土壤肥力。土壤是陆地植物着生的基地，也是人类从事农业生产的物质基础，现如今不仅把土壤作为生产资料，还把它作为一种环境与资源看待。所以土壤是人类赖以生存和发展的物质基础和环境资源，一旦遭受污染和破坏很难恢复。由于长期不合理地开发利用和排放废物，我国已有相当面积的土壤遭受污染和破坏。因此，制定土壤环境保护对策，合理利用土地资源，创建和保持良好的土壤生态环境，已成为我国农村环境保护的一项紧迫任务。为了认识土壤对污染物的自净能力与污染物在土壤中的迁移、转化、积累规律，有效地防治土壤污染，有必要对土壤基本特征进行概括。

（1）土壤物质组成及基本理化性质

土壤是发育于地球陆地表面具有生物活性和孔隙结构的介质，是地球陆地表面的脆弱薄层。土壤是固态地球表面具有生命活动，处于生物与环境间进行物质循环和能量交换的疏松表层（赵其国，1996）。土壤类型可分为自然土壤（其中又包括森林土壤和草原土壤）、园林土壤、农业土壤。虽然土类不同，但其土壤主要物质组成及基本理化性质有些相近。

1）土壤主要物质组成。土壤由固相（矿物质、有机质）、液相（土壤水分或溶液）和气相（土壤空气）三相物质、四种成分有机地组成。按容积计，在较理想的土壤中矿物质占 38% ~ 45%，有机质占 5% ~ 12%，孔隙约占 50%。按质量计，矿物质占固相部分的 90% ~ 95% 以上，有机质占 1% ~ 10%。但大多教科书认为土壤是由固体、液体和气体三类物质组成的。固体物质包括土壤矿物质、有机质和微生物等；液体物质主要指土壤水分；气体是存在于土壤孔隙中的空气。土壤中这三类物质构成了一个矛盾的统一体，它们互相联系，互相制约，为作物提供必需的生活条件，是土壤肥力的物质基础。

2）土壤的理化性质。土壤的理化性质就是指土壤的物理、化学性质。物理性质包括土壤质地、机械组成、容重、孔隙度等；物理状况如含砂量、松软程度、红色或黑色等；其化学性质是指所含化学成分，如各种元素（氮、磷、钾、钙、镁、硫、铁、锰、铜、锌）的含量、酸碱性（pH）、阳离子代换量（CEC）、盐碱度以及有机质等。知道土壤的理化性质，就能知道适宜栽种什么作物，了解土壤环境污染特征及关系。

（2）土壤的理化性质与土壤污染的关系

土壤的各种物理、化学、生物学性质之间有着复杂而密切的联系，与土壤污染也有一定关系。

1）物理性质。土壤具有使大气降水由表层渗进深层，并通过毛细管作用保持水分的能力。土壤水分能向植物根部需要的地方或者向蒸发的地方运动。透气疏松的土壤结构使土壤空气通过扩散或对流方式与大气交换；其高度的分散性能将各种离子、气体和水蒸气以吸收状态保持在自己颗粒表面。污染物气体分子主要吸附在物理学黏粒上。

2）化学性质。土壤有多种化学、物理化学性质，如酸碱反应、氧化还原反应、分解与合成反应、沉淀与溶解反应、吸附与解吸反应等。土壤的化学物质组成不同，构成的酸碱平衡体系各异，表现的 pH 缓冲性能也相差很大。就土壤胶体而言，颗粒越细、数量越多、本身所带电荷越多，缓冲能力就越强，故它们是决定土壤环境容量大小及自净能力的关键。土壤的化学性质决定进入其中污染物的转化、迁移、积累，也与污染物的生物有效性密切相关。

3）生物学性质。土壤生物学性质一般可以用生物区系及某些生物种群的数量、土壤呼吸强度、酶活性等指标来表示，它对土壤中的物质、能量循环和对污染物在土壤中的分解、转化、迁移有重要影响。土壤微生物以有机质为主要能源和碳源，受土壤 pH、温度和水分条件等因素的影响。对土壤污染物的迁移、转化和降解有一定作用。

2．土壤污染的特征特性

（1）土壤污染与土壤自净能力

土壤污染是指人类活动或自然因素产生的污染物进入土壤，其数量超过土壤的净化能力而在土壤中逐渐积累，达到一定程度后，引起土壤质量恶化、正常功能失调，甚至某些功能丧失的现象。污染物进入土壤后，经历一系列的物理、化学和生物学过程，逐渐地自动被分解、转化或排出土体，使土壤中污染物数量减少，但减少的速度受土壤物理、化学及生物学性质制约，从而使土壤表现出净化污染物的能力，这一能力称为土壤的自净能力。土壤是否被污染、污染程度如何，既取决于一定时间内进入土壤的污染物数量，也取决于土壤对该污染物自净能力的大小，当进入量超过自净能力时，就可能造成土壤污染，污染物进入土壤的速度超过其净化能力越大，污染物积累时间越长，土壤受到的污染也就越严重。

（2）土壤环境背景值与环境容量

1）土壤环境背景值

土壤环境背景值是指在未受或少受污染时的元素含量，特别是土壤本身有害元素的平均含量。它是诸成土因素综合作用下成土过程的产物，实质上也是各成土因素（包括时间因素）的函数。通常以一个国家或地区的土壤中某化学元素的平均含量为背景，与污染区土壤中同一元素的平均含量进行对比。因此，土壤环境背景值只代表土壤环境发展中一个历史阶段，相对意义上的数值，并非固定不变。归纳起来，具有以下几个特点：相对特征；时代特征；区域特征。

2）土壤环境容量

所谓土壤环境容量是指某一环境要素所能够承纳污染物的最大数量。而土壤环境容量则是以土壤容纳某种污染物后不致使生态环境遭到破坏，特别是其在生产上的农产品不被污染为依据而确定的。故土壤环境容量是指土壤可容纳某种污染物的最大负荷量。土壤环境容量的特点如下（见表5-5）。

表5-5　土壤环境容量的特点

| 特点 | 具体内容 |
| --- | --- |
| 取决于理化性 | 即土壤环境容量大小主要由土壤理化性质决定 |
| 具有限制性 | 即土壤接纳污染物的数量不能超过自身的自净能力，超过就会造成土壤污染且失去自调控能力 |
| 动态变化性 | 即一般自然土壤环境容量具有动态变化性，不是一成不变的 |
| 种类相关性 | 即土壤环境容量与污染物种类有关 |

综上所述，土壤环境背景值和土壤环境容量都是评价土壤环境质量和治理土壤污染的重要参数，对评价土壤污染及其防治具有重要指导意义。

（3）土壤污染危害的特性

土壤污染的特点归纳起来主要有以下三大特点。

1）积累性与隐蔽性

土壤污染与大气、水体污染不同，大气和水体污染过程比较直观，有时通过人的感觉器官就能直接判断，而土壤污染则比较隐蔽，通常只能通过化验分析、依据测定结果才能判断。另外，土壤污染的后果及严重性往往需要通过农作物，包括粮食、蔬菜、水果等食品的污染，再经过吃食物的人或动物的健康状况反映出来。因此，在自然状态下，由于受人为影响带入土壤的有毒污染物，经过漫长低剂量的积累而污染土壤，不易被人们发现而具有一个时间较长的隐蔽过程，故称隐蔽性。

2）持久性与难排性

污染物进入土壤环境后，虽有些污染物被土壤净化，但未被净化的部分、净化过程的中间产物及最终产物会在土壤中存留和积累，它们很难排出土体。当污染物及其衍生物积累到一定数量，会引起土壤成分、结构、性质和功能发生变化直至污染。而土壤一旦受到污染很难恢复，特别是重金属污染几乎不可逆，故是一个持久的、难以排除的过程。

3）生物显示性与间接有害性

土壤污染的后果非常严重。第一，进入土壤的污染物危害植物，也通过食物链危害动物和人体健康；第二，土壤中的污染物随水分渗漏，在土体内移动，可污染地下水，或通过地表径流污染水域；第三，土壤污染地区遭风蚀后，污染物附在土粒上被扬起，土壤中的污染物也可以气态的形式进入大气。但无论何种污染，最终都以动物、植物（或人）等生物受毒害而表现出来，故称生物显示性与间接有害性。

3. 主要污染源与污染物类型

（1）土壤污染物种类

根据化学性质不同，土壤污染物分为以下几类。

1）无机污染物。主要包括重金属（Pb、Cd、Cr、Hg、Cu、Zn、Ni、As、Se）、放射性元素（$^{137}$Cs、$^{90}$Sr）和$F^-$、酸、碱、盐等。

2）有机污染物。主要有农药、化肥、酚类物质、氰化物、石油、洗涤剂以及有害微生物、高浓度耗氧有机物等。

（2）土壤污染源及类型

根据土壤环境主要污染物的来源和污染环境的途径不同，可将土壤污染分为下列几种类型（见表5-6）。

表5-6　土壤污染的类型

| 类型 | 具体内容 |
| --- | --- |
| 大气污染型 | 大气中各种气态或颗粒状污染物沉降到地面进入土壤，其中大气中二氧化硫、氮氧化物及氟化氢等气体遇水后，分别以硫酸、硝酸、氢氟酸等形式落到地面。与此相对，一些颗粒物质在重力作用下或气体污染物受到颗粒物质的吸附，也都有可能落到地面并进入土壤 |
| 水体污染型 | 污染物随水进入农田、污染土壤，常见的是利用工业废水或城镇生活污水灌溉农田 |
| 生物污染型 | 由于向农田施用垃圾、污泥、粪便，或引入医院、屠宰牧场及生活污水不经过消毒灭菌，可能使土壤受到病原菌等微生物的污染 |

| 农业污染型 | 农业生产中不断地施用化肥、农药、城市垃圾堆肥、厩肥、污泥等引起的土壤环境污染。污染物质主要集中在土壤表层或耕层 |
|---|---|
| 综合污染型 | 对于同一区域受污染的土壤，其污染源可能同时来自受污染的地面水体和大气，或同时遭受固体废物以及农药、化肥的污染。因此，土壤环境的污染往往是综合污染型的。就一个地区或区域的土壤而言，可能是以一种或两种污染类型为主 |
| 固体废物污染型 | 主要包括工矿业废渣、城市垃圾、粪便、矿渣、污泥、粉煤灰、煤屑等固体废物乱堆放，侵占耕地，并通过大气扩散和降水、淋滤，使周围土壤受到污染。还包括地膜和塑料等白色污染 |

## 二、土壤重金属污染及其防治

目前我国受污染的耕地约有 1.5 亿亩，占总耕地面积的 8.3%。2014 年环境保护部和国土资源部发布的《全国土壤污染状况调查公报》显示，全国土壤总的超标率为 16.1%，其中轻微、轻度、中度和重度污染点位比例分别为 11.2%、2.3%、1.5% 和 1.1%。污染类型以无机型为主，有机型次之，复合型污染比例较小，无机污染物超标点位占全部超标点位的 82.8%。从污染分布情况看，南方土壤污染重于北方，长江三角洲、珠江三角洲、东北老工业基地等部分区域土壤污染问题较为突出，西南、中南地区土壤重金属超标范围较大。

在城市郊区与县城、农村环境交界处，土壤重金属污染危害比较严重。一般重金属是指相对密度大于 5.0 的过渡性金属元素。在环境中，土壤重金属主要有 Hg、Cd、Pb、Cr 及类金属 As 等生物毒性显著的重金属元素，其次是有一定毒性的一般重金属，如 Zn、Cu、Sn、Ni、Co 等。污染土壤的重金属主要来源于，金属矿山开采，金属冶炼厂，金属加工和金属化合物制造，大量施用金属的企业和部门，汽车尾气排出的铅，污水灌溉，肥料和农药带入的砷、铅、镉、锡等。土壤中重金属的有效性及毒性与其自身特性、赋存形态和化学行为特性有关。

1. 重金属在土壤中的行为特征及影响因素

（1）土壤中重金属的形态

由于土壤环境物质组成复杂，重金属化合物化学性质各异，土壤中重金属以多种形态存在。不同形态重金属的迁移、转化过程不同，且生理活性和毒性有差异。过去曾采用重金属化合价态分类法，如铬（Cr）有三价（$Cr^{3+}$）和六价（$Cr^{6+}$）之分，且毒性 $Cr^{6+}$ 大于 $Cr^{3+}$；又如砷（As）以砷酸盐形式出现也有三价（$As^{3+}$）和五价（$As^{5+}$）之分，且毒性 $As^{5+}$ 小于 $As^{3+}$；多数重金属以二价态为主。

目前广泛使用的重金属形态分级方法是 1979 年加拿大学者 Tessier 等提出

的，根据不同浸提剂连续提取土壤的情况，将其形态分为水溶态（去离子水提取）、交换或吸附交换态（1mol/L $MgCl_2$ 浸提）、碳酸盐结合态（1mol/L NaAc-HAc 浸提）、铁锰氧化物结合态（0.04mol/L $NH_2OH-HCl$ 浸提）、有机结合态（0.02mol/L $HNO_3+30\%H_2O_2$ 浸提）、残留态（$HC1O_4-HF$ 消化），其活性和毒性通常也按这一顺序降低。

（2）土壤重金属存在形态的主要影响因素

土壤多种性质综合影响着土壤中重金属的形态及其转化。土壤条件不同，影响的主导因素也不同，通过分析和归纳，了解影响土壤重金属存在形态的主要因素，对掌握重金属生态和环境效应以及防治土壤重金属污染均具有重要指导作用。

1）土壤质地。一般土壤质地越黏重，被残留重金属的量就越多，迁移速度越低。例如，向不同土壤投入 10mg/kg 镉后，以乙酸铵浸提，从砂质土中提出 11.3%，而从黏质土中提出 7.2%；如果将浸提液换成 EDTA，砂质、壤质和黏质土壤镉的提取率分别为 61.2%、47.9% 和 46.2%。

2）土壤有机质。有机质含量明显地影响着土壤对重金属的吸附量。研究表明，土壤吸附汞的量与有机质含量呈曲线正相关（$y=3.0733e^{0.0815x}$），达到了极显著水平（$r_{0.05}=0.648$，$n=13$）。可见，在一定范围内，土壤有机质越高，对重金属吸附量越大。

3）土壤 pH、Eh。随着土壤 pH 升高，进入土壤的镉、铅、锌等活性逐渐降低而易在土壤中积累；当 pH 降低时，其活性增强，易于迁移。类金属砷在溶液中常呈阴离子态存在，在强酸或强碱条件下，溶解度均增加。

土壤氧化还原电位（Eh）主要影响重金属离子的价态变化，由于同种金属离子不同价态其活性和生物有效性明显不同，所以土壤的 £h 也会明显地影响重金属在土壤中的溶解性、活性和毒性。如镉元素在高 Eh 土壤中以溶解度高的 $CdSO_4$ 存在，随 Eh 降低，逐渐转变为 CdS，前者的溶解性大大高于后者。又如砷元素随 Eh 下降，由砷酸盐形态转变为亚砷酸盐形态，亚砷酸盐的毒性明显大于砷酸盐。

4）土壤的阴、阳离子组成。土壤的阴、阳离子组成及数量对重金属、类金属的存在形态和毒性有显著影响。例如，土壤中 $Fe^{3+}$、$Al^{3+}$、$Ca^{2+}$ 的浓度增加可使土壤中砷元素更多地以砷酸铁、砷酸铝、砷酸钙等化合物形态存在，使其溶解性下降、毒性降低；而在盐化或碱化土壤中，较高的 $Na^+$ 浓度致使砷元素易以砷酸钠形态存在，其活性与毒性亦随之升高。Cu、Pb、Zn、Cd 等的存在形态除受其进入土壤时的初始形态影响外，还与土壤化学组成特别是阴离子组成直接相关。重金属与不同阴离子结合，可改变其活性与毒性。如 $Cd^{2+}$ 与不同阴离子可生成 $CdCl_2$、$CdSO_4$ 和 $CdCO_3$，而这三种化合物毒性完全不相同。

2．主要重金属在土壤中的化学行为及其危害

对土壤污染最主要的重金属有汞（Hg）、镉（Cd）、铅（Pb）、铬（Cr）、砷（As），它们在土壤中的化学行为、对土壤的污染和对作物的危害影响各不相同，下面就其性质、来源、对土壤的污染及危害分述如下。

（1）汞

土壤环境中的汞主要来自使用或生产汞（仪表、电器、机械、氯碱化工、塑料、医药、造纸、电镀、汞冶炼等）的企业所排放的"三废"和有机汞农药。汞（俗称水银）是一种毒性较大的有色金属，在常温下呈银白色发光的液体，且是唯一的液体金属。相对密度 13.53，熔点 –38.87℃，沸点 356.58℃。汞在自然界中以金属汞、无机汞和有机汞的形式存在，但有机汞的毒性比金属汞、无机汞的毒性更大。

一般土壤汞含量为 0.03 ~ 0.15mg/kg，为母质中的 1.5 ~ 15 倍。据报道，世界土壤汞的背景值平均为 0.1mg/kg，范围值为 0.03 ~ 0.3mg/kg；我国土壤菜的背景值为 0.065mg/kg，范围值为 0.006 ~ 0.272mg/kg。土壤中的汞以金属汞、无机汞和有机汞的形式存在。金属汞几乎不溶于水，20℃时溶解度仅为 20μg/L。汞盐可分为可溶和微溶两种。汞可与烷基、烯基、芳基、有机酸残基结合生成有机汞化合物。土壤类型不同，汞的形态也不同。

汞主要影响植物株高、根系、叶片、长势、蒸腾强度和叶绿素含量。世界各地农作物汞的背景值为 0.01 ~ 0.04mg/kg。当使用含汞农药或含汞污水灌溉时，植物体内汞含量成倍增加。植物吸收积累汞的能力不同：粮食作物表现出水稻＞玉米＞高粱＞小麦，蔬菜作物为叶菜类＞根菜类＞果菜类。汞在植物体内各器官中分布顺序表现为根＞茎＞叶＞穗部。

汞对人体的危害及影响主要是通过食物链进入人体的。无机汞化合物除 HgS 外都是有毒的，它通过食物链进入人体的无机汞盐主要储蓄于肝脏、肾脏和大脑内，它产生毒性的根本原因是 $Hg^{2+}$ 与酶蛋白巯基结合抑制多种酶的活性，使细胞的代谢发生障碍；$Hg^{2+}$ 还能引起神经功能紊乱或性机能减退。有机汞如甲基汞（$CH_3HgCl$）、乙基汞（$C_2H_5HgCl$）一般比无机汞（$HgCl_2$）毒性更大，其危害也更普遍。因此，污水灌溉水质标准要求汞含量小于 0.001mg/L。

（2）镉

镉的主要污染源是采矿、选矿、有色金属冶炼、电镀、合金制造以及玻璃、陶瓷、涂料和颜料等行业生产过程排放的"三废"。另外，低质磷肥及复合肥、农药也含有镉。因镉与锌同族，常与锌矿物伴生共存，在冶炼锌的排放物中必然有 ZnO 和

CdO 烟雾。

镉在地壳中的平均含量一般为 0.2mg/kg，各种火成岩石中平均含量为 0.18mg/kg，很少有大于 1mg/kg 的。污灌、施用含镉污泥以及大气中含镉飘尘的沉降是引起农业土壤镉污染的主要途径。镉在土壤中一般以硫化物、氧化物和磷酸盐形态存在，在旱田等有氧化条件的土壤中，常以 $CdCO_3$、$Cd_3（PO_4）_2$ 及 $Cd（OH）_2$ 形态存在，其中又以 $CdCO_3$ 为主，而在 PH > 7 的石灰性土壤中，$CdCO_3$ 占优势。在水田等还原性土壤中，有大量硫化氢产生，以难溶的 CdS 为主要存在形态。

土壤中镉的迁移和转化受土壤性质、降雨量、施肥种类和习惯、作物种类和栽培方式、污染物含量、污染方式和时间等多种因素的影响。进入土壤的镉易被土壤颗粒吸附，所吸附的镉一般积累在表层 0 ~ 15cm，15cm 以下土层明显减少。一般来说，土壤有机质含量高、质地黏重，碳酸盐含量高，吸附能力就强。镉在土壤中的存在形态还与 pH 有关，当 pH ≤ 4 时，镉的溶出率超过 50%，当 pH 超过 7.5 时，镉就难溶了。

土壤镉含量过多会直接影响作物生长，造成镉在农产品中积累。作物吸收镉后受害症状有：叶绿素结构被破坏、含量降低，叶片发黄、褪绿，叶脉间呈褐色斑纹，光合作用减弱而导致作物减产；大量镉积累在根部。危害作物的土壤镉临界浓度随土壤类型及环境条件变化而不同。

镉是对人体有较强毒性的一种重金属，其对机体的毒害作用主要是它能取代体内含锌酶系统中的锌、骨骼中的钙，引起肝脏、肾脏损伤，会出现骨软化病，易得"痛痛病"。

（3）铬

铬主要来自冶金、机械、电镀、制革、医药、染料、化工、橡胶、纺织、船舶等工业所排放的"三废"。铬化物主要有三价（$Cr^{3+}$、$CrO_2^-$）和六价（$CrO_4^{2-}$、$Cr_2O_7^{2-}$）盐，在酸性条件下六价铬很容易还原成三价铬，在碱性条件下低价铬可被氧化成重铬酸盐。

土壤铬含量取决于成土母质、生物、气候、有机质含量等条件。世界各地土壤中铬含量的变化范围很大，大多数在 20 ~ 200mg/kg，世界土壤铬的背景值平均为70mg/kg；我国土壤铬的背景值为 61.0mg/kg，石灰性土壤较高，可达 108.6mg/kg。

土壤铬形态在土壤中一般以三价和六价存在，以三价为主。三价铬性质稳定且难溶于水。当土壤 pH ≥ 5.5 时，会全部生成沉淀。当土壤中有强氧化剂时，三价铬被氧化为六价铬。六价铬对植物和动物毒性强，且在土壤中移动性较大。而当土壤有机质含量较高及在强还原条件下，六价铬被还原成三价铬。

铬是否是植物的必需元素，目前尚未定论。但微量铬对某些植物的生长有促进作用这是客观事实。有人认为，铬能够提高植物体内一系列酶的活性，增加叶绿素、有机酸、葡萄糖和果糖的含量。但超过一定限度时，就会影响作物生长。土壤中六价铬对作物的毒性随土壤 pH 的升高而增强，而三价铬的作物有效性和毒性则随土壤 pH 下降而增强。

铬是人体必需的微量元素，其生理作用是三价铬参与正常的糖代谢过程，人体缺乏铬会抑制胰岛素的活性，影响胰岛素正常的生理功能，会引发糖尿病、心血管病、角膜损伤等病症，但过高也有害。六价铬化合物对人体有害，是常见的致癌物质。我国灌溉水质标准规定六价铬化合物的浓度不能超过 0.lmg/L。

（4）铅

Pb 是土壤污染较普遍的剧毒重金属之一。铅污染主要来源于矿山、蓄电池厂、电镀厂、合金厂、涂料厂等排出的"三废"以及汽车排出的废气和农业上施用的含铅农药（如砷酸铅等）。四乙基铅［$Pb（C_2H_5）_4$］常用作汽油的抗爆剂，铅随汽油燃烧后排进大气，再落至地面，但汽油抗爆剂中的四乙基铅要比无机铅的毒性大100 倍。因此，在交通道路两旁土壤中积累铅较多。

铅在地壳中的平均含量为 16mg/kg，范围为 2 ~ 200mg/kg。世界土壤铅平均背景值在 15 ~ 25mg/kg；我国土壤铅平均背景值为 26mg/kg。铅在土壤中含量分布变幅很小，是唯一不易划分等级的元素。铅在土壤中形态主要以 $Pb（OH）_2$、$PbCO_3$、$Pb_3（PO_4）_2$ 等难溶性形式存在，可溶性很低，铅在土壤中很容易被吸附。因此，进入土壤中的铅主要分布于表层。

铅对作物的危害主要是影响植物的光合作用和蒸腾作用强度，可使叶绿素下降、暗呼吸上升，进而阻碍了呼吸作用和同化作用。铅通过根系从土壤吸收和叶片等其他组织从大气根外吸收两种途径进入植物体。植物吸收铅的数量取决于土壤中有效铅的含量。

铅主要与人体内多种酶结合或以 $Pb_3（PO_4）_2$ 沉淀在骨骼中，从而干扰机体多方面生理活动，常出现便秘、贫血、厌食、腹痛等疾病，过量中毒会引起造血、循环、消化系统、神经系统等病症。我国农田灌溉水质标准将铅及其化合物含量规定为不得超过 0.2mg/kg；无公害蔬菜地灌水质为 0.lmg/kg。

（5）砷

砷（As）污染主要来源于砷矿的开采、含砷矿石的冶炼以及皮革、颜料、农药、硫酸、化肥、造纸、橡胶、纺织等行业所排放的"三废"。砷虽不是重金属，但其毒性大，其污染行为如同重金属，且污染严重，故当重金属看待。在自然界中，富砷矿物有 60～70 种之多，主要是硫化物。其化合物形态有固、液、气三种：固态砷化合物有三氧化二砷（$As_2O_3$，俗名砒霜）、二硫化二砷（$As_2S_2$，俗名雄黄）、三硫化二砷（$As_2S_3$，俗名雌黄）和五氧化二砷（$As_2O_5$）等；液态的有三氯化砷；气态的有砷化氢。在生产上，低剂量砷可刺激植物生长，可作为灭菌剂。如雌黄（$As_2S_3$）可作为消毒剂、增白剂、杀虫剂和防腐剂等。砒霜（$As_2O_3$）有剧毒，曾作为杀虫剂、灭鼠剂等。

As 在地壳中的丰度平均为 5mg/kg。世界各国土壤砷含量一般为 0.1～58mg/kg，平均值为 10mg/kg；我国土壤砷的背景值平均为 11.2mg/kg。土壤砷的背景值一般受成土母质影响较大，发育在沉积岩母质的土壤其含量较高，均在 12mg/kg 以上，而火成岩及火山喷出物发育的土壤其砷含量较低，一般在 8mg/kg 以下。

As 在土壤中的形态主要以正三价态（$As^{3+}$）和正五价态（$As^{5+}$）为主，并以砷化合物形式存在。水溶性的多以 $AsO_4^{3-}$、$HgAsO_4^{2-}$、$HgAsO_4^{-}$、$AsO_3^{3-}$ 和 $H_2AsO_2^{-}$ 等阴离子形式存在，水溶性 As 总量常低于 1mg/kg，占土壤全砷的 5%～10%。土壤中的砷酸盐（$As^{5+}$）和亚砷酸盐（$As^{3+}$）随氧化还原电位的变化而相互转化。二者相比，对作物危害毒性三价砷（$As^{3+}$）比五价砷（$As^{5+}$）大 3 倍。

As 对作物生长产生影响，较高浓度时可抑制作物生长。As 污染危害主要是破坏叶绿素，阻止水分、养分向下运输，抑制土壤中氧化、消化作用的酶活性。稻田水中超过 20mg/L 时水稻枯死。因此，糙米的总 As 浓度界限值为 1mg/kg，蔬菜为 0.5mg/kg。在农业生产中，由于污灌及施用含砷农药，大量砷进入土壤，而后进入植物体。在水稻土中加入的砷（$As^{5+}$）大于 8mg/kg 时，开始抑制水稻生长；当大于 12mg/kg 时，水稻糙米中砷（$As_2O_3$）的残留量超过粮食卫生标准（0.7mg/kg）。

As 对人体的危害，三价砷（$As^{3+}$）远大于五价砷（$As^{5+}$）的毒性，亚砷酸盐比砷酸盐的毒性要大 60 倍。其毒性机理主要是由于亚砷酸盐可与蛋白质中的巯基反应，它对机体内的新陈代谢产生严重影响；而砷酸盐则不能，它对机体内的新陈代谢产生的毒性影响相对较低。因此，为保护食物链，污水灌溉水质要求水田 As 含量小于 0.05mg/kg，旱田 As 含量小于 0.1mg/kg。我国规定灌溉水中砷及其化合物的浓度不得超过 0.05mg/L。

（6）其他重金属污染

除前面介绍的毒性较强的五种重金属和类金属外，较常见的污染重金属、类金属还有铜、锌、镍、硒等元素。这些重金属对土壤污染的共同特点是，污染元素一般分布于表层，氧化态多为可溶态，而在还原条件下变得难溶，酸性条件下多为可溶态，碱性条件下多为难溶态。

### 3. 土壤重金属污染及其防治措施

土壤污染的防治要贯彻以防为主的方针，首先控制和消除污染源。对已经污染的土壤，要采取一切措施，消除土壤中的污染物或者提高土壤环境容量。所谓环境容量是指某一环境要素所能够承纳污染物的最大数量，而土壤的环境容量则是以土壤容纳某种污染物后不致使生态环境遭到破坏，特别是其生产的农产品不被污染为依据而确定的。控制土壤中污染物的迁移、转化，使之不能进入或微量进入食物链，不致造成对人体健康和农业生产的危害。下面将近些年来国内外采用污染土壤的治理方法分别进行一下讨论。

（1）工程措施

工程措施是指依据物理或物理化学原理，通过工程手段治理污染土壤的一类方法。

1）客土、换土和翻土。通过客土、换土和深耕翻土与污土混合，可以降低土壤中重金属的含量，减少重金属对土壤－植物系统产生的毒害，从而使农产品达到食品卫生标准。

2）隔离法。隔离法是用各种防渗材料，如水泥、黏土、石板、塑料等，把土壤与未污染土壤分开的一类方法。显然，此法只适用于部分土壤污染严重、防止污染物从已被污染土壤向未被污染土壤扩散的农田，对已污染的土壤不具有治理效果。

3）清洗法。清洗法是用清水或向清水中加入能增加重金属水溶性的某种化学物质，把污染物从土壤中洗去的一类方法。清洗土壤后的废水，再用含有一定配位体的化合物或阴离子进行处理，使废水中的重金属生成较稳定的络合物或沉淀，再收集起来做集中处理，防止对水体造成二次污染。日本用稀盐酸或在盐水中加入EDTA清洗被重金属污染了的土壤。另外，每年汛期将泥土含量较高的洪水引入农田，不仅能对污染物起到清洗作用，还可以随水客入一定量新土。因此，有条件的地方，这是一种经济、有效的改良重金属污染土壤的方法。

4）电化学法。电化学法是在水饱和后的土壤中插入若干个电极（最好为石墨电极），通电后，阴极附近产生大量的 $H^+$ 向土壤毛孔移动，并把污染重金属离子自土壤胶体上释放到土壤溶液中，再通过电渗透的方式将其移到阴极附近，并被吸附在土壤表层，设法把这部分土壤除去。此法对含铅等污染物土壤的治理有较好效果，操作简便，运行费用低，且可回收多种金属。

工程措施治理效果较为可靠，是一种治本措施，适用于大多数污染物和土壤条件。但工程量大，投资高，易引起土壤肥力下降，因此，只能适用于小面积的重度污染区。近年来，把其他工业领域，特别是污水、大气污染治理技术引入土壤污染治理过程中，为土壤污染治理研究开辟了新途径，如磁分离技术、阴阳离子膜代换法等。这些方法虽然还处于试验、探索阶段，但将来会对土壤污染治理起到积极作用。

（2）生物措施

生物措施是利用某些特定的动物、植物和微生物，较快地吸收或降解土壤中的污染物质而达到净化土壤的目的。其生物修复技术措施主要有以下几种（见表5-7）。

表 5-7　生物修复技术措施

| 措施 | 主要内容 |
|---|---|
| 动物修复技术 | 有资料报道，蚯蚓等土壤动物可吸收土壤或污泥中的重金属，还能促使土壤中一些农药降解 |
| 植物修复技术 | 植物修复技术是利用植物及其根际微生物对土壤污染物的吸收、挥发、转化、降解、固定作用而去除污染物的修复技术。该技术已成为国内外环境生物学研究的热点和前沿领域。此法可分为植物提取、植物挥发和植物稳定三种类型。利用某些具有超积累功能的植物吸收一些重金属污染物，如生长在矿区的植物东南景天吸附大量的锌、镉、铅，蜈蚣草可以吸附砷，香蒲植物、元叶紫花苕子可以吸附铅、锌；这些植物品种具有观赏性或纤维性等特性，避开了食物链；为了提高富集效果，常使用EDTA等活化剂，以活化被有机物螯合的金属元素供植物吸收 |
| 微生物修复技术 | 微生物修复技术是指利用天然存在的或特别培养的微生物，在可调控的环境条件下将土壤中的有毒污染物转化为无毒物质的处理技术。有研究者用铬还原细菌将高毒的六价铬离子还原成低毒形态，使用dechromatic KC-Ⅱ菌活性污泥处理工业 $Cr^{6+}$ 污水，收到较好效果。微生物还可使Hg、Se等发生还原反应而后被挥发。另外，也有关于某些微生物对重金属耐性很强、可用于含重金属污泥的生物淋滤处理的报道 |

生物修复技术具有潜在或显在的经济效益、成本低、不会造成生态破坏或二次污染等特点。因此，较工程措施更适应现代农村生态环境保护的需求，易于被公众接受。

（3）施用改良剂

在某些污染的土壤中加入一定的化学物质能有效地降低污染物的水溶性、扩散性和生物有效性，从而降低它们进入植物体、微生物体和水体的能力，减轻对生态环境的危害。

对于重金属污染的酸性土壤，施用石灰、高炉灰、矿渣、粉煤灰等碱性物质，或配施钙镁磷肥、硅肥等碱性肥料，提高土壤 pH，降低重金属的溶解性，从而有效地减轻对植物的危害。而在重金属污染的碱性土壤上，如碳酸盐褐土，由于 $CaCO_3$

含量高，土壤中有效磷易被固定，不宜施石灰等碱性物质，可以施加 $K_2HPO_4$ 使重金属形成难溶性的磷酸盐。

另外，施入含硫物质，如石灰硫黄合剂、硫化钠等，与土壤中镉形成 $CdS$ 沉淀；施入硅肥可以抑制或缓解砷、铅、镉、铬和铁、锰等对水稻的毒害；施入还原性物质，如堆厩肥、未腐熟的稻草、牧草或富含淀粉物质的其他有机物质，并结合水田淹水，促使土壤成还原条件而降低镉的水溶性。同时有机肥本身有吸附重金属的作用，还可以提高土壤的环境容量。

施用改良剂措施不仅治理效果较好，而且费用适中，如果有农业及生物措施相配合，效果会更好，在中度污染地区值得推荐使用。但要加强管理，以免被吸附或固定在土壤中的污染物再度活化而造成新的污染。

（4）农业措施

1）增施有机肥以提高土壤环境容量。施用堆肥、厩肥、植物秸秆等有机肥，增加土壤有机质，可提高土壤胶体对重金属和农药的吸附，也可促进土壤中微生物和酶的活性，加速有机污染物的降解。

2）控制土壤水分。土壤的氧化还原状况影响着污染物的存在状态，通过控制土壤水分可达到降低污染物危害的作用。

3）合理施用化肥。长期盲目施用化肥给土壤及作物造成的污染危害主要是重金属和硝酸盐。科学合理、有选择地施用化肥有利于抑制植物对某些污染物的吸收，并可降低植物体内污染物的浓度。研究表明，不同形态肥料降低作物体内重金属（镉）浓度能力的大小顺序是：氮肥，$Ca(NO_3)_2 > NH_4HCO_3 > NH_4NO_3$、$CO(NH_2)_2 > (NH_4)_2SO_4$、$NH_4Cl$；磷肥，钙镁磷肥 $> Ca(H_2PO_4)_2 >$ 磷矿粉、过磷酸钙；钾肥，$K_2SO_4 > KCl$。同时，还要实行限量、安全施肥，也就是科学、合理施肥。据研究表明，对叶菜类安全施（氮）肥量为其最佳经济施肥量的 70%～80%，可控硝酸盐超标；而根菜类、瓜果类的安全施肥量就是其最佳经济施肥量，并符合无公害蔬菜生产标准。可见，限量、选肥、合理施用是关键。

4）选种抗污染农作物品种。选种吸收污染物少或食用部位污染物积累少的作物也是土壤重金属污染防治的有效措施。例如，菠菜、小麦、大豆吸镉量较多，而玉米、水稻吸镉量少。所以，在镉污染的土壤上优先选种玉米和水稻等作物。另外，在中、轻度重金属污染的土壤上，不种叶菜类、块根类蔬菜而改种棉花及非果菜类作物，也能有效地降低农产品中重金属浓度。

5）改变耕作制度或改为非农业用地。对于污染较重的农田，改作繁育制种田。另外，改变耕作制度，调整种植结构，如改粮食、蔬菜作物为花卉、苗木、棉花、桑麻类。由于收获的作物部位不直接食用，不作商品粮，可以减轻土壤污染的危害，并有可能获得较高的经济效益。对于污染严重的农田，如污染物不会直接对人体产生危害，可以优先考虑将其改为建筑用地等非农业用地。

采用农业措施投资少，通常不需要中断农业生产，在治理土壤污染的同时还可以获得一定收益，具有明显的优点。但与工程措施等相比，农业措施治理效果差，周期长，一般只适于中、轻度污染的土壤，且需要与生物措施、化学改良措施相配合才能获得更好的治理效果。因此，应根据当地实际情况，因地制宜地加以选用。

### 三、农药污染

1. 农药污染概述

农药和化肥一样是用量最大、使用最广的农用化学物质。目前，世界上生产、使用的农药原药已达 1000 多种，全世界化学农药总产量以有效成分计，大致稳定在 200 万吨。主要是有机氯、有机磷和氨基甲酸酯等。按防治对象不同，农药可分为杀虫剂、杀菌剂、除草剂、杀螨剂、杀线虫剂、杀鼠剂、杀软体动物剂和植物生长调节剂等。

农药在防治作物病虫草害和防治传染病害等方面起着重要作用。据统计，全世界由于病虫草害而造成的作物产量损失，可以高达 50% 左右。我国 2012—2014 年农作物病虫害防治农药年均使用量为 31.1 万吨（折百），比 2009—2011 年增长 9.2%。农药的过量使用，不仅造成生产成本增加，也影响农产品质量安全和生态环境安全。为此，2015 年农业部制定了《到 2020 年农药使用量零增长行动方案》，要求到 2020 年，初步建立资源节约型、环境友好型病虫害可持续治理技术体系，单位防治面积农药使用量控制在近三年平均水平以下，力争实现农药使用总量零增长。

2. 农药对土壤环境的污染

农药主要指用于防治危害农林牧渔生产的病虫害和调节植物、昆虫生长的化学药品及生物药品。农药污染是指在防治病虫害过程中，由于过量或盲目使用农药致使对人体健康、生物、水体、大气和土壤环境造成危害和污染现象。

农药对土壤的污染，主要是通过防治病虫草鼠等有害生物造成的；其次是农药厂的"三废"处理不当造成的。例如，农田喷施粉剂时，仅有 10% 的农药吸附在植物体上；喷施液剂，仅有 20% 的农药吸附在作物上，其余部分，40% ~ 60% 降落于地面上，5% ~ 30% 飘浮于空中。落于地面上的农药又会随降雨形成的地表径流而流人水域或下渗入土壤。飘浮于空中的农药，最后也会因降雨与自身的沉降落入土壤中。

农药对土壤的污染程度，除用药量大小之外，主要取决于不同农药的稳定性及其用量。一般用药量大、稳定性高和挥发性小的农药，在土壤中的残留量就越大，污染也越严重。

（1）农药在土壤中的残留

由于农药本身理化性质和其他影响农药消解因子的综合作用，各种常用农药在土壤中的残留性差别很大。从各种农药在土壤中的残留比较来看，有机氯农药残留期较长，有机磷农药残留期短，但如果长期连续使用，特别是使用浓度过高，也会对土壤产生污染。

（2）农药在土壤中的降解和转移

1）农药在土壤中的降解

农药在土壤中的化学转化，大多是以水为介质或反应剂的。其中水解和氧化是农药化学降解的普遍过程。其他反应还有还原作用或异构作用。

①水解作用。许多有机磷农药进入土壤中后，可进行水解。水解强度随温度的增高、土壤含水量的增加和 pH 的降低而加强。

②氧化与还原。许多含硫农药可在土壤中进行氧化，如对硫磷能氧化为对氧磷，DDT 在土壤中可还原为 DDD。

③光化学降解。土壤表面的农药因受日光照射而发生光化学作用，主要有异构化、氧化、裂解和置换反应。农药的光分解仅限于表面或非常接近表面的残留物，其分解的程度又取决于暴露时间的长短、光的强度与波长以及水、空气和光敏剂存在的条件等。

④微生物的分解。土壤微生物对农药的降解作用，是农药在土壤中消失的最重要途径。

凡是影响土壤微生物正常活动的因素如温度、含水量、通透性、有机质含量、土壤 pH 等，都能影响微生物对农药的降解过程。同时农药本身的性质与土壤微生物的降解作用也有很大的关系，一般含有羟基、竣基、氨基等基团的农药易于降解。据报道，乐果在有微生物的土壤中经 14 天一般分解 77%，在灭菌土壤中只分解 18%，在 γ 射线照射过的土壤中分解 20%。各种农药由于性质不同，其降解过程是很复杂的。

2）农药在土壤中转移

进入土壤的农药除大部分降解消失外，还有部分可以通过挥发成气体而散失到空中污染大气，或随地表径流污染水系，或被生物吸收污染生物。

农药挥发作用的大小，主要取决于农药本身的蒸气压，并受土壤温度、有机质含量、湿度等因素影响。

农药随水迁移有两种方式：一种是水溶性大的农药直接溶于水中；另一种是被吸附在水中悬浮颗粒表面而随水流迁移。表土层中的农药可随灌溉水和水土流失向四周迁移扩散，造成水体污染。

（3）农药对生态系统的危害

1）农药对植物的影响

农药进入植物体的途径有两条：一条是从植物体表进入，经气孔或水孔直接经表皮细胞向下层组织渗透，脂溶性农药还能溶解于植物表面蜡质层里而被固定下来；另一条是从根部吸收，在灌溉或降雨后，农药溶于土壤水中，而被植物根吸收。

植物体对农药的吸收取决于农药的种类和性质、植物的种类、土壤因素等。一般内吸性农药能进入植物体内，使植物内部农药残留量高于植物外部；而渗透性农药只沾染在植物外表，外部的农药浓度高于内部。植物的不同种类和同一种类不同部位农药残留也不同，一般叶菜类植物的农药残留量高于果菜类和根菜类。不同植物部位农药含量随转移距离而迅速降低，即茎的上部含量较下部少。土壤有机质含量多、黏土含量多、土壤 pH 低，吸附的农药也多。

农药在防治病虫草害、调节植物生长的同时，也会造成污染。一些植物受害的症状为：叶发生叶斑、穿孔、焦灼枯萎、黄化、失绿、褪绿、卷叶、厚叶、落叶、畸形等；果实发生果斑、果癍、褐果、落果、畸形等；花发生花瓣枯焦、落花等；植株发生矮化、畸形等；根发生粗短肥大、缺少根毛、表面变厚发脆等；种子发芽率低。同时，农药残留在农产品中相当普遍，如我国使用有机氯农药滴滴涕（DDT）和六六六（BHC）等。有机氯农药化学性质稳定，不易降解，易于在植物体内蓄积。植物性食品中残留量顺序为植物油＞粮食＞蔬菜、水果。

2）农药对动物的影响

①对昆虫的影响

昆虫种类下降。世界上的昆虫大约有 100 多万种，真正对农作物造成危害、需要防治的昆虫不过几百种。

次要种群变成主要种群。农药杀伤了害虫的天敌如瓢虫，原来因竞争而受到抑制的次要种群变为主要种群，造成害虫的猖獗。

防治对象产生耐药性。据统计，世界上产生耐药性的害虫从 1991 年的 15 种增加到目前的 800 多种，我国也至少有 50 多种害虫产生耐药性。

②对水生动物的影响。水生动物中以鱼虾类最为明显，由于农药能在鱼体内富集，对鱼毒性较强。如 1962 年日本九州发生的有明海事件，是由于在稻田中使用对

鱼毒性很大的五氯酚钠，随即暴雨将大量五氯酚钠冲入水域，造成鱼类、贝类死亡，损失达 29 亿日元。同时，稻田中生活着大量的蛙类，多数是在喷药后吞食有毒昆虫而中毒，或蝌蚪被进入水体的农药杀死。一般蝌蚪对农药比较敏感，成蛙耐药力较强。

③对鸟类的影响。农田、果园、森林、草地等大量使用化学农药，给鸟类带来了严重的危害。在喷洒农药的区域里，经常会死鸟，尤其以昆虫为食料的鸟类受到的影响较大。此外，鸟类经常因取食用农药处理过的种子致死。

④对土壤动物的影响。研究表明，农药能杀害生活在土壤中的某些无脊椎动物、节肢动物等。例如，澳大利亚在东部 200 万平方千米的范围内用有机磷杀虫剂杀螟松控制蝗虫，结果导致非靶标无脊椎动物的种类和数量明显减少。

3）对人体健康的影响

农药可经消化道、呼吸道和皮肤三条途径进入人体而引起中毒，其中包括急性中毒、慢性中毒等。特别是有机磷农药能溶解在人体的脂肪和汗液中，可以通过皮肤进入人体，危害人体的健康。

高毒有机磷农药和氨基甲酸农药导致急性中毒，症状包括头晕头痛、恶心、呕吐、多汗且无力等，严重者昏迷、抽搐、吐沫、肺水肿、呼吸极度困难、大小便失禁甚至死亡。慢性中毒一般发病缓慢，病程较长，症状难以鉴别，原因是经常连续吸入或皮肤接触较小量农药，进入人体后逐渐发生病变和出现中毒症状。

（4）农药污染的防治

农药是重要的农业生产资料，对于发展生产、防治病虫草鼠害具有重大作用。然而农药也是具有毒物属性的化学物质，农药的使用又会对人体健康、生物、水体、大气和土壤环境产生危害和污染，已成为影响生产安全、食品安全和环境安全的重要因素。因此，必须高度重视农药污染问题，并采取积极的对策和措施进行有效防治。

1）减少化学农药使用量

农业防治。农业防治是指利用耕作和栽培等技术手段，改善农田生态环境条件，以控制病虫草害的发生，从而减少农药的使用。如轮作、合理施肥、加强田间管理和选育抗病虫害强的作物品种等。

物理防治。主要是利用物理方法来预测和捕杀害虫。在农业生产中使用的物理机械方法有人工捕杀、灯光诱杀害虫等。

生物防治。生物防治是指利用自然界有害生物的天敌或微生物来控制有害生物的方法。如我国广泛使用赤眼蜂防治玉米螟、稻卷叶螟。

2）研制高效、低毒、低残留农药

从农产品安全和环境保护角度出发，加强研制和筛选农药应当符合高效、低毒、低残留的质量要求。

3）合理使用农药

普及农药、植保知识，做到对症下药，有的放矢地用药，注意用药的浓度与用量，掌握正确、合理的施用量。

4）加强农药管理

规范管理农药的生产、销售，执行销售农药必须登记制度，打击生产和销售假劣农药，开展对农药的药效、毒理和残留以及对环境的危害等方面综合评价。

## 四、化肥污染

### 1.化肥污染概述

化肥是化学肥料的简称，是指由化学工业制造、能够直接或间接为作物提供养分，以增加作物产量、改善农产品品质或能改良土壤、提高土壤肥力的一类物质。故化肥是世界上用量最大、使用最广的农用化学物质。伴随化学工业的发展，世界人口的增长，粮食需求幅度的增加，化肥生产和使用的数量逐年增加。据国家统计局数据，2013年中国化肥生产量为7037万吨（折纯），农用化肥使用量为5912万吨，我国年化肥使用量约占世界的35%。

化肥的种类根据其有效成分分为氮肥、磷肥、钾肥、复合肥料和其他中量、微量元素肥料。我国氮肥的主要品种是碳铵（占氮肥总量的54%）、尿素（占氮肥总量的30.8%）和氨水（占氮肥总量的15%），其他品种如硫铵只占总量的0.2%。磷肥总产量为300万吨（$P_2O_5$），主要品种为过磷酸钙 $[Ca(H_2PO_4)_2]$，占总产量的70%左右，钙镁磷肥 $[a-Ca_3(PO_4)_2+CaO+MgO]$ 占30%。

化肥污染是指由于长期过量或盲目使用化肥致使土壤环境污染物积累、理化性状恶化，严重影响作物生长及农产品品质；或随灌溉淋入地下水或通过反硝化作用产生 $N_2O$ 并释放到大气中，继而污染环境。故科学合理施肥对确保作物增产、保护生态环境质量极为重要。

为推进环境友好的现代农业发展之路，促进农业可持续发展，农业部制定了《到2020年化肥使用量零增长行动方案》。2015—2019年，逐步将化肥使用量年增长率控制在1%以内。力争到2020年，主要农作物化肥使用量实现零增长。

### 2.化肥对土壤环境的污染

（1）土壤物理性状改变

长期过量施用单一氮肥品种（如氯化铵或硫酸铵），会使土壤物理性质恶化，土壤板结，偏重氮磷肥、钾肥用量少使土壤中营养成分比例失调，如过量的氮肥使植物体内 $NO_3^-$ 积累，进而影响作物产量及品质。

（2）长期施肥会促进土壤酸化

氮肥施用量、累积年限与土壤 pH 变化关系密切，其中生理酸性肥料如硫酸铵和氯化铵等，引起土壤酸化的作用最强，其次是尿素，硝酸盐类肥料的酸化作用较弱。例如在我国南方，连续 14 年施用硫酸铵，土壤 pH 会降低至 4 以下。

（3）引起土壤重金属污染

由磷肥使用带入土壤中的重金属主要有镉、铬、锌、汞、铜等，它们主要来源于磷肥的制造和加工过程。

（4）降低土壤微生物活性

微生物具有转化有机质、分解复杂矿物和降解有毒物质的作用。研究表明，合理施用化肥对微生物活性有促进作用，过量则会降低其活性。

3．化肥污染的防治

（1）科学合理施肥

1）科学的施肥制度。由于土壤性质、栽培耕作制度以及作物品种有一定的差别，因此要根据土壤的供肥特性、作物的需肥和吸肥规律以及计划产量等因土因作物施肥，提高肥料利用率。

2）合理配合施肥。有机－无机肥料的配合施用，同时结合微量元素肥料施用，作物需要的多种养分能均衡供应。既可改良土壤，又能使作物高产稳产。

3）利用 3S 技术精确施肥。3S 技术是指遥感技术（RS）、地理信息系统（GIS）和全球定位系统（GPS）技术。三者联合能够针对农田土壤肥力微小的变化将施肥操作调整到相应的最佳状态，使施肥操作由粗放到精确。

（2）研制化肥新品种，走生态农业道路

推广施用缓控释肥料，该种肥料部分添加了脲酶抑制剂和硝化抑制剂等成分，能大大提高肥料利用率，减少肥料对环境的污染。

（3）加强管理，发展复合肥，减少杂质以提高化肥质量

加强养分资源综合管理的概念是 1984 年联合国粮农组织提出的，它要求将所有养分以最佳的方式组合到一个综合的系统中，使之适合不同农作制度下的生态条件、社会条件和经济条件，以达到作物优质、高产、保持和提高土壤肥力的目的。同时发展和研制新型复合肥，减少杂质以提高化肥质量，提高肥料利用率。

# 第六章　物理性污染及其防治

## 第一节　噪声污染及其控制

### 一、噪声与噪声源

1. 噪声

噪声可能是由自然现象产生的，也可能是由人们活动形成的。噪声可以是杂乱无序的宽带声音，也可以是节奏和谐的乐音。总的来说，噪声就是人们不需要的声音，噪声具有客观与主观两方面的特点。

从物理学的观点看，噪声就是各种频率和声强杂乱无序组合的声音。从生理学和心理学的观点看，令人不愉快、讨厌以致对人们健康有影响或危害的声音都是噪声，即对噪声的判断与个人所处的环境和主观愿望有关。当声音超过人们生活和社会活动所允许的程度时，就成为了噪声污染。

2. 噪声的来源

（1）噪声污染源的分类

各种各样的声音都起始于物体的振动。凡能产生声音的振动物体统称为声源。噪声的来源有两种：一类是自然现象引起的自然界噪声；另一类是人为造成的。噪声污染通常指人为造成的。噪声污染源主要有以下四种（见表6-1）。

**表6-1　噪声污染的来源**

| 污染源 | 具体内容 |
| --- | --- |
| 交通运输污染源 | 运行中的汽车、摩托车、拖拉机、火车、飞机和轮船等 |
| 建筑施工噪声污染源 | 运转中的打桩机、混凝土搅拌机、压路机和凿岩机等 |
| 社会生活噪声污染源 | 高音喇叭、商业、交际等社会活动和家用电器等 |
| 工厂噪声污染源 | 工厂各种产生噪声的机械设备，如运行中的排风扇、鼓风机、内燃机、空气压缩机、汽轮机、织布机、电锯、电机、风铲、风铆、球磨机、振捣台、冲床机和锻锤等 |

（2）噪声的分类

若按噪声产生的机理来划分，可以分为机械性噪声、空气动力性噪声、电磁性噪声和电声性噪声四大类。

1）机械性噪声。这类噪声是在撞击、摩擦和交变的机械力作用下部件发生振动而产生的。如破碎机、电锯、打桩机等产生的噪声属于此类。

2）空气动力性噪声。这类噪声是高速气流、不稳定气流中由于涡流或压力的突变引起了气体的振动而产生的。如鼓风机、空压机、锅炉排气放空等产生的噪声属于此类。

3）电磁性噪声。这类噪声是由于磁场脉动、磁场伸缩引起电气部件振动而产生的。如电动机、变压器等产生的噪声属于此类。

4）电声性噪声。这类噪声是由于电－声转换而产生的。如广播、电视等产生的噪声属于此类。

3．噪声的特征

噪声污染与大气污染、水污染相比具有以下四个特征（见表6-2）。

表6-2　噪声的特征

| 特征 | 具体内容 |
| --- | --- |
| 局部性 | 声音在空气中传播时衰减很快，它不像大气污染和水污染影响面广，而只对一定范围内的区域有不利的影响 |
| 暂时性 | 噪声污染在环境中不会有残剩的污染物质存在，一旦噪声源停止发声后，噪声污染也立即消失 |
| 主观性 | 噪声是感觉公害，任何声音都可以成为噪声。噪声是人们不需要的声音的总称，因此一种声音是否属于噪声全由判断者心理和生理上的因素所决定。例如优美的音乐对正在思考问题的人却是噪声 |
| 间接性 | 噪声一般不直接致命，它的危害是慢性的和间接的 |

## 二、噪声的危害

1．对人体健康的影响

（1）听力损伤

1）急性损伤。当人们突然暴露于极强烈的噪声之下，由于其声压很大，常伴有冲击波，可造成听觉器官的急性损伤，称为暴振性耳聋或声外伤。此时，耳的鼓膜破裂、流血，双耳完全失听。我国古代时有这样一种刑罚，叫钟下刑。受刑的人被扣在一口大钟的里面，然后行刑的人在外面用木槌用力敲钟，使受刑人在钟里痛苦难忍，甚至造成精神分裂或昏迷。这说明在强烈噪声的环境下，人将受到严重的危害。

2）慢性损伤。除上述的急性损伤以外，噪声还会对人的听觉系统造成慢性损伤。大量的调查研究表明，人们长期在强噪声环境下工作会形成一定程度的听力损失。衡量听力损失的量是听力阈级。听力阈级是指耳朵可以觉察到的纯音声压级。它与频率有关，可用专用的听力计测定。阈级越高，说明听力损失或部分耳聋的程度越大。国际标准化组织规定，听力损失用 500Hz、1000Hz 和 2000Hz 三个频率上的听力损失的平均值来表示。一般来讲，噪声性耳聋是指平均听力损失超过 25dB。长期在不同的噪声环境下工作，噪声性耳聋发病率会有所不同，统计结果见表 6-3。

**表 6-3 工作 40 年后噪声性耳聋发病率**

| 噪声 /dB | 国际统计（ISO）/% | 美国统计 /% |
|---|---|---|
| 80 | 0 | 0 |
| 85 | 10 | 8 |
| 90 | 21 | 18 |
| 95 | 29 | 28 |
| 100 | 41 | 40 |

从表 6-3 可以看出，在 80dB 以下工作不致耳聋，80dB 以上每增加 5dB，噪声性耳聋发病率增加 10% 左右。

（2）生理影响

大量研究结果表明，人体多种疾病的发展和恶化与噪声有着密切的关系。噪声会使大脑皮层的兴奋和抑制平衡失调，导致神经系统疾病，患者常出现头痛、耳鸣、多梦、失眠、心慌、记忆力衰退等症状。

噪声还会导致交感神经紧张，代谢或微循环失调，引起心血管系统疾病，使人产生心跳加快、心律不齐、血管痉挛、血压变化等症状。不少人认为，当今生活中的噪声是造成心脏病的重要原因之一。

噪声作用于人的中枢神经系统时，会影响人的消化系统，导致肠胃机能阻滞、消化液分泌异常、胃酸度降低、胃收缩减迟，造成消化不良、食欲不振、胃功能紊乱等症状，从而导致胃病及胃溃疡的发病率增高。

噪声还会伤害人的眼睛。当噪声作用于人的听觉器官后，由于神经传入系统的相互作用，使视觉器官的功能发生变化，引起视力疲劳和视力减弱，如对蓝色和绿色光线视野增大，对金红色光线视野缩小。

噪声还会影响儿童的智力发育。有调查显示，在噪声环境下儿童的智力发育比在安静环境下低 20%。

2．对生活和工作的干扰

（1）对睡眠的干扰

睡眠对人是极重要的，它能够使人的新陈代谢得到调节，使人的大脑得到休息，从而消除体力和脑力疲劳。所以保证睡眠是关系到人体健康的重要因素。但是噪声会影响人的睡眠质量和数量，老年人和病人对噪声干扰比较敏感。当睡眠受到噪声干扰后，工作效率和健康都会受到影响。研究结果表明，连续噪声可以加快熟睡到轻睡的回转，使人多梦，熟睡的时间缩短。突然的噪声可使人惊醒。

（2）对语言交谈和通信联络的干扰

环境噪声会掩蔽语言声音，使语言清晰度降低。语言清晰度是指被听懂的语言单位百分数。噪声级比语言声级低很多时，噪声对语言交谈几乎没有影响。噪声级与语言声级相当时，正常交谈受到干扰。噪声级高于语言声级 10dB 时，谈话声就会被完全掩蔽。

由于噪声容易使人疲劳，因此会使相关人员难以集中精力，从而使工作效率降低，这对于脑力劳动者尤为明显。

此外，由于噪声的掩蔽效应，会使人不易察觉一些危险信号，从而容易造成工伤事故。

3．损害设备和建筑物

噪声对仪器设备的危害与噪声的强度、频谱以及仪器设备本身的结构特性密切相关。当噪声级超过 135dB 时，电子仪器的连接部位会出现错动，引线产生抖动，微调元件发生偏移，使仪器发生故障而失效。当噪声超过 150dB 时，仪器的元器件可能失效或损坏。

高强度和特高强度噪声能损害建筑物的结构。航空噪声对建筑物的影响很大，如超声速低空飞行的军用飞机在掠过城市上空时，可导致民房玻璃破碎、烟囱倒塌等损害。美国统计了 3000 件喷气式飞机使建筑物受损的事件，其中，抹灰开裂的占 43%，窗损坏的占 32%，墙开裂的占 15%，瓦损坏的占 6%。

### 三、噪声控制

1．基本原理

噪声从声源发生，通过一定的传播途径到达接受者，才能发生危害作用。因此噪声污染涉及噪声源、传播途径和接受者三个环节组成的声学系统。要控制噪声必须分析这个系统，既要分别研究这三个环节，又要做综合系统的考虑。

（1）噪声源的控制

这是最根本的措施，包括改进结构、改造生产工艺、提高机械加工和装配精度、降低高压高速气流的压差和流速等措施。

（2）传播途径上的控制

这是噪声控制中的普遍技术，包括隔声、吸声、消声、阻尼减振等措施。

（3）对接受者的保护

对噪声接受者进行防护，除了减少人员在噪声环境中的暴露时间外，可采取各种个人防护手段，如佩戴耳塞、耳罩或者头盔等。对于精密仪器设备，可将其安置在隔声间内或隔振台上。

2．基本技术

（1）吸声

在噪声控制工程设计中，常用吸声材料和吸声结构来降低室内噪声，尤其在体积较大、混响时间较长的室内空间，应用相当普遍。吸声材料按其吸声机理来分类，可以分成多孔吸声材料及共振吸声结构两大类。

1）多孔吸声材料。多孔吸声材料是目前应用最广泛的吸声材料。最初的多孔吸声材料是以麻、棉、棕丝、毛发、甘蔗渣等天然动植物纤维为主，目前则以玻璃棉、矿渣棉等无机纤维替代。这些材料可以为松散的，也可以加工成棉絮状或采用适当的黏结剂加工成毡状或板状。

多孔材料内部具有无数细微孔隙，孔隙间彼此贯通，且通过表面与外界相通，当声波入射到材料表面时，一部分在材料表面上反射，一部分则透入到材料内部向前传播。在传播过程中，引起孔隙中的空气运动，与形成孔壁的固体筋络发生摩擦，由于黏滞性和热传导效应，将声能转变为热能而耗散掉。声波在刚性壁面反射后，经过材料回到其表面时，一部分声波透回空气中，一部分又反射回材料内部，声波的这种反复传播过程，就是能量不断转换耗散的过程，如此反复，直到平衡，这样材料就"吸收"了部分声能。

2）共振吸声结构。在室内声源所发出的声波的激励下，房间壁、顶、地面等围护结构以及房间中的其他物体都将发生振动。振动着的结构或物体由于自身的内摩擦和与空气的摩擦，要把一部分振动能量转变成热能而消耗掉，根据能量守恒定律，这些损耗掉的能量必定来自激励它们振动的声能量。因此，振动结构或物体都要消耗声能，从而降低噪声。结构或物体有各自的固有频率，当声波频率与它们的固有频率相同时，就会发生共振。这时，结构或物体的振动最强烈，振幅和振动速度都达到最大值，从而引起的能量损耗也最多，吸声效果最好。

常用的吸声结构有薄膜与薄板共振吸声结构、穿孔板共振吸声结构、微穿孔板吸声结构、薄塑盒式吸声体等。

（2）隔声

隔声是在噪声控制中最常用的技术之一。声波在空气中传播时，使声能在传播途径中受到阻挡而不能直接通过的措施，称为隔声。隔声的具体形式有隔声墙、隔声罩、隔声间和声屏障等。

1）隔声墙。隔声技术中常把板状或墙状的隔声构件称为隔板或隔墙。仅有一层隔板的称为单层墙；有两层或多层，层间有空气或其他材料的称为双层墙或多层墙。

单层隔声墙的隔声量和单位面积的质量的对数成正比。隔墙的单位面积质量越大，隔声量就越大，单位面积质量提高 1 倍，隔声量增加 6dB；同时频率越高，隔声量越大，频率提高 1 倍，隔声量也增加 6dB。

双层隔声结构的隔声量比单层要有所提高，主要原因是空气层的作用。空气层可以看成与两层墙板相连的"弹簧"，声波入射到第一层墙透射到空气层时，空气层的弹性形变具有减振作用，传递给第二层墙的振动大为减弱，从而提高了墙体的总隔声量。

2）隔声罩。隔声罩是噪声控制设计中常被采用的设备，例如空压机、水泵、鼓风机等高噪声源，如果其体积小，形状比较规则，或者虽然体积较大，但空间及工作条件允许，可以用隔声罩将声源封闭在罩内，以减少向周围的声辐射。隔声罩由隔声材料、阻尼涂料和吸声层构成。隔声材料用 1 ~ 3mm 的钢板，也可以用较硬的木板。钢板上要涂一定厚度的阻尼层，防止钢板产生共振。

3）隔声间。隔声间的应用主要有两种情况：一种是在高噪声环境下需要一个相对比较安静的环境，必须用特殊的隔声构件进行建造，防止外界噪声的传入；另一种情况是声源较多，采取单一噪声控制措施不易奏效，或者采用多种措施治理成本较高，就把声源围蔽在局部空间内，以降低噪声对周围环境的污染。这些由隔声构件组成的具有良好隔声性能的房间统称为隔声间或隔声室。

隔声间一般采用封闭式的，它除需要有足够隔声量的墙体外，还需要设置具有一定隔声性能的门、窗等。

4）声屏障。在声源与接收点之间设置障板，阻断声波的直接传播，以降低噪声，这样的结构称为声屏障。如在居民稠密的公路、铁路两侧设置隔声堤、隔声墙等。在大型车间设置活动隔声屏可以有效地降低机器的高中频噪声。

（3）消声

消声器是一种既能允许气流顺利通过，又能有效地阻止或减弱声能向外传播的装置。但消声器只能用来降低空气动力设备的进排气口噪声或沿管道传播的噪声，而不能降低空气动力设备本身所辐射的噪声。

1）阻性消声器。阻性消声器是一种吸收型消声器，利用声波在多孔吸声材料中传播时，因摩擦将声能转化成热能而散发掉，从而达到消声的目的。材料的消声性能类似于电路中的电阻耗损电功率，从而得名。一般来说，阻性消声器具有良好的中高频消声性能，对低频消声性能较差。

2）抗性消声器。抗性消声器与阻性消声器不同，它不使用吸声材料，仅依靠管道截面的突变或旁接共振腔等在声传播过程中引起阻抗的改变而产生声能的反射、干涉，从而降低由消声器向外辐射的声能，达到消声的目的。常用的抗性消声器有扩张室式、共振腔式、插入管式、干涉式、穿孔板式等。这类消声器的选择性较强，适用于窄带噪声和中低频噪声的控制。

# 第二节 电磁性污染及其控制

## 一、电磁辐射及其危害

电磁辐射是由振荡的电磁波产生的。在电磁振荡的发射过程中，电磁波在自由空间以一定速度向四周传播，这种以电磁波传递能量的过程或现象称为电磁波辐射，简称电磁辐射。

电磁辐射以其产生方式可分为天然和人工两种。天然产生的电磁辐射主要来自地球的热辐射、太阳的辐射、宇宙射线和雷电等，这些电磁辐射与人工产生的电磁辐射相比很小，可以忽略不计。人工产生的电磁辐射主要来自脉冲放电、高频交变电磁场和射频电磁辐射等。环境中射频辐射场的来源有两个：一个是人们为传递信息而发射的；另一个是在工业、医学中利用电磁辐射能加热时所泄漏的。前者的电磁辐射对发射和接收设备而言均为有用信号，而对其他电子设备以及操作人员和广大公众而言则为干扰源和污染源。后者的能量转换难免有部分电磁能以电磁辐射形式传播出去，构成环境污染因素。

电磁辐射可能造成的危害主要有以下几个方面。

1．电磁辐射对人体的危害

高强度的电磁辐射以热效应和非热效应两种方式作用于人体，能使人体组织温度升高，导致身体发生机能性障碍和功能紊乱，严重时造成植物神经功能紊乱，表现为心跳、血压和血象等方面的失调，还会损伤眼睛导致白内障。此外，长期处于高电磁辐射的环境中，会使血液、淋巴液和细胞原生质发生改变，影响人体的循环桌统、免疫、生殖和代谢功能，严重的还会诱发癌症，并会加速人体的癌细胞增殖。

2．电磁辐射对机械设备的危害

电磁辐射可直接影响电子设备、仪器仪表的正常工作，造成信息失真、控制失灵，以致酿成大祸。如火车、飞机、导弹或人造卫星的失控，干扰医院的脑电图、心电图信号，使之无法正常工作。

3．电磁福射对安全的危害

电磁辐射会引燃或引爆，特别是高场强作用下引起火花而导致可燃性油类、气体和武器弹药的燃烧与爆炸事故。

## 二、电磁性污染的控制

控制电磁性污染的手段一般从两个方面进行考虑：一是将电磁辐射的强度减小到容许的强度；二是将有害影响限制在一定的空间范围。电磁性污染的控制，见表6-4。

表6-4 电磁性污染的控制方法

| 控制方法 | 具体内容 |
| --- | --- |
| 电磁屏蔽 | 在电磁场传播的途径中安设电磁屏蔽装置，可使有害的电磁场强度降至容许范围以内。电磁屏蔽装置一般为金属材料制成的封闭壳体。当交变的电磁场传向金属壳体时，一部分被金属壳体表面所反射，一部分在壳体内部被吸收，这样透过壳体的电磁场强度便大幅度衰减。电磁屏蔽的效果与电磁波频率、壳体厚度和屏蔽材料有关。一般来说，频率越高，壳体越厚，材料导电性能越高，屏蔽效果也就越好 |
| 吸收衰减 | 电磁辐射的吸收是根据匹配、谐振原理，选用适宜的具有吸收电磁辐射能力的材料，将泄漏的能量衰减，并吸收转化为热能的方法。石墨、铁氧体、活性炭等是较好的吸收材料 |
| 接地导流 | 将辐射源的屏蔽部分或屏蔽体通过感应产生的射频电流由地极导入地下，以免成为二次辐射源。接地极埋入地下的形式有板式、棒式、格网式多种，通常采用前两种。接地法的效果与接地极的电阻值有关，使用电阻值越低的材料，其导电效果越好 |
| 合理规划，加强管理 | 在城市规划中，应注意工业射频设备的布局，对集中使用辐射源设备的单位，划出一定的范围，并确定有效的防护距离。进一步加强无线电发射装置的管理，对电台、电视台、雷达站等的布局及选址，必须严格按照有关规定执行，以免居民受到电磁波的辐射污染。实行遥控和遥测，提高自动化程度，以减少工作人员接触高强度电磁辐射的机会 |

# 第三节　放射性污染及其控制

## 一、放射性污染与污染源

人类活动排放的放射性污染物，使环境的放射性水平高于天然本底或超过国家规定的标准，称为放射性污染。放射性核素排入环境后，可造成大气、水体和土壤的污染。由于大气扩散和水体输送，可在自然界得到稀释和迁移。放射性核素可被生物富集，使某些动物、植物，特别是在一些水生生物体内，放射性核素的浓度比环境中高出许多倍。在大剂量的照射下，放射性会破坏人体和动物的免疫功能，损伤其皮肤、骨骼及内脏细胞。放射性还能损害遗传物质，引起基因突变和染色体畸变。

大自然生物圈中的电离辐射源，除天然本底的照射之外，人工放射性污染源包括核试验、核事故、核工业生产过程及放射性同位素使用等。

1. 核武器试验的沉降物

全球频繁的核武器试验是造成核放射污染的主要来源。核武器试验造成的环境污染影响面涉及全球，其沉降灰中危害较大的有 $^{90}Sr$、$^{137}Cs$、$^{131}I$、$^{14}C$。

2. 核燃料循环的"三废"排放

20 世纪 50 年代以后，核能开始应用于动力工业中。核动力的推广应用，加速了原子能工业的发展。原子能工业的中心问题是核燃料的产生、使用和回收。而核燃料循环的各个阶段均会产生"三废"，这会给周围环境带来一定程度的污染，其中最主要的是对水体的污染。

3. 医疗照射

由于辐射在医学上的广泛应用，医用射线源已成为主要的人工污染源。辐射在医学上主要用于对癌症的诊断和治疗方面。这些辐射大多数为外照射，而服用带有放射性的药物则造成了内照射。

4. 其他

其他辐射污染来源可归纳为两类：一是工业、医疗、军队、核动力舰艇或研究用的放射源，因运输事故、偷窃、误用、遗失以及废物处理等失去控制而对居民造成大剂量照射或污染环境；二是一般居民消费用品，包括含有天然或人工放射性核素的产品，如放射性发光表盘、夜光表以及彩色电视机产生的照射，虽对环境造成的污染很低，但也有研究的必要。

### 二、放射性污染的控制

根据放射性只能依赖自身衰变而减弱直至消失的固有特点，对高放及中、低放长寿命的放射性废物采用浓缩、贮存和固化的方法进行处理；对中、低放短寿命废物则采用净化处理或滞留一段时间待减弱到一定水平再稀释排放。

1．重视放射性废气处理

核设施排出的放射性气溶胶和固体粒子，必须经过滤净化处理，使之减到最小程度，符合国家排放标准。

2．强化放射性废水处理

铀矿外排水必须经回收铀后复用或净化后排放；水冶厂废水应适当处理后送尾矿库澄清，上清液返回复用或达标排放；核设施产生的废液要注意改进和强化处理，提高净化效能，降低处理费用，减少二次废物产生量。

3．妥善处理固体放射性废物

废矿石应填埋，并覆土、种植植被做无害化处理；尾砂坝初期用当地土、石，后期用尾砂堆筑，顶部需用泥土、草皮和石块覆盖；核设施产生的易燃性固体废物需装桶送往废物库集中贮存；焚烧后的放射性废物，其灰渣应装桶或固化贮存。

## 第四节　光污染、热污染及其防治

### 一、光污染及其防治

光对人居环境、生产和生活至关重要。但超量光子的生物效应包括热效应、电离效应和光化学效应均可对人体特别是眼部和皮肤产生不良的影响。人类活动造成的过量光辐射对人类和环境产生不良反应影响称为光污染。光污染包括可见光、红外线和紫外线造成的污染。

1．可见光污染

可见光污染比较常见的是眩光，例如汽车夜间行驶所使用的车头灯、球场和厂房中布置不合理的照明设施都会造成眩光污染。在眩光的强烈照射下，人的眼睛会因受到过度刺激而损伤，甚至有导致失明的可能。

杂散光是光污染的又一种形式。在阳光强烈的季节，饰有钢化玻璃、釉面砖、铝合金板、磨光石面及高级涂面的建筑物对阳光的反射系数一般在65%～90%，要比绿色草地、深色或毛面砖石的建筑物的反射系数大 10 倍，产生明晃刺眼的效应。在夜间，街道、广场、运动场上的照明光通过建筑物反射进入相邻住户，其光强有可能超过人体所能承受的范围。这些杂散光不仅有损视觉，而且还能导致神经功能失调，扰乱体内的自然平衡，引起头晕目眩、食欲下降、困倦乏力、精神不集中等症状。

2. 红外线污染

红外线是一种热辐射，对人体可造成高温伤害。较强的红外线可以灼伤人的皮肤和视网膜；波长较长的红外线可灼伤人的眼角膜；长期在红外线的照射下，可以使人罹患白内障。

3. 紫外线污染

紫外线对人体的伤害主要是眼角膜和皮肤。造成眼角膜损伤的紫外线波长为 250 ~ 305nm，其中波长为 280nm 的作用最强。紫外线对皮肤的伤害作用主要是引起红斑和小水疱；对眼角膜的伤害作用表现为一种称为畏光眼炎的极痛的角膜白斑伤害。

光污染的防护对策主要有以下几个方面。

（1）在城市中，除需限制或禁止在建筑物表面使用隐框玻璃幕墙外，还应完善立法加强灯火管制，避免光污染的产生。

（2）在工业生产中，对光污染的防护措施包括：在有红外线及紫外线产生的工作场所，应适当采取安全办法，如采用可移动屏障将操作区围住，以防止非操作者受到有害光源的直接照射等。

（3）个人防护光污染的最有效的措施是保护眼部和裸露皮肤勿受光辐射的影响，为此佩戴护目镜和防护面罩是十分有效的。

## 二、热污染及其防治

在生产和生活中有大量的热量排入环境，这会使水体和空气的温度升高，从而引起水体、大气的热污染。

1. 水体热污染

水体热污染主要来源于含有一定热量的工业冷却水。工业冷却水大量排入水体，势必会使水体温度升高，对水质产生影响。

热污染对水体的水质会产生影响。当温度上升时，由于水的黏度降低，密度减小，从而可使水中沉淀物的空间位置和数量发生变化，导致污泥沉积量增多。水温升高，还引起氧的溶解度下降，其中存在的有机负荷会因消化降解过程增快而加速耗氧，出现氧亏。此时，可能使鱼类由于缺氧导致难以存活。同时水中化学物质的溶解度提高，并使其生化反应加速，从而影响在一定条件下存活的水生生物的适应能力。在有机物污染的河流中，水温上升时一般可使细菌的数量增多。另外，水温变化对鱼类和其他冷血水生动物的生长和生存都会有一定的影响。

对于水体的热污染可通过以下几个方面的措施进行防治：加强水体观察，将热监督作为重要的常规项目，制定废热排放标准；提高降温技术水平，减少废热排放量；对水体中排入废热源进行综合利用。

2．大气热污染

人类使用的全部能源最终将转化为一定的热量逸散入大气环境之中。向大气排入热量对大气环境造成的影响主要表现在以下两个方面：一方面，燃料燃烧会有大量二氧化碳产生，使大气层温度升高，引起全球气候变化；另一方面，由于工业生产、机动车辆行驶和居民生活等排出的热量远高于郊区农村，所形成的热岛现象和产生的温室效应会给城市的大气环境带来一系列不利影响，特别是在静风条件下，热岛造成的污染将终日存在。

为了降低废热排放对大气环境的影响，可通过以下几个方面的措施进行防治：增加森林覆盖面积，在城市和工业区有计划地利用空闲地种植并扩大绿化面积；积极开发和利用洁净的新能源，这类新能源的推广应用必将起到积极减少热污染的作用；改进现有能源利用技术，提高热能利用率。

# 第七章  固体废物的分类、收集与管理

## 第一节  城市生活垃圾的收集与运输

### 一、城市垃圾收运和处理概况

1. 城市垃圾收运的发展状况

面对由于生活垃圾所造成的城市环境质量不断下降，城市垃圾治理和消纳出路严重困难的现实，各国都逐渐重视城市垃圾基本性质的研究，并根据本地实际情况和掌握的本底资料论证和制订城市垃圾综合治理对策，选择适用处理工艺；同时，根据城市环境卫生科学化管理的要求制订垃圾收运处理计划，建立和改善城市垃圾收运系统、城市垃圾卫生收集、运输和处理等专用设备的设计，制造和应用也逐渐纳入正轨。

工业发达国家的城市化进程较快，城市垃圾污染和威胁城市环境的矛盾更为突出。为维护和提高城市环境质量，减少环境污染，这些国家的城市很重视改善和提高城市垃圾的机械化收运水平和废物的卫生处理水平。经过多年的努力，既研制和利用了多种机械化、卫生化程度较高的废物收集、运输工具，发展和应用了各种卫生化水平较高的处理工艺，也形成了比较科学的城市垃圾综合治理体系。城市公共卫生设施、厕所、小便池、化粪池、倒粪池、垃圾管理站、生活垃圾桶、垃圾箱、集装容器、垃圾间、废物箱和环境卫生工程设施（垃圾粪便码头、中转站、临时堆放场）等的设计制造也取得了很大进展，其主要特点是：垃圾收集逐步由随意堆放向容器化发展，并且提倡和实施分类收集，促进了有用物质的回收利用，减少了城市垃圾的混合收集量。垃圾运输工具从手推车、马车发展到机动车，从普通卡车发展到各种类型的密闭式垃圾车；多层和高层建筑的废物排放装置与建筑物结构和建筑群体协调匹配，更有利于城市垃圾的排放和机械收运。少数城市在部分地区建设了气动垃圾排放装置，进行了垃圾排放自动化、全密闭化的尝试。城市道路路面清扫和日常保洁也从人工清扫作业逐步过渡到各类专用机械的机械化清扫作业方式。

各类清扫机械的性能有了较大提高，初步形成了适应不同路面、场所、气候的清扫机械系列。城市垃圾处理从简单、不卫生的露天堆放、简易堆肥、直接填埋等消纳方式，发展到规模较大、机械化、卫生化水平较高的各类处理工艺。各国都根据国情建设了一批垃圾焚烧厂、卫生填埋场、机械化堆肥厂、综合利用处理厂等处理设施，初步形成了以填埋、焚烧、堆肥为主体的治理系统。填埋、焚烧、堆肥技术在原有基础上不断改造提高，更加成熟，新废物处理工艺的研制工作也在稳步实施。垃圾热解法正逐步由研究试验阶段向实用阶段转化。总之，各国城市垃圾治理率在减量化、资源化、无害化治理方针指导下不断提高。

发展中国家的城市垃圾收运和处理技术受经济、技术、垃圾基本性质等各方面条件的制约发展比较缓慢，现处于发展提高阶段，而且国与国、地区与地区之间发展不平衡，垃圾治理水平和治理率差别很大。在城市垃圾收运方面，收集除使用简易容器之外，也逐渐配备使用较新型的收集容器。垃圾收运主要依靠普通卡车和其他运输工具。虽然近几年，收运车辆也正迅速向密闭式发展，但是与工业发达国家相比，垃圾收运的机械化水平还存在很大差距。在城市垃圾消纳处理方面，发展中国家主要采用填埋、堆肥和废品回收等比较简单的处理方法。由于经济条件和垃圾质量等方面的原因，这些国家很少建设大型垃圾焚烧装置和机械化程度较高的堆肥装置。在现阶段，城市垃圾的收运机械化和处理卫生化程度还比较低。

发展中国家正在学习和借鉴发达国家综合治理城市垃圾的技术和经验，结合本国实际情况研制适用环卫专用机具和废物无害化处理工艺。在改善环境质量，综合治理城市垃圾方面取得了显著成果，有效地提高了城市环境质量，改善了城市环境卫生面貌。

新中国成立以来，我国城市建设发展很快，城市人口大幅度增长，城市居民的消费水平不断提高，城市垃圾的产量以每年10%的速度增长，垃圾的物理化学成分也因能源结构、饮食结构、生活水平的变化而随之改变。最近几年，我国各城市垃圾收运的机械化水平和无害化处理水平提高很快，尤其是在环境卫生科学研究取得可喜成果的基础上，各类垃圾收集容器和密闭式垃圾收集车在许多城市得到应用。落地式垃圾堆放站在大城市市区基本取消，或由较大容器取代，或由机械化程度较高的垃圾集运站取代，垃圾收集过程的环境污染得到解决。条件较好的城市开始建设规模较大、机械化水平较高的环卫工程设施，堆肥场、填埋场、焚烧厂等在一些城市正在或准备建设。但是大、中、小城市之间差别很大。大、中城市配备了大量密闭式垃圾车和各类垃圾桶箱等收集容器，叉车也在一些城市得到应用，但是大多数小城市和部分中型城市仍主要依靠普通卡车收运垃圾。垃圾转运主要是普通露天中转场，只有少数城市计划或开始使用机械化垃圾转运站。

2．城市垃圾收运过程中的卫生问题

城市垃圾收集过程中产生的卫生问题，主要反映在收集过程和收集器具等方面。过去我国许多城市采用垃圾的场地堆放法，城市居民把垃圾直接堆积在地面上，虽然限定时间、地点，但是人工装卸垃圾时产生了许多卫生问题，造成了垃圾堆放物周围环境的严重污染。最近几年，我国许多城市配备了各类垃圾桶（箱）等专用收集容器，这是城市垃圾收集的一大进步，有效地改善了城市垃圾的收运条件，也为进一步提高城市垃圾收运的机械化水平奠定了基础。

经过几年的实践，容器收集垃圾与垃圾落地堆放相比较，垃圾收集的卫生条件有了明显改观，改善了城市环境状况，但是也暴露了一些弱点，因而在垃圾收集过程中应重视垃圾桶的停放位置和它的收集位置。一般以不把垃圾容器放在大街旁为宜，并应采取相应的技术措施。

据资料分析，各国的城市垃圾中，植物性和动物性残渣含量很高，大约占10%～20%。在停放垃圾桶（箱）等容器时，这些成分腐败，发臭污染环境。这类垃圾成分既有食物，也有发酵物质。各类垃圾试验都证实，它含有细菌，并且能传播到人、家禽和食物上，危害人群健康。

据城市垃圾收运调查，在垃圾中觅食的动物主要是昆虫（飞虫和苍蝇）、老鼠、黑家鼠、狗和猫等。昆虫类多数是苍蝇。城市垃圾中含有许多适于它孵化的基质，因而易于繁殖且数量很大。孵化的苍蝇随垃圾一起运走。在垃圾填埋场和堆肥厂的输料带上及其他垃圾堆放场所都可以观察到。新鲜垃圾中有许多蛆，在垃圾容器或直接接触垃圾的环境内（停放垃圾桶和收集垃圾剩料的地方）也有许多蛹。如果在垃圾收运过程中不妥善处理，势必造成有害动物孳生，尘土飞扬，臭气四溢，严重污染城市环境，危害人群健康。现在各城市学习国外经验，配备了带盖的密闭容器。在垃圾容器收集垃圾过程中，使垃圾桶经常处于密闭状态，使各类动物很少有在垃圾桶活动觅食和传播病菌的机会。

在世界各国城市使用容器收集垃圾的实践中，有两个问题是很严重的：一是垃圾容器常处于敞开状态，使异味散出，污染空气，昆虫飞出，传播疾病；二是垃圾桶装载过满，且有撒溢现象，致使容器停放处周围布满垃圾。垃圾桶过满问题在我国许多城市也很严重，常出现垃圾容器不盖，垃圾外溢等现象。造成垃圾容器满溢现象很多，主要是：垃圾容器容积太小，数量不足；收集工作不及时，管理不善；居民不能遵守收集法。

在城市垃圾收运系统中，收集清运工人应特别注意收集容器的数量和使用状况。

如果收集容器在密闭和无尘清除时有缺陷，城市环境卫生部门或容器所有者就应及时采取措施，或对垃圾桶进行有效修复或购置新桶，同时要不断改造垃圾桶的使用状况。在使用原箱容器收集垃圾时，要特别注意它的质量状况。由于这类容器在收集车上装配时间较长，它的缺陷也便于鉴别。如发现问题，需及时采取措施。目前，城市垃圾内的一次性包装物品的含量迅速增长，这类垃圾的卫生收集也应引起重视。抛弃这类垃圾时，最好将其装入纸袋或塑料袋。袋口要扎紧，不能随意丢弃，以避免它对垃圾工人和小孩造成危害。

为了改善城市垃圾收集的卫生条件，使上述弊病得以减少或避免，一般可以采取下列措施。居民在住宅内使用的垃圾桶（箱）最好是带盖的，这样在存放垃圾时，可使桶处于密闭状态，避免垃圾容器在住宅内散发臭味。垃圾在住宅内存放时间不宜过长，居民应及时将桶内的垃圾倒入街旁的垃圾容器，倾倒完垃圾后，要及时冲刷垃圾容器，以使其始终保持卫生状态。在住宅内要特别注意易分解厨房垃圾的卫生存放问题，尽量降低它对住宅卫生的影响。尤其在夏季，垃圾在住宅内存放时间过长，就会造成腐败发臭孳生蝇蛆，也会使垃圾容器过满，引起许多住宅内的卫生问题。家庭废物中的纸板、塑料容器和玻璃容器等最好能够分类存放，集中出售给废品回收部门，这样既可避免各类成分相互混杂，相互黏附，降低可再利用产品的质量，也可以简化处理程序，降低处理成本。在我国，城市居民的居住面积相当紧张，放几个容器或较大容器较为困难，因此，应及时倾倒垃圾，并随时冲刷收集容器。

垃圾在容器内存放，会有一些黏附物质残留在各类垃圾容器内，如不及时清除会造成苍蝇孳生的条件，也会造成桶体腐蚀，散发臭味。因而要提倡垃圾容器（包括垃圾桶、垃圾箱、大型垃圾容器和其他各类垃圾容器）净化。根据国外净化垃圾容器的经验，一般每周净化一次即可，但从公共卫生角度看，最好倾卸一次垃圾就进行一次桶体净化。

我国各城市的垃圾桶净化还不普遍，也没有桶体保洁制度，致使各城市的垃圾桶桶体腐蚀比较严重，三年左右就需要更新。在工业发达国家，各城市普遍进行垃圾容器净化保洁，而且研制了桶体净化冲洗车，提高了垃圾容器净化的速度和质量。从国外城市垃圾容器净化保洁的经验分析，及时净化垃圾桶，对改善垃圾的存放条件，延长容器使用寿命，改善容器停放地的环境条件都是非常必要的。国外在实施容器净化过程中，也存在一些矛盾，主要是垃圾容器冲洗车的净化能力与垃圾车的倾卸能力不协调，例如：一辆容器冲洗车每天可以净化 500 ~ 600 个垃圾桶，而垃圾车每天可以倾倒 9000 个垃圾桶，这就使相当一部分垃圾容器得不到及时净化，而增添容器冲洗车就会提高城市垃圾的收运成本，这个矛盾长期没有完全解决。

为了改善城市垃圾收集的卫生条件，街道、广场和建筑物等公共场所的垃圾箱是必需的公共卫生设施，垃圾箱应是密闭的、美观的。它只适于接收城市居民随手抛弃的小型垃圾。各种公共场所配备的垃圾箱形状和颜色要美观大方，并且应与周围环境协调。

在城市垃圾运输环节中，运输车清运过程中扬尘和撒落垃圾是造成公共卫生问题的主要原因，随着垃圾车向密闭式的转变，使这个问题基本得到解决。目前，在垃圾运输环节对环境危害最大的是垃圾转运站。一般来说，转运站存放垃圾的时间比容器要长，存储量也较大，而且要进行机械装卸作业或对城市垃圾进行必要的预处理，因此，造成环境污染的机会就相应增加。垃圾转运站主要通过噪声、臭味和空气污染造成对周围环境的危害。

我国现在还缺乏机械化程度很高的大型垃圾转运站，主要是条件相当简陋的垃圾中转场，对环境的危害相当严重，因此，改善我国城市垃圾转运过程的卫生条件是非常紧迫的问题。

此外，现有的垃圾收运体系还有一个缺点就是噪声的影响。叉车作业时噪声级为 100dB，多功能车为 85dB，铲车、密闭车作业时噪声级也较大。噪声不仅对环境产生影响，还会影响到操作工人的身心健康。

## 二、城市垃圾清运处理系统

### 1. 城市垃圾清运处理系统概述

城市垃圾清运处理系统由清扫保洁系统、垃圾收集系统、中转运输系统和垃圾处理系统四个子系统组成。其任务是对各类产生源产生的城市生活垃圾进行清扫收集、运输处理和回收利用。

### 2. 城市垃圾清运处理设施的基本组成

城市垃圾在产生后，就进入城市垃圾清运处理系统，有系统的设施设备来完成清运处理工作，其基本组成有：垃圾收集站、垃圾中转站、垃圾处理设施和最终处置设施。城市垃圾清运处理系统的组成及其作业流程如图 7-1 所示。

城市垃圾清运处理系统的各个子系统是由上述基础设施加上与之配套的设施设备和辅助系统组成的。例如，城市垃圾收集系统的基础设施是垃圾收集站，其配套设施包括垃圾收集点、垃圾收集车、垃圾收集容器等，其辅助系统包括清扫保洁系统、废品回收系统。

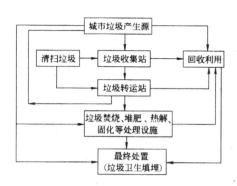

图7-1  城市垃圾清运处理系统的组成及其作业流程

### 三、城市垃圾收集设施系统

一个城市每天产生的垃圾量是非常庞大的，如果这些垃圾不能有效及时地处理掉的话，将会对居民生活及城市市容带来非常恶劣的影响，因此，城市垃圾收运是城市垃圾处理系统中相当重要的一个环节，其耗资最大，操作过程也最复杂。据统计，垃圾收运费要占整个处理系统费用的60% ~ 80%，可见其重要地位。城市垃圾收运的原则是：首先应满足环境卫生要求，其次应考虑在达到各项卫生目标的同时，费用最低，并有助于降低后续处理阶段的费用。因此，科学地制订合理的收运计划以此来提高收运效率是非常必要与关键的。

城市垃圾收运并非单一阶段操作过程，通常需包括三个阶段。第一阶段是从垃圾发生源到垃圾桶的过程，即搬运与贮存（简称运贮）。第二阶段是垃圾的清除（简称清运），通常指垃圾的近距离运输。一般用清运车辆沿一定路线收集清除容器或其他贮存设施中的垃圾，并运至垃圾中转站的操作，有时也可就近直接送至垃圾处理厂或处置场。第三阶段为转运，特指垃圾的远途运输，即在中转站将垃圾转载至大容量运输工具上，运往远处的处理处置场。后两个阶段需应用最优化技术，将垃圾源分配到不同处置场，以使成本降到最低。

1. 城市垃圾收集方式

城市垃圾收集是城市垃圾清运处理系统的一个重要组成部分，科学合理地进行垃圾收集设施规划对建设城市垃圾清运处理系统具有十分重要的意义。如果收集工作开展不力的话，后续的一系列工作将受到非常大的阻碍。世界各地现行的城市垃圾收集方式主要分为混合收集和分类收集两种类型，其中混合收集应用广泛，历史悠久。

从 20 世纪 60 年代开始，由于资源和能源紧张，各国政府和人民对废物的认识有所转变，城市垃圾开始被视为可以回收利用或综合利用的原料，成为治理城市垃圾的目标之一。许多国家研究和实施废物利用的途径，采取适宜的收集方法，直接分类回收城市垃圾中的有用物质，或借助堆肥、焚烧等各类工艺将垃圾转化成肥料和能源，达到垃圾资源化的目的。因此，在垃圾收集方面普遍要求城市居民在住宅内将废纸、废金属、废玻璃、废塑料等有用废物分类存放，或投 Tv 专用收集容器，以实现有用物质的二次利用。同时，采取必要措施保证回收原料的销售市场，这种对垃圾和垃圾回收利用认识上的变化，也引起了城乡垃圾收集方式的改变，使混合收集方式逐步减少，分类收集方法得以推广应用。

混合收集指收集未经任何处理的原生垃圾的收集方式，它的优点是比较简单易行，收集费用低，但是在混合收集过程中，各种垃圾相互混杂、黏结，降低了垃圾中有用物质的纯度和再利用价值，同时增加了各类处理工艺的难度，提高了处理费用。要实现垃圾资源化，使各类垃圾都得到有针对性的治理利用，需要在各类垃圾处理工艺流程中配备破碎、压缩和分选装置，因为一种分选装置只能分选一种特定的物质，所以垃圾处理工艺的预处理机械组合一般都比较复杂。

分类收集是指按垃圾组分收集的方法，这种方法可以提高回收物料的纯度和数量，减少需处理的垃圾量，因而有利于垃圾的进一步处理和再利用，并能够较大幅度地降低垃圾的运输及处理费用。在现阶段，各国采用的垃圾分类收集方法主要是将可直接回收的有用物质和其他垃圾分类存放（产生源分类收集法），分类回收的废金属、废纸、废塑料、废玻璃等可以直接出售给有关厂家作为二次利用的原料，然后再把其他有机垃圾和无机垃圾分类收集，使其经过不同的工艺处理后得到综合利用。

分类收集优点很多，它是降低垃圾处理成本，简化处理工艺，实现综合治理的前提。然而各城市垃圾收集的实践证明，真正实现分类收集相当困难，尤其是分类收集的组织工作非常复杂，而且需要依靠宣传教育、立法并附以相应的垃圾分类收集条件，提高城市居民主动分类存放、集中出售有用物质的积极性。在一个城市推行分类收集，首先要依靠严密的组织，并采取有效措施，使分类收集的推广实施能够持续发展下去。

混合收集和分类收集方式都需要通过不同的收集方法来实现。选择何种收集方法并制订何种制度，一般应考虑下列因素：垃圾的产生方式、垃圾的种类、公共卫生设施和设备的完善程度、地方条件和建筑性质、卫生要求程度、处理处置方式等。

一些工业发达国家，为了实现垃圾资源化，积极提倡城市垃圾的分类收集。许多发达国家在废电器、废玻璃、废纸、废塑料的分类收集和回收利用上有很成功的经验，并且获得了较好的经济效益。城市街道旁配备专门收集废纸、废玻璃等的专用容器，容器上标明收集物的品名，目前，国内有些城市也开始采取类似的措施来进行垃圾分类收集。有的城市将特制塑料袋、塑料容器等免费提供给居民，以利于住宅内的分类收集。除分类收集有用废物之外，还要单独收集电池、废药品、废漆、染料等特殊废物，严禁这类废物进入混合收集过程，以避免造成污染，增加处理工艺的难度。

由于我国人民具有勤俭节约的传统，过去在城市垃圾的回收利用上有良好传统，曾得到各国的好评。分类收集给废品回收利用奠定了基础。全国从上到下有比较完整的回收系统，各城市都设有若干废品回收门市部，统归废品回收公司领导。城市居民在日常生活中，随时把废纸、废金属和玻璃瓶等各类有用物质分类存放，集中出售给废品门市部。回收的废品发挥了很好的经济效益。

目前，我国个体固体废弃物回收者已经自成体系，初步估计约有 20% 以上的城市垃圾经由个体废物回收系统得到资源化和减量化处理，相比发达国家，我国城市垃圾的回收利用率并不低。

但是我国目前对个体废物回收行业缺乏有效的管理，无序竞争现象十分严重，个体废物回收者中掺杂着大量的无业流民，成为社会不安定因素，引起居民的不满。因此，环卫管理部门应该尽快制定相关法规和条例，加强对个体废物回收行业的管理，并以引导为主，避免伤害现有的个体废物回收系统。环卫管理部门和其他相关部门应该在现有废物回收系统基础上，通过加强对个体废物回收行业的管理，使其形成完善的私营资源回收系统，并实行资源回收经营许可证制度。

经过分类收集后，抛弃在排放点的城市垃圾中，可再利用物质的含量相当低。为适应垃圾处理和综合利用的需要，尽量降低分选费用，提高回收的各类有用成分的纯度，我国已把城市垃圾的分类收集作为现阶段城市垃圾收运的技术政策。一些城市已开始尝试在实行有用物质分类存放、回收和利用的基础上，进一步研究和推行有效的分类收集方法。

2．城市垃圾收集系统

城市垃圾收集系统的类型及其特点和城市经济发展水平、城市工业化水平、人口数量和素质、居民的生活习惯、城市的商业化程度等因素有关。

世界各国的城市垃圾收集系统运输基本上都是由市政部门和私营公司共同承担，但是总体说来，以市政部门为主，私营企业为辅。在经济发达国家，城市垃圾的收集以方便居民为主要原则，垃圾站均设立在居民进出住宅的必经点，除大件垃圾外，其余垃圾均可随时投入垃圾收集点设置的垃圾容器内。

目前，多数国家仍采用混合收集方式收集垃圾。居民将各种垃圾混合装入垃圾袋后送入垃圾站的垃圾桶内，由垃圾清运部门的垃圾收集车运走，再进行分选和预处理，以回收利用，再处理处置。也有少数国家采用分类收集方式收集垃圾，居民将垃圾分类，装入不同颜色的垃圾袋，在投入分类垃圾桶内，由垃圾清运部门的分类垃圾车将垃圾运走。

但是无论是混合收集还是分类收集，各国的垃圾收集系统都具有一些共同的特征。从收集系统所使用的基本收集设施可将常用的垃圾收集系统分为六类：住宅楼垃圾管道收集系统、垃圾容器间收集系统、气力抽吸式垃圾管道收集系统、散点垃圾容器收集系统、露天垃圾容器收集系统和集装箱收集系统。

（1）住宅楼垃圾管道收集系统

其主要设施为重力式垂直垃圾道和垃圾容器间，是一种密闭化垃圾收集系统，多见于高层住宅区和多层住宅区。如图 7-2 所示，住宅生活垃圾袋由居民从垃圾倾倒口置入垃圾道内，垃圾下落到底部垃圾容器间的垃圾出口，通过斜置管道滑入垃圾容器内，保洁员按照定好的时间将垃圾桶送至路边的垃圾装车点，然后由垃圾车运往垃圾中转站或者垃圾处理点。

**图7-2　住宅楼垃圾管道收集系统流程图**

早期的垃圾容器间一般设置在一楼或者地下室内，由于地下室内垃圾桶的进出不太方便，新建住宅区的桶装垃圾屋一般设置在一楼，由门房或者专职清洁工人负责管理。垃圾容器间通常设置在交通道路附近，到路边垃圾装车点的距离一般不超过 50m。

（2）垃圾容器间收集系统

这是一种以垃圾容器间为基本设施的密闭化垃圾收集体系，多见于高层住宅区和多层住宅区。如图 7-3 所示，住宅生活垃圾袋由居民从垃圾送入垃圾容器间的垃圾桶内，保洁员按照定好的时间将垃圾桶送至路边的垃圾装车点，然后由垃圾车运往垃圾中转站或者垃圾处理点。

**图7-3　垃圾容器间收集系统流程图**

对于多层住宅区，垃圾容器间一般设置在一楼，由门房或者专职清洁工人负责管理。对于底层住宅区，垃圾容器间一般设置在室内停车场或者住宅楼内，也有在露天停车场附近单独建设的，由负责公共卫生的专职保洁人员负责管理。

（3）气力抽吸式垃圾管道收集系统

这是一种以真空涡轮机和垃圾输送管道为基本设备的密闭化垃圾收集方式。该系统的主要组成部分包括垃圾倾倒口、垃圾管道、垃圾通道阀、气力输送管道、机械中心和垃圾收集站。目前，世界上只有少数发达国家采用这种收集方式，主要用于收集医院、住宅区、商业区生活垃圾。

其收集系统流程如图7-4所示。住宅楼的每个楼层均设有垃圾倒口间，居民将散装垃圾从容量为 $0.025m^3$ 的垃圾接受槽内投入到垃圾通道内，袋装垃圾从垃圾倒口间的袋装垃圾投入口投入到垃圾通道内。垃圾投入依靠自重下滑并集中在通道阀上，倾卸到通道底部的垃圾接收间。垃圾达到一定的容积后，监测系统会自动发出信号，垃圾通道阀和气力输送系统自动开启，垃圾由气力输送管道输送到垃圾收集站的机械中心。垃圾在机械中心由气体分离器分离，然后在容积为 $20m^3$ 的垃圾集装箱压实装箱。卸料后的含尘输送空气经过旋风分离器和湿式除尘器二级除尘后，通过鼓风机，再经过缓冲器，活性炭除臭过滤装置后，由高空排气管道排空。

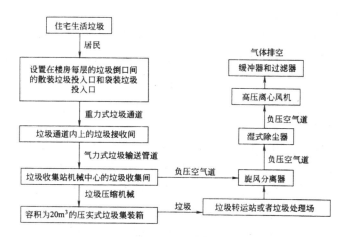

**图7-4　气力吸收式垃圾管道收集系统流程图**

大型的气力抽吸式垃圾管道收集系统可设置数百个垃圾投入孔通道阀，可收集数千住宅的生活垃圾。但目前大型管道气力抽吸系统仅设置十来个垃圾投入孔通道阀，用于收集医院传染病房的生活垃圾。这种垃圾收集系统技术先进，但是所需投资较大，运行成本较高。

（4）散点垃圾容器收集系统

多见于疏松的独户居民住宅。垃圾容器放置于独户住宅门口的道路旁，生活垃圾袋装后由居民送入放置于露天的垃圾容器内，然后由垃圾收集车运往垃圾转运站或者垃圾处理场。

这种系统主要存在于市郊村镇的独户居民住宅，其特点是垃圾桶一般由住户按照环卫部门指定的规格自己购买，对垃圾桶密封要求高，露天垃圾桶一般由居民自己负责管理，每天按照定好的时间将垃圾桶送至户外垃圾车将经过的道路旁。

（5）露天垃圾容器收集系统

这是一种以露天垃圾收集点为基本设施的垃圾收集系统，多见于疏松型的底层住宅区或者较为密集的独户住宅区。住宅生活垃圾袋装后由居民送入放置于露天垃圾收集点的垃圾容器内，然后由垃圾车运往垃圾处理场。

露天垃圾收集点一般设置在住宅区居民进出道路的两侧，位于垃圾收集车必须经过的道路附近，收集点场地一般为水泥地面，四周设置有排水沟。这种方式主要存在于市郊村镇的居民住宅区，其特点是垃圾站内设置的垃圾容器数量较少，对垃圾桶密封要求高。露天桶装垃圾站一般由负责道路清扫的清洁工人或者由定好的兼职人员负责管理。

（6）集装箱收集系统

是一种以垃圾集装箱为主要设备的密闭化垃圾收集系统，垃圾集装箱设置于住宅广场、商业区广场和企事业单位内。生活垃圾袋装后直接送入垃圾集装箱内，垃圾装满后，由集装箱运车运往垃圾转运站或垃圾处理场。

根据用途和数量要求的不同，垃圾集装箱有多种类型，最常用的为普通垃圾集装箱和积压式垃圾集装箱。

普通垃圾集装箱容积一般为 $5 \sim 20m^3$ 不等，可根据各地点不同垃圾产生量和不同类型垃圾运输车设置不同容积和不同性状的垃圾集装箱。垃圾满容后，由起重吊装式垃圾车或者双臂吊装式垃圾车运往垃圾处理场或者垃圾中转站。由于普通垃圾集装箱容积小，没有配备垃圾压实装置，一般运输距离应该小于 25km。当多个普通垃圾集装箱设置于相近地点时，也可配备移动式垃圾压缩设备。挤压式垃圾集装箱容积一般在 $20 \sim 40m^3$ 之间，垃圾集装箱本身装有挤压式设备，接通电源后可以使用，其运输车辆一般为卷扬提升式车或者卷臂提升式垃圾车。由于挤压式垃圾集装箱容积较大，且配备有垃圾压实装置，装载量较大，运距可达 30km。

从垃圾收集系统服务的对象分，可以将垃圾收集系统分为如下两大类。

一类是居民住宅区垃圾收集系统。

1）低层居民住宅区垃圾搬运。一般有两种搬运方式。①由居民自行负责将产生的城市垃圾自备容器搬运至公共贮存容器、垃圾集装点或垃圾收集车内。前者对居民较为方便，可随时进行，但若管理不善或收集不及时会影响公共卫生。后两者有利于环境卫生与市容管理，但常有时间限制，对居民不便。②由收集工人负责从家门口或后院搬运垃圾至集装点或收集车。这种方法对于居民来说显然是极为方便的，居民只需支付一定的费用即可将家中的垃圾清运出去，但环卫部门却要耗费大量的人力和作业时间。因此，该法目前在国内尚难推广，一般在发达国家的单户住宅区使用较多。

2）中高层公寓垃圾搬运。一些老式中层公寓或无垃圾通道的公寓楼房的垃圾搬运方式类似于低层住宅区，对于居民来说搬运垃圾很是不便。多数中高层公寓都设有垃圾通道，住户只需将垃圾搬运至通道投入口内，垃圾靠重力落入通道低层的垃圾间。粗大垃圾需由居民自行送入底层垃圾间或附近的垃圾集装点。这种方式需要注意避免垃圾通道内发生起拱、堵塞现象。近年来，在国外正逐步推广使用小型家用垃圾磨碎机（国内少数大城市也已试点介绍应用），专门适合处理厨余物，可将其卫生而迅速地磨碎后随水流排入下水道系统，减少了家庭垃圾的搬运量（约可减少15%）。

家庭压实器倒是一个例外，这种装置通常放在厨房灶台下面，它能将大约9kg的垃圾压入到一个专用袋内，成为很方便的块体，然后再把袋子放到路边。

另一类是商业区与企业单位垃圾收集系统。

商业区与企业单位的垃圾一般由产生者自行负责搬运，环境卫生管理部门进行监督管理。当委托环卫部门收运时，各垃圾产生单位使用的搬运容器应与环卫部门的收运车辆相配套，搬运地点和时间也应和环卫部门协商而定。

3．城市垃圾收集清运设施的规划

（1）城市垃圾收集清运设施规划的要求

1）城市垃圾收集设施规划的总体要求。城市垃圾的收集应该以方便居民生活和垃圾收集作业为目标，是任务繁重、耗资较多的一个重要环节。因此，进行垃圾收集设施规划的时候，要科学合理地设置城市垃圾收集点和城市垃圾收集车的作业路线。

城市垃圾收集设施应该符合布局合理、美化环境、方便使用、整洁卫生和有利于城市垃圾清运处理作业等要求，并应与旧区改造、新区开发和建设同时规划、同时设计、施工、验收和使用。

城市垃圾收集设施应与城市垃圾的中转、运输、处理、利用等设施和基地统一规划，配套设置。其规模与形式由日产量、收集方式和处理工艺确定。

城市垃圾收集设施的建设应该列入城市建设计划，所需建设经费由建设单位负责。城市垃圾收集设施的维护和维修由设施的产权单位负责。原有城市垃圾收集设施需改造或者迁建时，必须同时制订和落实改建或者迁建计划后方可实施。

2）城市垃圾收集管道的设置要求。多层及高层建筑中排放、收集生活垃圾的垃圾管道包括倒口、管道、垃圾容器、垃圾间。垃圾管道应该满足机械装车的需要。

垃圾管道应该垂直，内壁应该光滑无死角。内径应该按照楼房的层数和居住人数确定，并应符合下列要求：①多层建筑管道内径 610 ~ 800mm；②高层建筑（20层以内，含 20 层）管道内径 800 ~ 1000mm；③超高层建筑内径不小于 1200mm；④管道上方出口需高出屋面 1m 以上，管道通风口要设置挡灰帽。

垃圾管道应该采取防火措施，其设计和建筑应该符合有关防火规定。垃圾管道在楼房每层应该设置倒口间，但不得设置在生活用房内。倒口间应密闭，并便于使用，维修和管道清理。

垃圾管道底层必须设有专用垃圾间，高层垃圾管道的垃圾间内应安装照明灯、水嘴、排水沟、通风窗等。北方地区应考虑防冻措施。

气力输送垃圾管道系统宜用于高级住宅楼、办公楼及商贸中心。

3）垃圾的贮存容器。由于城市垃圾产生量的不均性及随意性，以及对环境部门收集清运的适应性，需要配备城市垃圾贮存容器。垃圾产生者或收集者应根据垃圾的数量、特性及环卫主管部门要求，确定贮存方式，选择合适的垃圾贮存容器，规划容器的放置地点和足够的数目。贮存方式大致可分为家庭贮存、街道贮存、单位贮存和公共贮存。

其要求如下：

供居民使用的生活垃圾容器以及袋装垃圾收集堆放点的位置要固定，既要符合方便居民和不影响市容观瞻的要求，又要有利于垃圾的分类收集和机械化清运。

生活垃圾收集点的服务半径一般不应该超过 70m。在规划建造新住宅时，未设垃圾管道的多层住宅一般每四栋设置一个垃圾收集点，并建造生活垃圾容器间，安置活动垃圾箱（桶生活垃圾容器间内应设置通向污水窨井的排水沟。

医疗垃圾和其他特种垃圾必须单独存放，垃圾容器要密闭并具有便于识别的标记。

（2）城市垃圾收集清运设施规划

垃圾清运阶段的操作，不仅是指对各产生源贮存的垃圾集中和集装，还包括收集清运车辆至终点往返运输过程和在终点的卸料等全过程。城市垃圾设施的规划主要内容有收集容器的规划（包括其选型、数量的确定）、城市垃圾收集管道的确定、清运操作方式、收集清运车辆类型和数量、装卸量及机械化装卸程度、清运次数、时间及劳动定员、清运路线和收集网点的设置。

1）城市垃圾收集容器的规划

①收集容器的分类和选型。垃圾贮存容器是盛装各类城市垃圾的专用器具。由于受经济条件和生活习惯等各方面条件的制约，各国使用的城市垃圾贮存容器类型繁多，形状不一，容器材质也有很大区别。国外许多城市都制订有当地容器类型的标准化和使用要求。按用途分类，垃圾贮存容器主要包括垃圾桶（箱、袋）和废物箱两种类型。垃圾桶（箱）是盛装居民生活垃圾和商店、机关、学校抛弃的生活垃圾的容器。垃圾桶（箱）一般设置在固定地点，由专用车辆进行收集。垃圾桶（箱）类型很多，可以按不同特点进行分类。按容积划分，垃圾桶（箱）可分为大、中、小三种类型。容积大于 $1.1m^3$ 的垃圾桶（箱）称为大型垃圾容器；容积 $0.1 \sim 1.1m^3$ 的垃圾桶（箱）称为中型垃圾容器；容积低于 $0.1m^3$ 的垃圾桶（箱）被称为小型垃圾容器。

按材质区分，垃圾桶（箱）分为钢制、塑制两种类型。这两种材质各有优缺点。塑制垃圾桶（箱）质量轻、比较经济但不耐热，而且使用寿命短。在塑制垃圾桶（箱）上一般会印有不准倒热灰的标记。与塑制容器相比，钢制容器重量较重，不耐腐蚀，但有不怕热的优点。为了防腐，钢制容器内部都进行镀锌、装衬里和涂防腐漆等防腐处理。居民区的垃圾桶一年四季都是很脏污的，夏季更是如此，这给工作人员的收运操作与清洗带来了很大的不便，而且肮脏的垃圾桶会孳生蚊蝇，影响居住环境，所以为了减少垃圾桶脏污和清洗工作等，已广泛提倡使用塑料袋和纸袋。对于使用者来说一次性使用的垃圾袋比较理想，卫生清洁，搬运轻便，纸袋可用从垃圾中回收废纸来制造。其缺点是比较易燃，且输送、处理成本较高。纸袋也有大小不同的容量（家用的为 $60 \sim 70L$，商业和单位用常为 $110 \sim 120L$），为装料方便需设置不同规格专门的纸袋架，装满垃圾后用夹子封口连袋送去处理。为了防止垃圾箱和桶内黏附垃圾，许多国家的城市采用水洗方法冲刷容器。这种净化措施能够及时清洗容器内残留物，既减轻了污物对容器的腐蚀，也避免了容器内黏结物散发臭味，有效地控制了环境污染。

收集过往行人丢弃废物的容器称为废物箱或果皮箱。这种收集容器一般设置在马路旁、公园、广场、车站等公共场所。我国各城市配备的果皮箱容积较大，一般是采用落地式果皮箱。其材质有铁皮、陶瓷、玻璃钢和钢板等。工业发达国家配备废物箱形式多样，容积比较小。为方便行人或候车人抛弃废物，废物箱悬挂高度一般与行人高度相应。在公共车站等公共场所配备废物箱一般也是落地式的。废物箱有金属冲压成型，也有塑料压制成型。

②选型依据。垃圾收集容器的选型依据是：容积适度，既要满足日常能收集附近用户垃圾的需要，又不要超过 1 ~ 3 日的贮留期，以防止垃圾发酵、腐败、孳生蚊蝇、散发臭味；密封性好，要能防蝇防鼠、防恶臭和防风雪，既要配备带盖容器，又要加强宣传，使城市居民在倾倒垃圾后及时盖上收集容器，而且要防止收集过程中容器的满溢；垃圾收集容器应易于保洁、便于倒空，内部应光滑易于冲刷、不残留黏附物质；由于垃圾中经常会含有一些腐蚀性的物质，因此垃圾桶应该耐腐；而且很多情况下贮存容器都设在公共场合，故而垃圾桶材料选择时要考虑到不能让其轻易燃烧。此外，容器还应操作方便、坚固耐用、外形美观、造价便宜、便于机械化清运。

国内目前各城市使用的容器规格不一。对于家庭贮存，除少数城市（如深圳、珠海等）规定使用一次性塑料袋外，通常由家庭自备旧桶、箩筐、簸箕等随意性容器；对于公共贮存、根据习惯叫法，常见的有固定式砖砌垃圾箱、活动式带车轮的垃圾桶、铁制活底卫生箱、车箱式集装箱等；对于街道贮存，除使用公共贮存容器外，还配置大量供行人丢弃废纸、果壳、烟蒂等物的各种类型的废物箱；对于单位贮存，则由产生者根据垃圾量及收集者的要求选择容器类型。

住宅区贮存家庭垃圾的垃圾箱或大型容器应设置在固定位置，该处应既靠近住宅、方便居民，又靠近马路，便于分类收集和机械化装车。同时要注意设置隐蔽，不妨碍交通路线和影响市容观瞻。

垃圾贮存容器有两种不同用途。一种是把容器设置在一定地点，用于收集一个地段的垃圾。这种容器在确定放置位置时应注意以下几点：比较靠近住宅；比较靠近清运车经过的收集路线；不妨碍主要交通路线；不影响市容观瞻。另一种是住宅内配置的小型容器，其使用方法是：居民住宅内使用一种小型容器，随时把垃圾运往固定收集点（大、中型收集容器），将垃圾倾倒后，再将容器收回，反复使用。大、中型容器由城市环卫部门收集清运；由环卫工人每天在一定时间内挨户收集。收集垃圾时，居民将各自容器中的垃圾倒入垃圾车内，然后送到垃圾集运站，再由环卫部门转运；由环卫部门无偿提供垃圾收集容器，居民定时将收集容器送到固定地点，再换回另一空容器，转换使用。垃圾车将盛满垃圾的容器收集换走。

③容器设置数量。容器设置数量对费用影响甚大，应事先进行规划和估算。某地段需配置多少容器，主要应考虑的因素为服务范围内居民人数、垃圾人均产量、垃圾容重、容器大小和收集次数等。

2）城市垃圾收集管道的规划。现代城市中高层建筑越来越多，为了方便居民搬送城市垃圾，这些建筑内常设垃圾通道。垃圾通道由投入口（倒口）、通道（圆形或矩形截面）、垃圾间（或大型接受容器）等组成。投入口通常设置在楼房每层楼梯平台，不能设置在生活用房内。投入口应注意密封，并便于使用与维修。有的在投入口设仓斗拉出后便把投入口与垃圾道切断，可防止臭气外溢。仓斗的尺寸远小于通道断面，使通道不易堵塞。通道内壁应光滑无死角，尽量避免垃圾在下滑的过程中堵塞通道。通道截面大小应按楼房层数和居住人数而定。在 $600mm \times 600mm$（或 $\phi 600mm$）~ $1200mm \times 1200mm$（或 $\phi 1200mm$）。通道上端为出气管，需高出屋面 lm 以上，并设置风帽，以挡灰及防雨水侵入。通道底层必须设置专门垃圾间（或大型垃圾间），注意密封，平时加盖加锁。高层建筑底层垃圾间宽大进深，有必要安装照明灯、水嘴、排水沟、通风窗等，便于清除垃圾死角及通风（北方地区垃圾间应有防冻措施）。

垃圾通道的设置方便了居民搬倒垃圾，但带来了一系列隐患：①通道易发生起拱、堵塞现象，当截面积设计较小、住户不慎倒入粗大废物时，容易发生这种情况，影响正常使用；②由于清除不及时、天气炎热、食物垃圾易腐败、倒口的腐蚀及密封不好、顶部通风不良等因素，常造成臭气外溢影响环境卫生；③某些居民图方便，自觉性差，往往不利于城市垃圾的就地分类贮存收集。

为了解决上述前两项不利因素，国外不少城市已采用管道化风力输送或水力输送来解决高层建筑垃圾的搬运与贮存问题。最早是瑞典开始用于医院垃圾的风力输送，进而推广到解决高层住宅，并有逐步推广到整个城市区垃圾的管道化收运系统的发展趋势。

气动垃圾输送装置主要由垃圾倾泻道下的底阀、用于垃圾输送的管道和带有分离器、高压鼓风机、消声器的机械中心组成。风力吸送装置的每天运转次数由住宅区各户抛弃垃圾的数量而定，并根据垃圾量决定出料次数，由水准报警器报告每次出料时间。城市垃圾的管道收运方法确实是一种清洁卫生的收运方式。

鉴于第三项不利因素，不少专家及环卫行业专业人士建议今后在新建中高层建筑时，不再设垃圾通道，并做好居民的工作，配合开展城市垃圾的就地分类搬运贮存方式。这方面有待于达成共识，并用于实践。

3）垃圾收集系统。目前城市住宅区内主要采用 2 种方式收集垃圾。①定时垃圾收集方式。生活垃圾袋被装好后，由居民送到每栋楼门口垃圾桶内，或由小区内清洁工上到每个楼层收集垃圾，环卫工人定时通过垃圾车把垃圾送到周围的垃圾收集站。②垃圾箱房收集方式。居民把生活垃圾放置于小区内设置的垃圾箱房内，通常是几栋高层住宅楼共享一个箱房，因为人们往往不愿意走近，所以经常在较远的地方就把垃圾扔过去，垃圾就容易散掉在外面。夏天，蚊蝇乱飞，细菌滋生，臭气熏天，造成与小区优美环境很不协调的垃圾污染。

根据垃圾运输操作方式不同，可以分为拖曳容器系统和定点容器系统。拖曳容器系统分为两种工作模式：简便模式和交换模式。

简便模式：收集点将装满垃圾的容器（垃圾桶）用牵引车拖曳到处置场（或转运站加工厂）倒空后再送回原收集点，车子再开到第二个垃圾桶放置点，如此重复直至一个工作日结束，如图7-5所示。

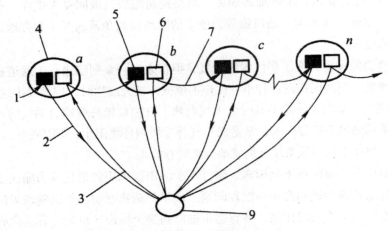

**图7-5　拖曳容器系统——收集简便模式**

1—牵引车从调度站出发到此收集线路一天的工作开始；2—拖曳装满垃圾的垃圾桶；3—空垃圾桶返回原放置点；4—垃圾桶放置点；5—提起装了垃圾的垃圾桶；6—放回空垃圾桶；7—开车至下一个垃圾桶放置点；8—牵引车回调度站；9—垃圾处理场或转运站加工厂；
a, b, c, n—各个垃圾桶放置点

交换模式：当开车去第一个垃圾桶放置点时，同时带去一只空垃圾桶，以替换装满垃圾的垃圾桶，待拖到处置场出空后又将此空垃圾桶送到第二个垃圾桶放置点，重复至收集线路的最后一个垃圾桶被拖到处置场出空为止，牵引车带着这只空垃圾桶回到调度站，如图7-6所示。

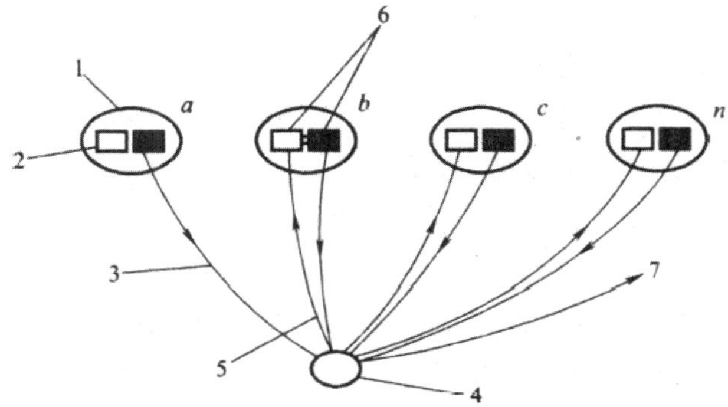

图 7-6　拖曳容器系统——收集交换模式

1—垃圾桶放置点；2—从调度站带来的空垃圾桶，一天收集线路的开始；3—从第一个垃圾桶放置点拖到处置场；4—处置场；5—出空垃圾桶送到第二个垃圾桶放置点；6—放下空垃圾桶再提起装了垃圾的垃圾桶；7—牵引车带着空垃圾桶回调度站；

a，b，c，n—各个垃圾桶放置点

固定容器系统，如图 7-7 所示。工作模式：垃圾桶放在固定的收集点，垃圾车从调度站出来将垃圾桶中垃圾出空，垃圾桶放回原处，车子开到第二个收集点重复操作，直至垃圾车装满或工作日结束，将车子开到处置场出空垃圾车，垃圾车开回调度站。

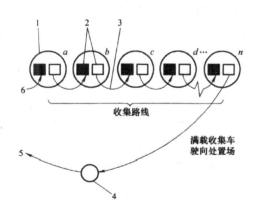

图 7-7　固定容器收集操作

1—垃圾桶放置点；2—放置点中垃圾桶出空到垃圾车上；3—垃圾车驶往下一个收集站；4—处置场或者中继站、加工站；5—垃圾回调度站或者进行新的行距；

6—垃圾车辆从调度站来，开始收集垃圾；a，b，c，d，n—各个垃圾桶放置点

4）收集车辆类型和数量

①收集车类型。不同地域各城市可根据当地的经济、交通、垃圾组成特点、垃圾收运系统的构成等实际情况，开发使用与其相适应的垃圾收集车。国外垃圾收集清运车类型很多，许多国家和地区都有自己的收集车分类方法和型号规格。尽管各类收集车构造形式有所不同（主要是装车装置），但它们的工作原理有共同点，即规定一律配置专用设备，以实现不同情况下城市垃圾装卸车的机械化和自动化。一般应根据整个收集区内不同建筑密度、交通便利程度和经济实力选择最佳车辆规格。按装车型式大致可分为前装式、侧装式、后装式、顶装式、集装箱直接上车等形式。车身大小按载重量分，额定量约 10 ~ 30t，装载垃圾有效容积为 6 ~ 25m³（有效载重量约 4 ~ 15t）。

我国目前尚未形成垃圾收集车的分类体系，型号规格和技术参数也无统一标准。近年来环卫部门引进配置了不少国外机械化自动化程度较高的收集车，并开发研制了一些适合国内具体情况的专用垃圾收集车。为了清运狭小里弄小巷内的垃圾，许多城市还有数量甚多的人力手推车、人力三轮车和小型机动车作为清运工具。

在美国，用于居民和商业部门的废物收集卡车都装有叫作装填器的压紧装置，这种卡车在大小和设计上各不相同，常规的装载量为 12m³ 和 15m³。当废物是预先装在纸袋中时，也常用其他类型的卡车。然而，多数城市使用某种类型的装填器。这些卡车装有液压压紧机，可把松散的废物由容重 35kg/m³ 压实到 200 ~ 240kg/m³。后部装载的卡车有一个低的上料台，便于倾倒垃圾桶。这些卡车可将废物压实到很高的密度，使总装载量等于允许的轴向承载。

②收集车数量配备。收集车数量配备是否得当，关系到费用及收集效率。某收集服务区需配备各类收集车辆数量多少可参照下列公式计算：

$$简易自卸车数 = \frac{该车收集垃圾日平均产生量（t）}{车辆定吨数（t）×日单位班收集次数定额×完好率}$$

式中，垃圾日平均产生量按下式计算；日单班收集次数按定额按各省、自治区环卫定额计算；完好率按 85% 计。

$$W = RCA_1A_2$$

式中，W 为垃圾日产生量，t/d；R 为服务范围内居住人口数，人；C 为实测的垃圾单位产生量，t/（人·d）；$A_1$ 为垃圾日产量不均匀系数，取 1.1 ~ 1.15；$A_2$ 为居住人口变动系数，取 1.02 ~ 1.05。

$$多功能车数 = \frac{收集垃圾日平均产生量（t）}{车辆定容量（t）\times 箱容积利用率 \times 日单位班收集次数定额 \times 完好率}$$

式中，箱容积利用率按 50% ~ 70% 计；完好率按 80% 计；其余同前。

$$侧装密封车数 = \frac{该车收集垃圾日平均产生量（t）}{桶额定容量（t）\times 桶容积利用率 \times 日单班装桶数定额 \times 完好率}$$

式中，日单班装桶数定额按各省、自治区环卫定额计算；完好率按 80% 计；桶容积利用率按 50% ~ 700% 计；其余同前。

③收集车劳力配备。每辆收集车配备的收集工人，需按车辆的型号与大小、机械化作业程度、垃圾容器放置地点与容器类型等情形而定，最终需从工作经验的逐渐改善而确定劳力。一般情况下，除司机外，人力装车的3t简易自卸车配2人；人力装车的5t简易自卸车配3 ~ 4人；多功能车配1人；侧装密封车配2人。

④收集次数与作业时间。垃圾收集次数，在我国各城市住宅区、商业区基本上要求及时收集，即日产日清。在欧美各国则划分较细，一般情形，对于住宅区厨房垃圾，冬季每周二三次，夏季至少三次；对旅馆酒家、食品工厂、商业区等，不论夏冬每日至少收集一次；煤灰夏季每月收集二次，冬季改为每周一次；如厨房垃圾与一般垃圾混合收集，其收集次数可采取二者之折衷或酌情而定。国外对废旧家用电器、家具等庞大垃圾则定为一月两次，对分类贮存的废纸、玻璃等亦有规定的收集周期，以利于居民的配合。垃圾收集时间，大致可分昼间、晚间及黎明三种。住宅区最好在昼间收集，晚间可能骚扰住户；商业区则宜在晚间收集，此时车辆行人稀少，可增快收集速度；黎明收集，可兼有白昼及晚间之利，但集装操作不便。总之，收集次数与时间应视当地实际情况，如气候、垃圾产量与性质、收集方法、道路交通、居民生活习俗等而确定，不能一成不变，其原则是希望能在卫生、迅速、低价的情形下达到垃圾收集目的。

⑤城市生活垃圾运输路线的规划和确定。城市生活垃圾的运输是废物收运系统的主要环节，也是在整个系统中研究最多的一个方面。它涉及的范围很广，如生活垃圾的运输方式、收运路线的规划设计、废物运输使用的专用收运机具、废物运输机具、集运点管理等。世界各国对生活垃圾收运环节都比较重视，一方面努力提高垃圾收运的机械化、卫生化水平，另一方面在稳步实现垃圾运输管理的科学化。废物运输的主要目的是把城市内的生活垃圾及时清运出去以免其影响到市容卫生环境。

在城市生活垃圾的收运管理上，每个城市都根据本市的实际情况制订了城市垃圾收集、运输和管理方案，同时也投入大量资金购置专用垃圾运输车辆和辅助机具以用于城市垃圾的日常运输。据统计，城市生活垃圾收集和运输费用一般占整个收运处理费用的 70% 左右。由于城市垃圾的产量、质量不断变化，综合治理日益困难，同时，城市居民对城市环境质量要求日益提高，为确保向城市居民提供清洁、优美的生活和劳动环境，各城市都把城市生活垃圾的卫生收运视为急需解决的共同课题。

现行的城市生活垃圾收运方法主要是车辆收运法和管道输送法两种类型，其中车辆收运法应用非常普遍。车辆收运法是指使用各种类型的专用垃圾收集车与容器配合，从居民住宅点或街道把废物和垃圾运到垃圾中转站或处理场的方法。采取这种收运方法，必须配备适用的运输工具和停车场。

综合分析目前世界各国城市垃圾收运现状和发展趋势，车辆收运法在相当长的时间内，仍然是垃圾运输的主要方法。因此，努力改进废物收运的组织、技术和管理体系，提高专用收集车辆和辅助机具的性能和效率是很有意义的。

管道输送法是指应用于多层和高层建筑中的垃圾排放管道。排放管道有两种类型：一是气动垃圾输送管道，它是结构复杂的输送系统，可以把垃圾直接输送到处理场；二是普遍排放通道，严格讲，它只是废物收运的前一部分，垃圾由通道口倾入后集中在垃圾通道底部的贮存间内，需要由清洁工人掏运堆放在集中堆放点，再由垃圾车清运出去。

工业发达国家城市垃圾机械化收运水平较高，管理体系也比较完善。使用的运输机具是各种不同规格的密闭式垃圾车。各国的城市环境卫生由城市清扫局和私人经营的废物收运公司负责。在收运管理方面，各城市根据本市的城市布局和废物收运的实际需要，制订了垃圾收运和道路清扫路线。清洁工人只需按图进行垃圾收运和道路清扫作业，初步实现了垃圾运输管理的科学化。

发展中国家各城市垃圾收运机械化水平不高，机具比较简单，目前主要依靠普通卡车和其他运输工具进行收运作业。城市道路清扫也主要依靠人工清扫作业。只是一些主干线进行机械清扫或喷洒作业。随着发展中国家的工业飞速发展，发展中国家城市垃圾收运的机械化水平在稳步提高。我国城市垃圾收运的机械化水平在近十几年提高很快，垃圾收运体系已经具有一定规模。密闭式垃圾收运机具在许多城市得到应用，虽然普及率还不高，但使用量在稳步扩大，除侧装式、后装式和密闭式垃圾车之外，占很大比例的垃圾车是车厢敞开式的自卸垃圾车，即在标准底盘上加装液压千斤顶倾卸车箱内垃圾的简易垃圾车。部分城市将普通垃圾车与叉车匹配进行城市垃圾收集作业，为避免垃圾飞扬、散发臭味、污染环境，一般在垃圾收运作业时，采取加盖的方法，但是许多中小城市在垃圾收运方面还没有完全放下铁锹，收运机具比较简陋，卫生条件也较差，有待于逐步改善。

　　从城市建筑结构讲，我国很多城市为旧式居民区，建筑密度大，在城市布局上大街小巷占了很大比例，这也必然导致了垃圾收运状况不理想，但随着城市建设的不断发展，老城区的改造和新区的开发建设迅速展开，给实施垃圾机械化收运创造了条件，我国城市垃圾清运总趋势是逐步向机械化、卫生化迈进。

　　选择收集和运输城市生活垃圾方法时，必须综合考虑城市建筑的性质和层数、城市的基本构成、城市公用设施的完善程度，采取的垃圾无害化处理和综合利用方法以及这种收运方法应用于该城市条件下的经济性。一切收运方式都需要具备相应的物质基础（设备、各种建筑和运输工具等）。

# 第二节　城市垃圾中转站的设立与运行

## 一、城市垃圾转运的必要性

　　只要城市垃圾收集的地点距处理地点不远，用垃圾收集车直接运送垃圾是最常用且较经济的方法。但随着城市的发展，已越来越难在市区垃圾收集点附近找到合适的地方来设立垃圾处理工厂或垃圾处置场。而且从环境保护与环境卫生角度看，垃圾处理点不宜离居民区太近，土壤条件也不允许垃圾管理站离市区太近。因此，城市垃圾转运将是必然的趋势。垃圾要转运，最好先集中。因为垃圾收集车公认是专用的车辆，先进而成本高，常需

　　2～3人操纵，不是为进行长途运输而设计的，用于长途运输费用会变得很昂贵，还会造成几名工人无补的"空载"行程，应限制使用。因此，设立中转站进行垃圾的转运就显得必要，其突出的优点是可以更有效地利用人力和物力，使垃圾收集车更好地发挥其效益。也使大载重量运输工具能经济而有效地进行长距离运输。然而，当处置场远离收集路线时，究竟是否设置中转站，主要视经济性而定。经济性取决于两个方面：一方面是有助于垃圾收运的总费用降低，即由于长距离大吨位运输比小车运输的成本低，或由于收集车一旦取消长距离运输能够腾出时间更有效地收集；另一方面是对转运站、大型运输工具或其他必需的专用设备的大量投资会提高收运费用。因此，有必要对当地条件和要求进行深入的经济性分析。一般来说，运输距离长，设置转运合算。那么运距的所谓"长"以何为依据呢？下面就运输的三种方式进行转运站设置的经济分析。

　　3种运输方式为：a.移动容器式收集运输；b.固定容器式收集运输；c.设置中转站转运。3种运输方式的费用方程可以表示为

$$C_1 = a_1 S$$
$$C_2 = a_2 S + b_2$$
$$C_3 = a_3 S + b_3$$

式中，$C_n$ 为运输方式的总运输费，元；S 为运距，m；$a_n$ 为各运输方式的单位运费，元 /m；$b_n$ 为设置转运站后，增添的基建投资分期偿还费和操作管理费，元。一般情况下，$a_1 > a_2 > a_3 > b_1 > b_2$。

将三个方程做三直线如图 7-8 所示。从图 7-8 中分析：$S > S_3$ 时，用方式③合理，即需设置转运站；$S < S_1$ 时，用方式①合理，即不需设置转运站；$S_1 < S < S_3$ 时，用方式②合理，即不需设置转运站。

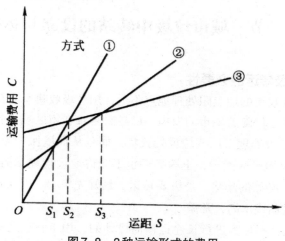

图 7-8　3 种运输形式的费用

## 二、垃圾中转站的类型

垃圾中转站的设置数量和规模取决于垃圾收集车的类型、收集范围、垃圾转运量、设置数量和规模。由于其使用广泛，形式多样，可按不同方式进行分类。

1. 按转运能力分类

①小型中转站，日转运量 150t 以下；②中型中转站，日转运量 150 ~ 450t；③大型中转站，日转运量 450t 以上。

2. 按装载方式及有无压实分类

（1）直接倾扣装车（大型）

垃圾收集后由小型收集车运到中转站，直接将垃圾倾入车厢容积约 60 ~ 80m、带拖挂的大型运输车或集装箱内，由牵引车拖带进行运输。该中转站工艺简单，投资少，运行管理费用低，但在中转过程中未对垃圾进行减容压缩处理，导致站内垃圾车的车厢（集装箱）容积很大，无法承担大运量的垃圾运输，且未能实现封闭化中转作业。

（2）直接倾卸装车（中、小型）

中小型中转站内设有一台固定式压实机和敞口料箱，经压实后直接推入大型运输工具上（如封闭式半挂车）。城市垃圾的直接倾卸转运优点是投资较低，装载方法简单，减少设备事故；缺点是无压实时，装载密度较低，运输费用较高。且对垃圾高峰期的操作适应性差。

（3）贮存待装

运到贮存待装型中转站的垃圾，先将垃圾卸到贮存槽内或平台上，再用辅助工具装到运输工具上。这种方法对城市垃圾的转运量的变化特别是高峰期适应性好，即操作弹性好。但需建设的平台贮存垃圾，投资费用较高，且易受装载机械设备事故影响。

（4）既可直接装车，又可贮存待装式中转站

这种多用途的中转站比单一用途的更方便于垃圾转运。

3．按装卸料方法分类

（1）高低货位方式

利用地形高度差来装卸料的，也可用专门的液压台将卸料台升高或大型运输工具下降。

（2）平面传送方式

利用传送带、抓斗天车等辅助工具进行收集车的卸料和大型运输工具的装料，收集车和大型运输工具停在一个平面上。

4．按大型运输工具不同分类

（1）公路运输

公路转运车辆是最主要的运输工具，使用较多的公路转运车辆有半拖挂转运车、液压式集装箱转运车和卷臂式转运车。由于集装箱密封好，不散发臭气与流溢污水，故用集装箱收集和转运垃圾是较理想的方法。常用集装箱收集车是2t，在卡车底盘上安装集装箱装置；而集装箱转运车则在6t卡车底盘上设置3个集装箱底板，一次转运3个集装箱。

（2）铁路运输

对于远距离输送大量的城市垃圾来说，铁路运输是有效的解决方法。特别是在比较偏远的地区，公路运输困难，但却有铁路线，且铁路附近有可供填埋场地时，

铁路运输方式就比较实用。铁路运输城市垃圾常用的车辆有：设有专用卸车设备的普通卡车，有效负荷 10 ~ 15t；大容量专用车辆，其有效负荷 25 ~ 30t。

（3）水路转运

通过水路可廉价运输大量垃圾，故也受到人们的重视。水路垃圾中转站需要设在河流或者运河边，垃圾收集车可将垃圾直接卸入停靠在码头的泊船里。需要设计良好的装载和卸船的专用码头（卸船费用昂贵，常常是限制因素）。如上海环卫系统在黄浦江边上就有专用装载泊船码头，装满城市垃圾后，沿江送达东海边老港填埋场，可接纳上海市大部分生活垃圾，取得了很好的效益。这种运输方式有下列优点：①提供了把垃圾最后处理地点设在远处的可能性；②省掉了不方便的公路运输，减轻了停车场的负担；③使用大容积泊船的同时保证了垃圾收集与处理之间的暂时存贮。

### 三、垃圾转运站的设置要求

在大、中城市通常设置多个垃圾转运站。每个转运站必须根据需要配置必要的机械设备和辅助设备，如铲车及布料用胶轮拖拉机、卸料装置、挤压设备和称量用地磅等。根据《城市环境卫生设施标准》，我国对垃圾转运站设置概要如下。

（1）垃圾转运站宜设置在交通运输方便、市政条件较好并对居民影响较小的地区。

（2）垃圾转运量小于 150t/d 为小型转运站；转运量为 150 ~ 450t/d 为中型转运站；转运量大于 450t/d 为大型转运站。垃圾转运量可按下列公式计算：

$$Q = \frac{\delta \times n \times q}{1000}$$

式中，Q 为转运站规模，t/d；δ 为垃圾产量变化系数按当地实际资料采用，若无资料时，一般可取 1.13 ~ 1.40；n 为服务区域内人口数；g 为人均垃圾产量，kg/（人·d），按当地实际资料采用，若无资料时，可采用 [ 0.8 ~ 1.8kg/（人·d）]。

（3）转运站的设置应符合下列要求。

1）小型转运站每 2 ~ 3km² 设置一座，用地面积不宜小于 800m²。

2）垃圾运输距离超过 20km 时，应设置大、中型转运站。

3）垃圾转运站外型应美观，并应与周围环境相协调，操作应实现封闭、减容、压缩，设备力求先进。飘尘、噪声、臭气、排水等指标应符合相应的环境保护标准。转运站绿化率不应大于 30%。

4）垃圾转运站内应设置垃圾称重计量系统，对进站的垃圾车进行称重。大中型转运站应设置监控系统。

5）环境保护与卫生要求

城市垃圾中转站操作管理不善，常给环境带来不利影响，引起附近居民的不满。故大多数现代化及大型垃圾中转站都采用封闭形式，注意规范的作业，并采取一系列环保措施：有露天垃圾场的直接装卸型中转站，要防止碎纸等到处飞扬，故需设置防风网罩和其他栅栏；作业中抛洒到外边的固体废物要及时捡回；当垃圾暂存待装时，中转站要对贮存的废物经常喷水以免飘尘及臭气污染周围环境，工人操作要戴防尘面罩；中转站一般均设有防火设施；中转站要有卫生设施，并注意绿化，绿化面积应达到 10% ~ 20%。总之，中转站要注意飘尘、噪声、臭气、排气等指标应符合环境监测标准。

此外，如用铁路运输，垃圾运输列车敞开时，应盖有一层篷布或带小网眼网罩以防止运输过程中垃圾的散落。水路运输时，则需注意避免废物洒落水中，以免污染河水。

### 四、垃圾中转站的选址

中转站选址时要综合考虑以下几个方面：

①尽可能位于垃圾收集中心或垃圾产量多的地方；②靠近公路干线及交通方便的地方；③居民和环境危害最少的地方；④进行建设和作业最经济的地方。

此外中转站选址应考虑便于废物回收利用及能源生产的可能性。

# 第三节　工业固体废物的收集

由于我国工业发展的历史较短，除个别行业、个别企业外，基本规模不大，并且以乡镇企业为主，因此产生的固体废物也具有分散性，难以收集；工业固体废物的产生源是企业，因此废物具有明显的归属性，不像城市生活垃圾具有无主性；工业固体废物组分复杂，有毒有害物质含量大；工业固体废物的处理处置技术要求高，以上特点决定了对工业固体废物的收集与城市生活垃圾的收集具有明显不同。

### 一、工业固体废物收集要以工业区规划为基础

随着我国经济的发展，城市化进程的推进，城市规划、环境规划和区域职能划分越来越科学，从而提高了固体废物的管理和控制的科学性、精确性和有效性。通

过建立工业区以及特殊行业工业区，将工业区和城市生活区分离，并将某一类别行业的工业集中在某一区域，有利于集中进行环境管理和监控；对其产生的固体废物从宏观上进行监控，最大限度地进行资源综合利用；利用政府的宏观调控和桥梁作用，有效地克服了企业之间缺乏联系的缺陷，使得某工厂固体废物能够找到合适的位置，成为另外一厂商产品的原材料，提高综合利用率，并减少运输成本。

因此，在将来的工业发展中，除考虑经济因素外，还应该进行合理规划，考虑工业区内引进项目的特点，合理规划，相互补充，尽量使之相互利用彼此排出的废物，有效实现资源综合利用，同时减少其运输成本，减少危险废物的运输风险，缩短运输距离，建立特殊运输渠道或者运输方式。

## 二、工业固体废物的收集必须以企业为负责人，同时服从工业区域的整体规划或者工业固体废物管理机构的宏观调控

工业固体废物是由具体工业厂商或者企业产生的，而工业厂商和企业都具有法人代表，而且它们产生废物量相对于人均城市生活垃圾产生量来说相对较大，因此其处理处置不属于公益事业，必须遵循"谁污染，谁治理"的原则，产生源为具体负责人。

由于工业固体废物利用价值大，且存在较大错位性，一种工业生产产生的废物往往是另外一种工业生产的资源，由于个别生产厂商或者企业自身的局限性，往往没有精力或者由于信息的不对称，找不到其产生废物综合利用的下家，从而一方面浪费资源，另一方面增加其自身的处理和处置成本。因此，这就需要工业区成立宏观调控机构，对整个工业内部、工业区和工业区之间未来发展进行科学规划，对建立项目产生的废物排放量和性质进行科学调查和统计，对厂商相互之间的关系进行科学分析，从而从宏观上进行调控和指导，并给予优惠政策，使厂商或者企业之间进行合作，克服彼此之间的孤立，找到合适的资源利用方式，减少废物产生量。

## 三、在资源综合利用基础上实行规模处理和处置，建立厂商或者企业之间的资源综合利用路线图和集中处理处置运输路线图

工业固体废物的收集目标是以最小成本解决工业固体废物的归宿问题。固体废物处理处

置技术首要是资源综合利用，因此收集路线的设计首先要考虑厂商或者企业的资源利用合作，为其设立合理的资源综合利用运输路线，减少运输成本，增加运输安全性；在无法实现资源综合利用的基础上，对相同性质的工业固体废物进行收集，

并根据需要建立中转站，最终进行集中处理，构成处理处置收集运输路线图，以达到规模效应，减少处理处置成本。

### 四、建立固体废物收集运输调度机构

工业固体废物的管理原则是"谁污染，谁治理"。所以通常情况下，产生废物量比较大的单位都建有单独的废物堆场。废物的收集、运输都由单位内部负责。但是对于小厂商和企业来说，每一个厂商都购买自己独立的运输车辆或者运输机构，必然会增加运输成本和维护成本，因此可根据需要建立工业区综合运输调度站，对运输车辆统一管理，统一调度，有利于降低成本，减少企业和厂商的工作任务。

对于某些大型工厂建有回收公司，定期到厂内收集废料、废物；对于中型工厂则定人定期回收；对于小型工厂划片包干，巡回收集，并配备管理人员，设置废物仓库。建立各类废物堆存资料卡，开展经常性的收集分类活动。

根据固体废物的性质采取合适的运输途径。比较先进的收集运输方法是采用管道运输。对于泥状的废物通常根据处理工艺需要先进行脱水等处理工序。

### 五、对于危险性或者有毒有害废物必须对运输路线进行科学规划

有必要建立单独的运输路线，同时尽量避免经过生活区、商业区和繁华区，同时采用先进的运输方式和设备以及装置，保证不发生泄漏，并保证在发生事故时对周围环境产生尽可能小的影响，同时建立严格运输管理条例和机制。

## 第四节　危险废物的收集与运输

### 一、危险废物的盛装容器

危险废物的产生部门、单位或个人，都必须备有一种安全存放这种废物的装置，一旦它们产生出来，迅速将其妥善地放进该装置内，并加以保管，直至运出产地做进一步的处理处置。

盛装危险废物的容器装置可以是钢圆筒、钢罐或塑料制品。所有装满废物待运走的容器或贮罐都应清楚地标明内盛物品的类别与危害说明，以及数量和装进日期。危险废物的包装应足够安全，并经过周密检查，严防在装载、搬移或运输途中出现渗漏、溢出、抛洒或挥发等情况。否则，将引发所在地区大面积的环境污染。

根据危险废物的性质和形态，可采用不同大小和不同材质的容器进行包装。

以下是可供选择的包装装置和适宜于盛装的废物种类：① V=200L 带塞钢圆桶或钢圆罐，可供盛装废油和废溶剂；② V=200L 带卡箍盖钢圆桶，可供盛装固态或半固态有机物；③ V=30L、45L 或 200L 塑料桶或聚乙烯罐，可供盛装无机盐液；④ V=200L 带卡箍盖钢圆桶或塑料桶，可供散装的固态或半固态危险废物装入；⑤贮罐，其外形与大小尺寸可根据需要设计加工，要求坚固结实，并应便于检查渗漏或溢出等事故的发生，适宜于贮存可通过管线、皮带等输送方式送进或输出的散装液态危险废物。

## 二、危险废物的收集与贮存

放置在场内的桶或袋装危险废物可由产出者直接运往场外的收集中心或回收站，也可以通过地方主管部门配备的专用运输车按规定路线运往指定的地点贮存或做进一步处理处置。

典型的收集站由砌筑的防火墙及铺设有混凝土地面的若干库房式构筑物组成，贮存废物的库房室内应保证空气流通，以防具有毒性和爆炸性的气体积聚产生危险。收进的废物应详实登载其类型和数量，并应按不同性质分别妥善存放。

转运站宜选择在交通路网便利的地区附近，由设有隔离带或埋于地下的液态危险废物贮罐、油分离系统及盛装有废物的桶或罐等库房群所组成。站内工作人员应负责办理废物的交接手续，按时将所收存的危险废物如数装进运往处理场的运输车内，并责成运输者负责途中的安全。危险废物转运站的内部运行系统如图 7-9 所示。

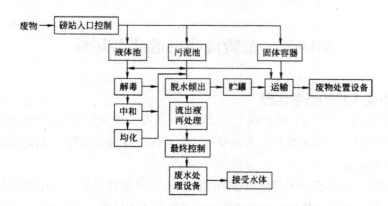

图7-9 危险废物转运站的内部运行系统示意图

## 三、危险废物的运输

通常采用公路运输作为危险废物的主要运输方式，因而载重汽车的装卸作业仍是造成废物污染环境的主要环节。除此之外，负责运输的汽车司机必然担负着不可推卸的责任。在公路运输危险废物的这套系统中，必须符合如下要求来进行操作。

（1）危险废物的运输车辆必须经过主管单位检查，并持有有关单位签发的许可证，负责运输的司机应通过专门的培训，持有证明文件；承载危险废物的车辆必须有明显的标志或适当的危险符号，以引起关注。

（2）载有危险废物的车辆在公路上行驶时，需持有运输许可证，其上应注明废物来源、性质和运往地点。此外，在必要时要有专门单位人员负责押运工作。

（3）组织危险废物的运输单位，事先需做出周密的运输计划和行驶路线，其中包括有效的废物泄漏情况下的紧急补救措施。

为了保证危险废物运输的安全，可采用一种文件跟踪系统，并应形成制度。在其开始即由废物产生者填写一份记录废物产地、类型、数量、性质等情况的运货清单经主管部门批准，然后交由废物运输承担者负责清点并填写装货日期、签名并随身携带，再按货单要求分送有关处所，最后将剩余一单交给原主管部门检查，并存档保管。

# 第八章　城市固体废弃物处理技术研究

## 第一节　城市生活垃圾的预处理技术

### 一、压实、破袋和洗涤

垃圾在运输前，首先要进行减容增重处理，即垃圾的压实。压实过程可以在垃圾车上完成，也可以在特定的筒体中完成，压实动力一般为水压机或油压机。垃圾经过压实处理后，极大提高了垃圾运输的经济性。

为了保持运输过程中的清洁和卫生，一般要求将垃圾装在具有较大容积和较高强度的塑料袋中，这些垃圾进入预处理场后，首先要进行破袋处理。破袋机是用来割破具有较高强度的大塑料垃圾袋，释放出其中的垃圾，以便去除袋中的金属、玻璃等成分。

洗涤技术是提高废弃物原料纯度，提高产品质量的一种方法，在塑料袋的再处理利用前，洗涤工艺是不可缺少的预处理过程。对于非油性的污物可直接用水洗涤，对于油性污染物可用洗涤剂或碱洗涤。洗涤后的污水必须经过处理后才能排放。

### 二、破碎处理

将垃圾转变成适合进一步加工和经济地再处理的形状与大小的预处理就是破碎。破碎可以分为单组分垃圾破碎和混合垃圾破碎两类。对于单组分垃圾来说，由于其物理性能参数稳定，容易选择合适的破碎技术和破碎机械。而混合垃圾各组分的物理性质一般相差悬殊，所以，混合垃圾破碎是各种垃圾破碎技术的组合或分选与破碎技术组合。

常用破碎技术有冲击破碎、剪切破碎、挤压破碎和摩擦破碎等。破碎机械根据主要施力可以分为：冲击式破碎机、剪切式破碎机、辊式破碎机。根据破碎机的主要特征又可分为：颚式破碎机、球磨机、低温破碎机和湿式破碎机等。

### 三、分选技术

分选是垃圾处理处置的重要环节。城市生活垃圾的分选一般可分为收集前分选和收集后分选。收集前分选是指居民在垃圾产生以后根据垃圾的性质不同将垃圾分别投入不同的收集容器中，通常的分类方法有：废纸、废金属、废塑料、厨余及其他。收集前的分类对居民来说是举手之劳，积极发展将大大降低垃圾分选的成本。收集后分选是指垃圾在处理、处置和综合利用前将垃圾中的有再生价值的部分分选出来加以利用，或把不宜处理的部分分离出来，防止损害处理处置利用设备或设施，所以，收集后分选也称为分拣。

垃圾分选方法有人工分选和机械分选两种。

（1）人工分选一般是在传送带上进行，垃圾薄铺在传送带上，在传送带的运动方向上设置工位，利用人力识别并把可回收物或不利于后续处理的物料从传送带上取走，实现垃圾组分的分离，人工分选对环境要求高，而处理效率较低。

（2）机械分选是利用不同垃圾组分有不同的物性，从而可以采用风力、水力、机械力、电磁力等实现对不同垃圾组分的分离，在机械分选技术中，以采用粒度、密度等物理性质差别为基础进行分选的技术为主，以采用电学、磁学和光学等性能差别为基础进行分选的技术为辅。机械分选的效率高，处理量大，但往往达不到非常理想的效果，所以，大规模的城市生活垃圾处理采用人工和机械分选相结合的处理方法。

# 第二节　城市生活垃圾填埋技术

### 一、卫生填埋

卫生填埋技术是指采用先进技术防止垃圾渗滤液、沼气和恶臭等对环境水体、土壤和大气污染的现代化垃圾填埋处理方法。卫生填埋在垃圾分层填埋的过程中，要对填埋场进行防渗处理，疏导气体，压实后用无毒无害的覆盖材料覆盖垃圾表面，使垃圾在厌氧条件下发酵，并对收集到的渗滤液和沼气进行处理。卫生填埋法需要遵循的基本原则如下：

（1）根据估算的废弃物处理量，构筑适当大小的填埋空间，并需要构筑有挡土墙。

（2）于入口处立标示牌，标示废弃物种类、使用期限和管理人。

（3）于填埋场周围设隔离或障碍物。

（4）填埋场需要构筑防止地下层下陷以及设施沉陷的设施；填埋场应该铺设进场道路；应该有防止地表水流入以及雨水渗入设施。

（5）卫生填埋场防止渗漏层要求：需根据场址地下水流向在填埋场的上、下游各设置一个以上的监测井；除了填埋物属于不可燃物之外，需要设置灭火器或者其他有效消防设施；应该有收集或处理渗滤液的设施。

（6）应该有填埋气体收集和处理设施；填埋场于每工作日结束，应覆盖15cm的黏土予以压实；终止使用时，覆盖50cm以上的细土。

一个完整的卫生填埋场应包括：防渗系统、中间覆盖系统、最终覆盖系统、渗滤液收集和处理系统等（见表8-1）。

表8-1　卫生填埋场的基本组成

| 项目 | 具体内容 |
| --- | --- |
| 防渗系统 | 防渗系统的主要目的是防止渗滤液向地下水体迁移污染地下水，同时也能防止地下水进入填埋场而增加渗滤液的产量。为防止渗滤液的水平迁移，填埋场还采用挡水坝、帷幕灌浆和地下连续墙等设施。目前广泛采用的填埋场防渗层有两大类。一类是土工膜复合防渗层，防渗效果好，成本高；另一类是黏土防渗层，充分利用自然资源，建设成本低，合理设计和施工也可以达到相应的要求 |
| 中间覆盖系统 | 中间覆盖系统的目的是防止填埋场的轻质垃圾随风扬起，防止鼠类、鸟类等动物觅食垃圾传染病菌，防止蚊虫孳生，防止雨水进入填埋场，防止填埋场的臭气溢出等。美国要求每日垃圾填埋后覆盖15cm厚的黏土或砂土，我国要求每层垃圾压实后覆盖20～30cm的黏土。也有采用可重复使用的塑料膜或泡沫塑料覆盖的方法 |
| 最终覆盖系统 | 最终覆盖系统的目的在于阻止降雨进入填埋场增加渗滤液，减少填埋场气体的分散排放。最终覆盖层一般由气体排放层、低透水率的压实土层、土工膜、排水保护层和表土层组成。我国的填埋场封场时要求覆盖30cm的自然土，其上再覆盖15～20cm的黏土层并形成一定的坡度 |
| 渗滤液收集和处理系统 | 渗滤液收集和处理系统及时收集渗滤液以降低防渗层上的渗滤液，减少对地下水的污染，对收集的渗滤液采用物理化学和生物化学等方法进行处理，达标后向外排放。渗滤液收集和处理系统由排水层、集水槽、多孔集水管、集水坑、提升管、潜水泵和调节水池等组成。该系统的设计要考虑：渗滤液的产量、防渗层允许的渗滤液，渗滤液的水量水质波动和运行过程中部分设施的堵塞问题 |
| 填埋气体导出和利用系统 | 填埋气体导出和利用系统使填埋场可降解有机垃圾产生的填埋气体进行有序、可控的流动，便于对填埋气体进行回收和燃烧利用，从而可以起到消除污染、化害为利的双重效果。填埋气体导出和利用系统分为被动系统和主动系统两种。被动导出和利用系统是利用降解气体自身产生的压头排出气体，气体的产量较小，但甲烷含量高。主动导出和利用系统利用风机在填埋场产生负压将气体排出，气体的产量较大，但甲烷含量相对较低。气体导出和利用系统一般由集气管网、集气井、抽气泵和集气罐等组成。气体收集后可以直接燃烧排放，也可以去除水分、二氧化碳后用于发电和供热 |

| 项目 | 具体内容 |
|---|---|
| 地下水监测系统 | 地下水监测系统的目的在于监测填埋场在运行和封场后渗滤液对地下水的污染状况，以便能及时采取防范措施应对出现的污染。监测系统由地下水流下游的监测井和上游的参照井组成，定期取水检验地下水的污染状况 |

卫生填埋的关键是填埋场底部的衬垫层处理和填埋气的安全导出。填埋场的占地面积较大，若底部的衬垫层处理不当容易造成垃圾的渗滤液污染地表水或地下水，造成二次污染。为了满足越来越严格的环境保护标准和工程建设标准，新建填埋场大多采用高密度聚乙烯膜进行防渗。填埋气体的收集外排困难，如果对其不加以疏导和利用，任其自然扩散在大气中，一方面会污染大气，另一方面在某些情况下，填埋气会发生自燃或遇明火产生爆炸，迄今为止，世界上已经发生近百起因填埋气体聚集爆炸而导致的伤亡事件。其次，填埋气还有一个横向迁移特性，迁移的范围与覆盖材料及周围土壤性质有关，一般来说，垃圾层的压力越大，迁移的距离越远，因此填埋场建筑物要与作业区保持一定的距离，注意通风并在沼气有可能聚集的地方安装沼气报警器。

卫生填埋技术优点是能量消耗少、方法简单和对垃圾组分没有要求，但一般填埋场占地较大，选址困难导致填埋场远离市区，监管时间长，填埋垃圾长期对周围环境构成威胁，环保法规提高导致填埋场的防渗处理和渗沥水处理日益严格，这些都导致卫生填埋法费用大幅上升。

## 二、填埋处理的意义

### 1. 填埋处理的主要功能

废弃物经过适当的填埋处置以后，尤其是对于卫生填埋，因废弃物本身的特性与土壤、微生物的物理以及生化反应，形成稳定的固体（类土壤，腐殖质等），液体逐渐减少而趋于稳定。因此，填埋法的最终目的是将废弃物妥善储存，并且利用自然界的净化能力，使废弃物稳定化、卫生化及减量化。因此，填埋场应具备下列功能：

（1）储藏功能：具有适当的空间以填埋储存废弃物。

（2）阻断功能：以适当的设施将填埋的废弃物及其产生的渗透液、废气等与周围的环境隔绝，避免其污染环境。

（3）处理功能：具有适当的设备以有效且安全的方式使废弃物趋于稳定。

（4）土地利用功能：借助填埋利用洼地、荒地或比较贫瘠的土地等，以增加可以利用的土地。

2．填埋处置的特点

填埋处理法与其他方法比较，其特点可以概括为以下几个方面。

（1）优点

1）与其他处理方法相比，只需要较少的设备与管理费，如推土机、压实机、填土机等。而焚烧与堆肥，则需要庞大的设备费及维修费。

2）处理量较轻具有弹性，对于突然的废弃物量增加，只需增加少量的工作员与工作设备或延长操作时间。

3）操作容易，维修费用较低，在装备上和土地上不会有很大的损失。

4）比露天弃置所需要的土地少，因为垃圾在填埋时经过压缩后体积只有原来的30% ~ 50%，而覆盖土壤与垃圾比是1:4，所以所需要的土壤比较少。

5）能够处理各种不同类型的垃圾，减少收集时分类的需要性。

（2）缺点

1）需要大量的土地供填埋废弃物用，但是在高度工业化和人口密集的大都市，土地取得很困难，尤其是在经济运输距离内更加不容易取得合适的土地。

2）填埋场的渗滤液处理费极高；填埋场在城市以外或郊区，常受到行政区因素的限制，故运输费往往是此处理法的缺点之一。

3）需每日覆土，若覆土不当易造成污染问题；优质覆土材料不易取得。

## 三、填埋场类型

填埋场有单组分处置和多组分处置之分，单组分垃圾在填埋处置中很少发生衰减过程，多组分处置垃圾的填埋要确保垃圾之间不发生反应从而产生更严重的污染。

填埋场按填埋地理位置可分为海上填埋场和陆地填埋场。海上填埋场的建设费用和运行费用均高于陆地填埋场，对环境影响较严重。陆地填埋场又分为山谷型、塘沟型和地上型等。

填埋场类型主要根据填埋场地的水文气象和水文地质状况确定，如年平均气温、降雨量、地表水网密度、地层岩型、含水层深浅和地形地貌等因素。

填埋场运行模式按照垃圾发酵反应类型可分为好氧性填埋、准好氧性填埋和厌氧性填埋三种结构。

1．好氧性填埋

好氧性填埋动力供风，垃圾好氧发酵，分解速度快，渗滤液中有机污染物的浓度下降较快，氨氮浓度较低，但渗滤液中重金属离子、硫酸根和硝酸根离子的浓度长期居高不下。好氧性填埋结构类似于有机垃圾好氧堆肥结构，比常规的卫生填埋在结构上多了强制通风系统和渗滤液回灌系统。空气经布气管系统较均匀地释放到填埋层内，由压力扩散和分子扩散作用使填埋层达到好氧状态。

垃圾填埋后的初始阶段，填埋层的中温、需氧型微生物如无芽孢细菌较为活跃，并利用填埋层中可溶性有机物大量繁殖，产生热能，使填埋层温度升高。当温度升高到45℃以上时，中温微生物受到抑制甚至死亡，被嗜热性微生物代替，复杂的有机物如半纤维素、纤维素和蛋白质等也开始被分解。当填埋层只剩下部分难分解的有机物和新形成的腐殖质时，填埋层温度下降，中温微生物又占优势，这时对氧的需求将大大减少。

### 2. 厌氧性填埋

厌氧性填埋垃圾分解速率较小，渗滤液中的有机污染物浓度长期处在一个较高的水平，难以处理，氨氮的浓度也较高，但后期的重金属离子、硫酸根和硝酸根离子的浓度都会降低到很低的水平。厌氧填埋产生沼气，沼气引出可以燃烧发电、产热，使垃圾中的有机能量得到利用。厌氧性填埋稳定化时间长，封场后仍需要较长时间维护管理。

厌氧性填埋是目前我国应用最多的形式，该结构内填埋层稳定化过程可分为5个阶段：初始调整阶段、过渡阶段、酸化阶段、甲烷发酵阶段和成熟阶段。

（1）初始调整阶段

初始调整阶段一般持续数小时，发生在填埋场封场初期或垃圾填埋作业中，由于有氧的存在，此阶段垃圾中部分糖类物质迅速与垃圾填埋时所带入的氧气发生好氧生物降解反应，生成 $CO_2$ 和 $H_2O$，同时释放一定的热量，使得填埋层温度明显升高。

$$C_6H_{12}O_6+6O_2 \rightarrow 6CO_2+6H_2O$$

（2）过渡阶段

在过渡阶段，填埋场内的氧气几乎被消耗尽，开始转为厌氧环境，垃圾降解由好氧降解过渡到兼性厌氧降解，这时主要作用的微生物是兼性厌氧菌和真菌。电子受体从 O2 转变为 $SO_4^{2-}$ 和 $NO_3^-$，由于硫酸盐还原菌和硝酸盐还原菌的作用，$SO_4^{2-}$ 和 $NO_3^-$ 的浓度略有下降，垃圾中的硝酸盐和硫酸盐分别被还原为 $N_2$ 和 $H_2S$，填埋场内氧化还原电位逐渐降低，渗滤液 pH 也开始下降。对于不溶性有机物，存在水解。液化阶段起作用的细菌包括纤维素分解菌、脂肪分解菌和蛋白质水解菌。此时填埋场内垃圾持水达到饱和，渗滤液的产量在逐渐增加，渗滤液中 COD 和其他无机盐的浓度也逐渐增加。

（3）酸化阶段

当填埋气中 $H_2$ 含量达到最大时填埋场进入酸化阶段。在酸化阶段，对垃圾降解起主要作用的微生物是兼性和专性厌氧细菌，如醋酸分解菌和产氢菌。

酸化阶段的填埋场环境进入厌氧状态，水解菌和产酸菌等兼性和专性厌氧微生物大量繁殖，在纤维素分解菌、脂肪分解菌和蛋白质分解菌等作用下，含氮有机质（如蛋白质、死菌体和其他动植物残渣等）和碳氢类化合物（如淀粉、纤维素、半纤维素、糖类等）转化为微生物细胞原生质和低分子量的糖、醇和酸类等物质。在酸化阶段，硫酸盐和硝酸盐继续还原，但消耗的有机物很少，渗滤液由于大部分水解酸化产物的积累表现为有机污染物浓度继续升高，pH 值下降，氨氮浓度逐渐升高，一些金属（如 Fe、Mn 等）会与有机酸发生络合反应，使渗滤液显深褐色。

（4）甲烷发酵阶段

当填埋气中 $H_2$ 含量下降至一定程度时，填埋场进入了甲烷发酵阶段，此时产甲烷菌将 $H_2$ 和乙酸以及 $CO_2$ 转化为 $CH_4$，填埋气中 $CH_4$ 含量上升至 50% 左右，渗滤液的 COD、BOD、重金属离子浓度和电导率迅速下降，渗滤液 pH 值上升至 6.8 ~ 8.0。

在甲烷发酵阶段，渗滤液中的易降解有机物如挥发性脂肪酸等的含量逐渐降低，pH 值也逐渐上升到 7 以上，氨氮浓度较高，但重金属离子浓度由于硫化物和氢氧化物沉淀的发生大大降低。

（5）成熟阶段

当垃圾中的生物易降解组分基本被分解完时，填埋场就进入了成熟阶段。在成熟阶段，填埋气产率明显降低，收集气体中以 $N_2$、$O_2$ 和 $CO_2$ 为主，甲烷的含量很少，渗滤液中含有难降解腐殖酸和富里酸，其中 COD、挥发性脂肪酸等有机污染物的浓度降低到很低的水平，渗滤液已能满足有关排放的要求，填埋场的沉降也基本停止，填埋场的监管过程结束。

厌氧性填埋场进入甲烷化的阶段较长，产甲烷的时间也长，甲烷产生速率小，降低了回收甲烷气作为能源的经济效益。

3. 准好氧性填埋

准好氧性填埋只在填埋场的下部进行自然通风供氧，在不利用外界动力消耗的条件下，加快垃圾降解，使填埋层加速达到稳定期。

准好氧性填埋结构类似厌氧性填埋结构，只是渗滤液收集管管径较大，末端与大气相通，利用填埋层内部由于微生物作用和其他反应而产生的温度差，使得空气经渗滤液收集管进入填埋层，有利于好氧微生物繁殖生长，加快填埋层中有机物的分解，并降低渗滤液中污染物浓度。但该结构中距渗滤液收集管较远的填埋层仍处于厌氧状态，此处的部分有机物被厌氧分解，还原生成的硫离子与填埋层中的重金属反应生成不溶于水的沉淀而存留在填埋层中，随着时间的推移，准好氧性填埋的好氧区域会渐渐扩大。准好氧性填埋结构中既存在好氧性填埋结构的微生物环境，又存在厌氧性填埋结构的微生物环境，因而其产生的渗滤液污染特征和变化趋势也介于好氧和厌氧之间。初期的渗滤液中有机污染物浓度较高但后期下降很快并趋于较低的水平。准好氧性填埋无法产生沼气或其中的甲烷浓度过低，没有收集利用价值。一般准好氧性填埋结构在封场后 2a 左右，填埋层中有机物就基本达到稳定，渗滤液中的 COD/BOD 可下降至 0.05 左右。

在上述三种填埋结构中，为了能发挥填埋层中微生物的降解潜力，必须保证微生物能与可利用的有机物有充分的接触机会。而在填埋层中，微生物不能直接利用固体状有机物，只能利用转移到渗滤液中的可溶性有机物，所以将填埋场底的渗透液抽取出来再回灌到垃圾层中，这样既使得渗滤液中的有机物进一步被填埋层中的微生物降解，又可维持垃圾层的含水率。近年来，围绕渗滤液回灌技术的应用研究在国内外迅速展开。

# 第三节　城市生活垃圾焚烧处理处置技术

## 一、城市生活垃圾焚烧处置技术工艺

垃圾焚烧厂的工艺流程可描述为：前处理系统中的垃圾与助燃空气系统所提供的一次和二次助燃空气在垃圾焚烧炉中混合燃烧，燃烧所产生的热能被余热锅炉加以回收利用，经过降温后的烟气送入烟气处理系统处理后，经烟气排入大气；垃圾焚烧产生的炉渣经炉渣处理系统处理后送往填埋厂或作为其他用途，烟气处理系统所收集的飞灰做专门处理；各系统产生的废水送往废水处理系统，处理后的废水可排入河流等公共水域或加以利用。

1．前处理系统

垃圾焚烧厂前处理系统可称为垃圾接收储存系统，其一般的工艺流程如下：

垃圾进厂→地中衡→垃圾卸料→垃圾储坑

生活垃圾由垃圾运输车运入垃圾焚烧厂，经过地中衡称重后进入垃圾卸料平台，按控制系统指定的卸料门将垃圾倒入垃圾储坑。

在此系统中，如果设有大件垃圾破碎机，可用吊车将大件垃圾抓入破碎机中进行处理，处理后的大件垃圾重新倒入垃圾储坑。称重系统中的关键设备是地中衡，它由车辆的承重台、指示重量的称重装置、连接信号输送转换装置和称重结构打印装置等组成。一般的大型垃圾焚烧厂都拥有多个卸料门，卸料门在无投入垃圾的情况下处于关闭状态，以避免垃圾储坑中的臭气外溢。为了垃圾储坑中的堆高相对均匀，应在垃圾卸料平台入口处和卸料门前设置自动指示灯，以便控制卸料门的开启。垃圾储坑的容积设计以能储存 3 ~ 5d 的垃圾焚烧量为宜。储存的目的是将原生垃圾在储坑中进行脱水；吊车抓斗在储坑中对垃圾进行搅拌，使垃圾组分均匀；在搅拌过程中也会脱去部分泥沙。这些措施都可以改善燃烧状况，提高燃烧效率。

## 2. 垃圾焚烧系统

垃圾焚烧系统使垃圾焚烧厂中最为关键的系统，垃圾焚烧炉提供了垃圾燃烧的场所和空间，它的结构和形式将直接影响到垃圾的燃烧状况和燃烧效果。

吊车抓斗从垃圾储坑中抓起垃圾，送入进料漏斗，漏斗中的垃圾沿进料滑槽落下，由饲料器将垃圾推入炉排预热段，机械炉排在驱动结构的作用下使垃圾依次通过燃烧段和燃烬段，燃烧后的炉渣落入炉渣储坑。

为了保证单位时间进料量的稳定性，饲料器应具有测定进料量的功能，现行的饲料器一般采用改变推杆生物行程来控制进料的体积，但由于垃圾在进料滑槽中的密度不均匀，造成进料的质量控制并不能达到预期的效果。目前，解决这个问题的有效方法之一是在滑槽中设置挡板，使挡板上的垃圾自由落下以提高垃圾密度的均匀性，同时还可以改进滑槽中垃圾的堵塞现象。

## 3. 余热利用系统

从垃圾焚烧炉中排出的高温烟气必须经过冷却后方能排放，降低烟气温度可采用喷水冷却或设置余热锅炉的方式。

余热利用是在垃圾焚烧炉的炉膛和烟道中布置换热面，以吸收垃圾焚烧所产生的热量，从而达到回收能量的目的。在未设置余热锅炉而采用喷水冷却方式的系统中，余热没有得到利用，喷水的目的仅仅是为了降低排烟温度。一般来讲，将烟气余热用来加热助燃空气或加热水是最简单的方法。随着垃圾焚烧炉容量的增加，目前越来越普遍采用设置余热锅炉的方式回收余热。

设置余热锅炉的余热利用系统，其回收能量的方式有多重：①利用余热锅炉所产生的蒸汽驱动汽轮发电机发电，以产生高品位的电能，这种方式在现代化垃圾焚烧厂中应用最广；②提供给蒸汽需求单位及本厂所需的一定压力和温度的蒸汽；③提供热水需求单位所需热水。

有些垃圾焚烧厂采用余热锅炉和喷水冷却相结合的方式。

### 4. 烟气处理系统

烟气处理系统主要是去除烟气中的固体颗粒、烟尘、硫氧化物、氮氧化物、氯化氢等有害物质，以使烟气达到烟气排放标准，减少环境污染。各国、各地区都有不同的烟气排放标准，相应垃圾焚烧厂也有不同的烟气处理系统。烟气处理系统一般有：循环流化床处理法、喷雾干燥法和 MHGT 工艺（CaO 消化及循环增湿一体化）。前两种设备组合为目前各国垃圾焚烧厂通常采用的烟气处理系统，后一种设备组合可供烟气排放标准较低的地区，在建设小型垃圾焚烧厂时选用。

### 5. 炉渣处理系统

炉渣处理系统一般有以下几种工艺流程。

从垃圾焚烧炉出渣口排出的炉渣具有相当高的温度，必须进行降温。湿式法就是将炉渣直接送入装有水的炉渣冷却装置进行降温，然后再用炉渣输送机将其送入垃圾储坑中。

垃圾静电除尘器的灰渣称为灰渣，通常情况下，飞灰应与垃圾焚烧炉出口排出的炉渣分别进行处理，这是由于飞灰中重金属的含量较炉渣中的多。一般的做法是将飞灰作为危险品固化后送入填埋场做最终的处置。

过去垃圾焚烧炉渣作为一般废弃物，可以在垃圾填埋厂进行填埋处理，随着环保要求的愈加严格，炉渣中可能出现的重金属的渗出已成为不可忽视的问题，炉渣的固化和熔融法是目前解决这一问题的两种有效途径。

### 6. 助燃空气系统

助燃空气系统是垃圾焚烧厂中一个非常重要的组成部分，它为垃圾的正常燃烧提供了必需的氧气，它所供应的送风温度和风量直接影响到垃圾的燃烧是否充分、炉膛温度是否合理、烟气中的有害物质是否能够减少。助燃空气系统的一般流程如下。

送风机包括一次送风机和二次送风机，通常情况下，一次送风机从垃圾储坑上方抽取空气，通过空气预热器将其加热后，从炉排下方送入炉膛；二次助燃空气可从垃圾储坑上方或厂房内抽取空气并经预热后，送入垃圾焚烧炉。燃烧所产生的烟气及过量空气经过余热利用系统回收能量后进入烟气处理系统，最后通过烟囱排入大气。

### 7. 废水处理系统

垃圾焚烧厂中废水的主要来源有：垃圾渗沥水、洗车废水、垃圾卸料平台地面清洗水、灰渣处理设备废水、锅炉排污水等。不同废水中有害成分的种类和含量各不相同，因此需采取不同的处理方法，但这种做法过于复杂，也不现实。通常按照废水中所含有害物的种类将废水分为有机废水和无机废水，针对这两种废水采用不同的处理方法和处理流程。

在废水处理过程中，一部分废水经过处理后排入城市污水管网，还有一部分经过处理的废水则可以加以利用。废水的处理方法很多，不同的垃圾焚烧厂可采用不同的废水处理工艺。对于灰渣冷却水和洗烟用水等重金属含量较高的废水，其废水处理流程应具有去除重金属的环节。

8. 自动控制系统

在实现垃圾焚烧厂的高度自动化以前，把垃圾焚烧炉看成是各个系统的组合，自动化的工作主要集中在实现这些单独系统的自动化管理，如垃圾焚烧状态的电视监控，各种设备通电状况的显示等。随后，为了推进各个系统设备自动化管理向更高水平发展，实现垃圾供料、焚烧一体化、自动化，引进了垃圾焚烧炉自动化燃烧控制系统。另外一些相关设备的自动化也有了进展，例如垃圾接收、灰渣的输送和自动称重设备都实现了实用化。

由于计算机的应用，垃圾焚烧炉的运行一些管理实现了自动化，例如垃圾焚烧炉、汽轮机的启动和关闭等。垃圾焚烧系统自动化大致可以分为以下三个方面：①设施运行管理必需的数据处理自动化；②垃圾运输车及灰渣运输车的车辆管理自动化；③设备机器运行操作的自动化。

上述各种操作实现自动化以后，为了达到最佳状态，目前仍需依赖人的判断。国外正在开发能够与熟练操作员的判断非常接近的软件，能够进行图像解析、模糊控制等操作。目前这些软件仅作为主软件的支持系统，可以相信，在不远的将来，综合运行状态的最优化控制是完全可实现的。

## 二、城市生活垃圾焚烧处置设备

1. 垃圾接收设备

垃圾接收设备分为两种：一种是用垃圾处孔接受垃圾，用垃圾抓斗向垃圾焚烧炉投料的方式，成为处孔 - 吊车方式，这种方式适用于日处理量超过 50t 且垃圾中水分较多的垃圾焚烧炉；另一种形式是漏斗 - 输送带形式，这种方式适用于固定炉排间隙式小型垃圾焚烧设备的给料。

2. 垃圾焚烧炉

城市生活垃圾焚烧技术是在工业锅炉的基础上结合垃圾的特点而发展起来的，目前最常用的垃圾焚烧设备有层燃式焚烧炉、流化床式焚烧炉和回转窑焚烧炉等。

垃圾燃料的粒度越小，其与助燃空气的接触面积则越大，燃烧速度越快，燃尽率也越高。

（1）层燃式垃圾焚烧炉

层燃式垃圾焚烧炉品种较多，使用历史长，可靠性高，年运行可达 8000h 以上，层燃炉对垃圾的单炉最大处理能力已达到 1200t/d。层燃式垃圾焚烧炉因其对垃圾的预处理要

求不高、对垃圾热值适应范围广和运行及维护简便等优点而得到大规模应用，现在层燃式垃圾焚烧炉占垃圾焚烧炉市场的 80%。

层燃式垃圾焚烧技术的关键设备是炉排。在炉排上，垃圾的焚烧经历了三个阶段：干燥段、燃烧段和燃尽段。在干燥段，加热垃圾的热量来源包括炉内高温燃烧烟气的对流、炉侧壁以及炉顶的热辐射、从炉排下部提供的高温空气的对流以及部分易燃垃圾的燃烧热，垃圾的干燥时间约为 30min，当垃圾的温度大于着火温度并有空气存在的情况下，干燥垃圾便会着火。在燃烧段，配风供应理论空气量的 60% ~ 80%，垃圾燃烧的最高温度可达 800 ~ 1000℃。料层厚度、均匀料层和等压配风等是垃圾燃烧的重要因素，料层太厚则通风阻力大，易造成垃圾不完全燃烧，料层太薄会产生"烧穿现象"，易造成炉排烧损，并发生垃圾熔融结块。垃圾的燃烧时间约为 30min，为提高燃烧效果可进行适当搅动。

层燃式垃圾焚烧炉的炉排是活动或部分活动的，根据炉排的结构和活动炉排的运动方向可以将炉排分为链条炉排、滚筒式炉排、倾斜顺推往复炉排和倾斜逆推往复炉排等（见表 8-2）。

表 8-2　炉排的分类

| 类型 | 内容 |
| --- | --- |
| 滚筒式炉排 | 垃圾的移动和搅拌主要依靠滚筒滚动，助燃空气从滚筒中吹出 |
| 链条炉排 | 链条炉排可以由单级或多级组成，工作时，垃圾由炉排前部到后部或垃圾在炉排上由高到低逐级流动，逐级燃烧至燃尽。链条炉排的着火条件较差，对燃料层的扰动作用只能依靠台阶端差 |
| 倾斜顺推往复炉排 | 由固定炉排和活动炉排组成，安装时，固定炉排与活动炉排交错布置，固定炉排都置于炉排梁上，通过活动炉排的往复运动推动垃圾向前移动，炉排运动方向与垃圾运动方向相同，炉排的运动速度通常不大于 4 行程/min |
| 倾斜逆推往复炉排。它的倾角一般为 26° | 呈阶梯布置，炉排的固定炉排与活动炉排交替安装，每个活动炉排由单独电机驱动。活动炉排运动方向与垃圾运动方向相反，炉排具有自动清洁功能，下面布置配风箱。炉排往复运动的速度及垃圾在炉排上的滞留时间可根据垃圾的性质及燃烧情况，通过液压装置进行调节 |

无论是倾斜顺推往复炉排，还是倾斜逆推往复炉排，炉排片的往复运动使得垃圾层整体在沿炉排下落的过程中，垃圾层可以被强烈地翻动和搅动，即炉排有较强的拨火作用，使垃圾层疏松，透气性增大，增强了垃圾与空气的接触，垃圾易干燥，着火快，燃烧得到一定程度的强化。垃圾在往复炉排上的着火条件比链条炉排或滚动炉排等有所改善，相对可以降低垃圾的预处理条件，并降低相应费用。

（2）流化床式垃圾焚烧炉

流化床燃烧是 20 世纪 80 年代发展起来的一种清洁燃烧技术。其特点是燃料适应性强，负荷调节范围大。流化床焚烧炉为了增强物料的流动性、均匀化，对垃圾的传热和维持炉膛内一定的蓄热量，常常选择沙粒作为载热体。垃圾进入流化床内迅速干燥、热解，并与空气中的氧气发生剧烈的燃烧反应，未燃尽的垃圾质量较轻，悬浮在热载质中继续反应，垃圾燃尽的灰渣一般质量较重，随同大粒径的沙粒会沉入炉底，然后通过排渣设备排出炉外，用水或空气冷却后，再分选出粗细粒径的残渣，留下中等粒径的残渣与沙粒一同由提升设备送入炉内再循环。流化床焚烧炉的最显著特点就是在流化空气的作用下，垃圾和沙粒的混合物在炉膛内被悬浮起来，垃圾呈沸腾状进行燃烧。

流化床焚烧炉对入炉的垃圾粒度有要求，一般不能超过 50mm，否则过大的垃圾容易沉入炉底，造成不完全燃烧。所以流化床焚烧炉一般都配有大型的破碎和分选装置，这不但使工程造价提高，也增大了垃圾暴露的机会和污染环境的风险。流化床焚烧炉为使炉料沸腾需要高压风机，它的耗电量很大。流化床风量过大容易使细小的灰尘被吹出床外，造成余热锅炉大量集灰，同时增加了下游除尘设备的负荷，风量过小会使流化质量下降，降低流化床处理能力。另外，流化床对垃圾中的低熔点和低软化点的物质非常敏感，低熔点和低软化点物质会引起床料板结，从而破坏物料在流化床中的运动。

（3）回转窑式垃圾焚烧炉

回转窑式垃圾焚烧炉的一个重要部件是缓慢旋转的、内砌耐火砖的、轴线有一定倾角的金属圆筒。圆筒通常采用管式水冷壁，耐火砖面常设置成螺旋线凸槽。工作时，垃圾由滚筒较高的一端送入，滚动筒体利用摩擦力将垃圾由筒体下部带到筒体中上部，然后垃圾在重力和惯性力作用下跌落，垃圾在筒内翻滚并向筒体下游移动，在此过程中，垃圾完成着火、燃烧和燃尽三个阶段。最后燃尽垃圾残渣自动从筒体的最底端排出。回转窑的转速常小于 10r/min。回转窑式焚烧炉宜采用逆流送风工艺。回转窑的排气中一般含有挥发性有毒有害气体，为使其完全燃烧必须设置二燃室，所以回转窑式焚烧炉的辅助燃料消耗较多。

回转窑式焚烧炉对垃圾的适应性较强，但对垃圾的处理规模一般较小，其排气处理成本较高，常用于危险性固体废弃物的处理，较少用于焚烧生活垃圾。

3. 供料助燃设备系统

（1）垃圾供料斗

垃圾供料斗有以下功能。

1）利用垃圾本身的厚度形成密封层，防止空气漏入炉内和烟气外漏；

2）接收垃圾吊车提供的垃圾并储存；利用垃圾的自重向炉内连续不断地提供垃圾。

为了达到上述功能，一般设计供料斗中垃圾储存容量为维持焚烧 1h 左右的量。另外为了在停炉和启动时防止空气漏入炉内，还设供料斗开关门。有时为了解除垃圾在料斗中的架桥现象，设架桥解除装置。

（2）供料器

供料器的种类较多，有供料滑槽、水平供料器、螺旋供料器、旋转阀供料器等。供料器具备以下功能。

1）连续稳定均匀地向炉内供应垃圾；

2）按照要求调节垃圾供应量。

（3）助燃设备

垃圾助燃设备的目的如下。

1）启动炉时的升温和停炉时的降温；

2）焚烧低热值垃圾时的助燃；新筑炉和补修炉时的干燥。

## 三、垃圾焚烧污染控制

1. 焚烧厂臭气处理

焚烧厂恶臭主要来自垃圾储坑、卸料平台、污水处理站和焚烧炉，其主要成分是硫化物、低级脂肪胺等。臭气治理的主要方法有：燃烧、化学氧化、化学吸收、吸附和生物分解等。

臭气燃烧分高温燃烧和催化燃烧。当臭气的停留时间不变时，随着燃烧温度的提高，臭气的分解率加大；当燃烧温度大于 800℃ 和臭气的停留时间大于 0.3s 时，臭气的分解率大于 99%。催化燃烧是利用催化剂强烈的表面活性，臭气的催化燃烧速度比高温燃烧速度提高 10 倍，所以臭气的催化燃烧分解温度较低，其缺点是催化剂容易中毒。

化学氧化是利用试剂的强氧化作用将臭气彻底分解。常用的氧化剂有臭氧、高锰酸钾、次氧酸盐等。

化学吸收是利用酸、碱的水溶液吸收臭气并反应，达到除臭的目的。

吸附使利用表面积巨大的物质如活性炭的吸附作用来除臭。

生物分解是活性污泥、土壤、堆肥等载体吸附和吸收臭气，利用载体中的微生物分解有机质的能力去除臭气。

### 2．二噁英的处理

焚烧产生二噁英的机理十分复杂，现在普遍的观点认为，在有氯和金属存在的条件下，有机物燃烧会产生二噁英，但从源头减少氯的参与并不能减少二噁英的排放。

根据研究报告，二噁英产生的途径有：①由于焚烧炉中温度较低或停留时间太短造成垃圾中有机物如 PCBs（多氯化联二苯）等不能有效分解形成二噁英；②在垃圾的干燥和焚烧初期，因供氧不足形成二噁英前驱体，这些前驱体与废气中的 HCl 和 $O_2$ 等在烟尘中飞灰的催化作用下形成二噁英；③二噁英前驱体在 $250 \sim 350℃$ 的温度区间通过其他反应形成二噁英。

消除垃圾焚烧过程中二噁英产生的最有效的方法就是高温分解和烟气快速降温通过 $250 \sim 350℃$ 的温度范围。

### 3．炉渣、烟尘处理

焚烧炉灰渣常用的稳定方法有固化和高温处理。灰渣固化处理包括水泥固化、沥青固化、塑料固化等。

水泥固化是一种利用水泥的水化反应后形成坚硬的水泥石头包容焚烧灰渣以降低其渗透性的处理方法。水泥具有较高的 pH 值，可以使废弃物中的重金属离子生成难溶于水的氢氧化物或碳酸盐，因而某些重金属离子也可以固定在水泥基体的晶格中。水泥固化的缺点是常会遇到混合不均匀、凝固过早或过迟的问题，灰渣含氯使得固化体强度较差、浸水持久性较差、对重金属的长期固定效果差。

沥青固化是通过加热使熔化沥青均匀包容有害废弃物，常温形成固化体的灰渣处理方法。沥青固化的有害物质浸出率比水泥固化小 $2 \sim 3$ 个数量级，其对固化废弃物的宽容度大。沥青固化的缺点是沥青具有可燃性；若废弃物中含水率高，熔化沥青会起泡，从而出现废气污染。

塑料固化是以塑料作为固化剂的灰渣处理方法。根据塑料特性可分为热塑性塑料和热固性塑料。热塑性塑料常温下是固态，高温下可以转变为胶黏液体；热固性塑料常温下有适宜的黏度，加热后在常温常压下可以固化成型。塑料固化的优点是增容较小，容易操作；缺点是固化塑料容易老化，一旦固化塑料破裂，有害物质会浸出造成污染。

　　灰渣高温处理包括熔融和烧结两种方式。熔融是在高于灰渣熔点的熔化炉内，将灰渣溶融成液态，然后把液态熔渣快速冷却以形成致密的玻璃态熔渣。烧结是在1/2 ～ 1/3 渣溶点的高温下，灰渣固体颗粒获得扩散能量，将大部分甚至全部气孔从晶体中排出，使炉渣变成致密的烧结体。

　　4．垃圾焚烧厂的废水处理

　　城市生活垃圾焚烧厂废水，除沥滤液外，还有洗车废水、平台冲洗废水、灰渣、锅炉、烟气冷却等废水。垃圾焚烧厂废水按照所含有害物的种类，可分为有机废水与无机废水，这两种废水通常采用不同的处理工艺进行处理，如图 8-1 所示。

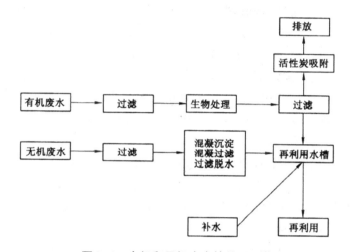

图8-1　有机和无机废水的处理工艺

目前的垃圾焚烧技术虽然成熟，但许多方面仍需要完善。

　　（1）焚烧残渣的热灼减率为 3% ～ 5%，仍有潜力可挖。

　　（2）气相中有少量 CO 等可燃物。

　　（3）垃圾焚烧炉内容易形成二噁英等剧毒性物质，在灰渣中，其有害物质的溶出不能完全避免。

　　（4）垃圾焚烧设备的造价、维修和运行费用较高，垃圾焚烧技术的经济性有待提高；垃圾焚烧厂余热锅炉的效率约为 70%，发电效率约为 20%，垃圾焚烧技术的资源化效率需要进一步提高。

　　垃圾焚烧处理是我国城市生活垃圾处理的重要发展方向，现代垃圾焚烧法能使城市生活垃圾体积减量约 90%，用回收热量供热，其热能利用效率可达 80%，而用余热发电，其热效率可达 30%。目前制约我国垃圾焚烧技术发展的主要因素是：焚烧炉的建设投资较高，垃圾热值较低且不稳定；焚烧系统的一个重要组成部分是烟气处理系统，其造价已经接近或超过焚烧炉本体的造价。因此，在发展垃圾焚烧的同时更要重视城市生活垃圾的分类收集，以提高垃圾焚烧的适用性，同时要大力开发新型高效低成本的烟气处理设备。

# 第四节　城市生活垃圾综合处置技术

## 一、城市生活垃圾综合处置原理

城市生活垃圾综合处理是实现回收利用的有效途径。所谓垃圾综合处理就是将填埋、堆肥和焚烧三种方法中的二者或三者有机结合为一体，因地制宜，充分发挥各种方法的优势，最大限度地实现减量化、无害化和资源化的处理目标。我国城市生活垃圾组成不稳定、变化大，单一的处理技术抗冲击力小，实行垃圾综合处理，不仅可以完全处理垃圾，而且可以优化各种处理技术条件、降低处理成本，符合我国垃圾处理技术的发展方向。

垃圾综合处理是实现垃圾资源化、减量化的重要手段。综合处理的方法有许多，主要分为以下四种形式：①再利用；②原料再利用；③化学再利用；④热综合利用。在垃圾处理过程中，应采取措施进行废弃物的综合利用，以达到垃圾减量化、节约资源和能源、保护环境的目的。

（1）我国垃圾中有机物含量高，可达 60% 左右，而一般有机物含水量可达 70%。这种高含水量的垃圾要用于焚烧，必须先去除部分水分，因此将使焚烧处理工艺复杂，成本升高；而其用于卫生填埋则将产生大量高浓度的垃圾渗滤液，由于其处理难度大且成本高，从而增加了填埋处理成本。综合处理可将 60% 左右的有机物分选出用于堆肥处理，从而有效克服上述不足，并通过生产的有机肥获得经济效益。

（2）垃圾中的可燃有机物约占 20% ~ 30%，其含水量低、热值高、易燃，通过分选进行焚烧处理，不仅可以使垃圾减量、无害，还可产生热能。由于垃圾中还含有砖石、灰渣、玻璃等无机物，如全部焚烧处理，将会带来能源的消耗，也达不到减量化目的，还会给处理工艺带来影响；如全部堆肥处理，将不会完全被微生物降解，造成肥质差、效益低。综合处理中，可将砖石、灰渣、玻璃等无机物分选出填埋，可有效改善焚烧和堆肥条件，提高效益；同时也使填埋组分相对简单，减少了各组分间的复杂反应，也大大减轻二次污染控制的难度。

综合处理克服了单一处理的许多局限性，具有适用面广、处理完全、技术优化、经济简便等有优点，但受经济、技术及国家对环保要求等因素限制，垃圾处理过程中，气、液、渣二次污染问题仍较为严重；垃圾分选是实现有效综合处理的前提，其中源头分类收集是最理想的，能最大限度地实现回收利用，但受多种因素制约，这在我国相当一段时间内还难以实现，也影响了这一技术的推广应用进程。

## 二、城市生活垃圾综合处置技术工艺

### 1. 城市生活垃圾综合处理处置技术

城市生活垃圾综合处置的概念有两层含义：宏观含义及具体含义。宏观含义是一个区域的概念，是指某一个区域的城市生活垃圾处理系统是由回收、填埋、焚烧及堆肥等多种工艺技术组成的、较合理的处理系统，即区域综合处理系统；具体含义是一个工厂的概念，是指某一个由回收、堆肥及焚烧等两种以上工艺技术组成的、较合理的处理场，即综合处理厂。从垃圾综合处理技术和垃圾特性分析得知，比较适合的垃圾综合处理技术主要包括物质回收、能源回收和土地回收技术。

从物质回收技术方面分析，垃圾分类收集工作的推进，为进一步从垃圾中回收物质提供了条件；日益成熟的工艺技术使有用物质从垃圾中分离出来；较完善的废旧物资回收体系，为垃圾综合处理技术提供了有用物资的出路，这一切将进一步推进垃圾处理资源化的进程。

从堆肥技术方面分析，国内外堆肥技术历史悠久，有一定应用基础。目前处理垃圾中的易腐成分主要采用好氧堆肥和厌氧消化技术。好氧堆肥是传统成熟技术，在国内外均有成功的工程实例。近几年，国外公司针对传统垃圾厌氧消化技术周期长、占地面积大、恶臭严重的缺点，在传统厌氧消化处理技术的基础上开发了改良厌氧消化技术。此技术资源利用率高，既能收集沼气，还能生产有机肥，可适当处理经分类收集后的易腐垃圾。

从能源回收技术方面分析，分类收集的开展、分离技术的成熟及改良厌氧消化处理技术的发展，使垃圾中可燃部分能源回收成为可能。在综合处理技术组成中，回收、填埋及焚烧技术相对成熟，故在此重点分析堆肥处理工程及其技术。

### 2. 城市生活垃圾综合处理处置技术的原理

不同的城市，自然条件不同、经济发达程度不同，其垃圾成分也不尽相同，因此垃圾处理处置的方法不能"一刀切"。卫生填埋、高温焚烧、堆肥、回收利用等垃圾处理技术及设备都有相应的适用条件，需因地制宜，合理选择其中之一或适当组合。在具备卫生填埋场地资源和自然条件适宜的城市，以卫生填埋为垃圾处理基本方案；在具备经济条件、垃圾热值条件和缺乏卫生填埋场地资源、人口密度大的城市，应发展焚烧处理技术，如北京、深圳等城市。中国高寒城市如哈尔滨、佳木斯等地，也宜采用高温焚烧处理的方法。这些城市的年平均气温 3 ~ 5℃，冬季最低气温接近零下 40℃。若采用堆肥技术，成本将大幅提高，其经济效益极低。

根据对上述集中技术的综合分析和对已有各种技术的优缺点的综合，结合垃圾的成分及特点，处理城市生活垃圾最好的方法是无害化综合处理技术。城市生活垃圾综合处理技术可由多种不同的工艺进行组合而成的，具体的组合方式主要由各地的技术经济水平和城市特点来确定。目前，国内综合处理技术主要指堆肥加填埋、焚烧加填埋、以堆肥为主辅以焚烧和填埋等。

### 三、城市生活垃圾综合处置设备

（1）垃圾分拣系统

垃圾进场后运至垃圾储坑，垃圾储坑设置在地下，垃圾在此停留 5d，分离出一部分渗沥水，再用抓斗送入供给输送机料斗，由输送机送至垃圾分离机分离出大块建筑垃圾，然后经粒度选别机选出粒径在 20mm 以下的垃圾送至堆肥车间，粒径 20 ~ 200mm 的经分选装置分离出可燃垃圾和不可燃垃圾，不可燃垃圾运外，可燃垃圾送焚烧垃圾储坑。如焚烧炉型为流化床，则在送入垃圾储坑前需经破碎机处理，使垃圾粒径均化。

（2）垃圾给料系统

用桥吊抓斗将储坑内的垃圾送至给料斗，送入焚烧炉。垃圾储坑上方设有抽气装置，抽出的臭气作焚烧炉燃烧气。

（3）排渣排灰系统

从焚烧炉排出的灰渣及余热锅炉排出的细灰通过溜槽一同由链板输送机输送至金属磁选机，将金属分离出来以后，再分别送到渣储坑和金属储坑。

（4）石灰浆制备和输送系统

中和酸性气体的吸收剂采用市购粉末状的 $Ca(OH)_2$，纯度为 85% ~ 90%，用密封罐车从场外运来存入石灰仓，再从石灰仓底部通过计量螺旋输送机送到配置槽加水，搅拌成浓度为 10% ~ 15% 石灰浆。再流入分配槽，加水稀释至 8% ~ 10%，用泵输送到反应塔上方的高位槽，进入旋转喷雾器，多余的石灰浆从高位槽返回分配槽。石灰浆制备系统两条焚烧线共用，石灰仓及石灰槽都是两套，一套制浆，另一套供浆，交替使用。

（5）汽轮发电系统

1）汽轮机

汽轮机采用中压、单缸、凝汽式，带不可调抽气。抽气主要供除氧器加热给水和低压加热器及预热燃烧空气用。

2）热力装置

焚烧炉余热锅炉产生的过热蒸汽进入两台等容的凝汽式汽轮机驱动发电机产生电能。

（6）渗沥水处理系统

生活垃圾在垃圾坑中存储5d，已经发酵并渗出水分，水分的多少因季节而变，这种渗沥水有机浓度非常高，由于目前垃圾热值不高，必须单独对其进行生化处理，直至达标经消毒后回用。

（7）锅炉汽、水系统

1）主蒸汽系统

主蒸汽管道采用单母管分段系统，以提高机组的运行安全性和调节灵活性。余热锅炉产生的过热蒸汽均送至母管，再分别送到两套凝汽式汽轮发电机组，驱动发电机发电。

2）给水及除氧系统

高压给水系统和低压给水系统均采用分段单母管系统。其流程为：锅炉补给水由脱盐水装置送来后，与凝结水一起经除氧器进行除氧，然后由锅炉给水泵送入锅炉。

3）给水、炉水校正处理系统及热力系统汽水取样系统

该厂锅炉给水考虑加氨调整 pH 值，炉内采用磷酸盐加药处理，以防止锅炉结垢。设磷酸盐溶液箱和氨溶液箱各一个，均配加药泵。

## 四、城市生活垃圾综合处理的二次污染控制

（1）填埋法占用大量土地，恶化生态环境

目前，填埋处理是国内首选的垃圾处理方式。在我国大多数城市，所谓的卫生填埋仅仅是利用废弃的土坑、鱼塘简单填埋或直接露天堆放，这样不仅侵占大量土地，同时填埋后的土地使用受限，垃圾不易腐烂分解，而且对大气、土壤、地表水、地下水造成了现实的影响和潜在的危害。

（2）堆肥工艺污染土壤，肥效低

堆肥与填埋法相比，投资费用高，肥料中的重金属含量超标，易造成土壤污染，

同时由于垃圾混合收集造成堆肥肥效低、成本高，产品销路不畅。

（3）焚烧工艺热值低，同时污染空气

我国城市大部分生活垃圾还是混合收集，垃圾含水率较高导致热值降低，达不到焚烧要求，不利于焚烧。国产焚烧炉及净化设备无法有效去除焚烧产生的二噁英和有毒有害物质，垃圾在焚烧过程中产生大量废气污染大气，所以应该严格控制垃圾处理过程中导致的二次污染。

综合处理可将 60% 左右的有机物分选出用于堆肥处理，可将砖石、灰渣、玻璃等无机物分选出填埋，有效改善焚烧和堆肥条件，同时也使填埋组分相对简单，减少了各组分间的复杂反应，有效克服了上述不足，也大大减轻了二次污染控制的难度。

# 第九章 农业固体废弃物处理技术研究

## 第一节 农业固体废弃物的预处理

### 一、破碎

复杂且不均匀、体积庞大是固体废弃物的特点，这对整个固体废弃物处理处置系统而言，都是极为不利的。在许多情况下，减小最大颗粒尺寸对处理系统的可靠性是极为重要的。为缩减废弃物尺寸，通常所用的方法就是破碎，更确切地称之为颗粒尺寸减小，是通过人力或机械等外力的作用，破坏物体内部的凝聚力和分子间作用力而使物体破裂变碎的操作过程。

经破碎处理后，固体废弃物的性质发生变化，消除其中较大的空隙，使物料整体密度增加，并达到使固体废弃物混合体更为均一的颗粒尺寸分布，使其更适合于各类后处理工序所要求的形状、尺寸与容重等。

破碎的优点：①对于填埋处理而言，破碎后固体废弃物置于填埋场并施行压缩，其有效密度要比未破碎物高25%～60%，减少填埋场工作人员用土覆盖的频率，加快实现垃圾干燥覆土还原。与好氧条件组合，还可有效去除蚊蝇，减少臭味，减少昆虫、鼠类的疾病传播可能。②破碎后，原来组成复杂且不均匀的废弃物变得混合均匀，比表面积增加，有助于提高堆肥效率。③废弃物容重的增加，使储存与远距离运输更加经济有效，易于进行。④为分选提供符合要求的入选粒度，使原来的联生矿物或连接在一起的异物材料等单体分离，从而更有利于提取其中的有用物质与材料。⑤防止不可预料的大块、锋利的固体废弃物损坏运行中的处理机械如分选机、炉膛等。⑥尺寸减小后的废弃物颗粒不易被风吹走。⑦容易通过磁选等方法回收小块的贵金属。

### 二、筛分

筛分是利用筛子将物料中小于筛孔的细粒物料透过筛面，而大于筛孔的粗颗粒物料留在筛面上，完成粗、细粒物料分离的过程。该分离过程可看作是由物料分层和细粒透筛两个阶段组成的。物料分层是完成分离的条件，细粒透筛是分离的目的。

为了使粗、细物料通过筛面而分离，必须使物料和筛面之间具有适当的相对运动，使筛面上的物料层呈现出具有"活性"的松散状态，即按颗粒大小分层，形成粗粒位于上层，细粒处于下层的规则排列，细粒到达筛面并透过筛孔。同时，物料和筛面的相对运动还可使堵在筛孔上的颗粒脱离筛孔，以利于细粒透过筛孔。

分层和透筛不是先后关系，而是相互交错同时进行的。

筛分方法有：①滑动筛选法。物料在斜置固定不动的筛面上靠本身自重下滑。这是早期使用的筛分方法，其筛分效率低、处理量小。②推动式筛分法。由于组成筛面的筛条转动，物料通过筛面运动构件的接力推送，沿筛面向前运动，如滚轴筛。③滚动式筛分法。筛面是个倾斜安置的圆筒，工作时匀速转动，物料在倾斜的转筒内滚动，如早期使用的圆筒筛。④摇动式筛分法。筛面可以水平放置，也可以倾斜安置，工作时筛面在平面内做往复运动。为了使物料和筛面之间有相对运动，如筛面呈水平安置时，筛面要做差动运动；筛面倾斜安置时，筛面在平面内做谐振动，物料沿筛面呈步步前进的状态运动。⑤抛射式筛分法。筛面在垂直的纵平面内做谐振动或准谐振动。筛面运动轨迹呈直线，也可呈圆形或椭圆形。

### 三、分选

固体废弃物分选就是将固体废弃物中各种有用资源或不利于后续处理工艺要求的废弃物组分采用人工或机械的方法分门别类地分离出来的过程。废弃物分选是根据废弃物组成中各种物质的性质差异，即粒度、密度、磁性、电性、光电性、摩擦性及表面润湿性的差异不同而进行的。

固体废弃物分选可概括为两类：手工拣选和机械分选。手工拣选是最早采用的分选方法，适用于废弃物产源地、收集站、处理中心、转运站或处置场。不需进行预处理的物品，特别是对危险性或有毒有害物品，必须通过手工拣选。目前，手工拣选大多数集中在转运站或处理中心的废弃物传送带两旁。

机械分选大多要在废弃物分选前进行预处理，一般至少需经过破碎处理。机械分选方法按分选原理的不同，可分为物理分选、物理化学分选、化学分选及微生物分选等。

物理分选是根据固体废弃物颗粒的某种物理性质（如粒度、密度、形状、硬度、颜色、光泽、磁性及带电性等）的差别，采用物理方法来实现对固体废弃物的加工处理。物理分选主要是指重力分选，同时还包括电磁分选及拣选等。重力分选主要有跳汰分选、重介质分选、空气重介质流化床干法分选、风力分选、斜槽和摇床分选等。

物理化学分选中的浮游分选（简称浮选），是依据矿物表面物理化学性质的差别进行分选的方法。浮选包括泡沫浮选、浮选柱、油团浮选、表层浮选和选择性絮凝等。由于实际上常使用泡沫浮选分选细粒固体废弃物，所以通常所说的浮选主要指泡沫浮选。

化学分选是借助化学反应使固体废弃物中有用成分富集或除去杂质和有害成分的工艺过程。化学分选方法主要有氢氟酸法、熔融碱法、氧化法和溶剂萃取法等。

微生物分选是应用微生物脱除固体废弃物中的有害成分。它是利用某些自养性和异养性微生物能直接或间接地利用其代谢产物从固体废弃物中溶浸有害物质从而达到分选的目的。在现阶段有发展前途的有三种：堆积浸滤法、空气搅拌浸出法和表面氧化法。

### 四、浮选

浮选主要指泡沫浮选。是按固体废弃物表面物理化学性质的差异来分离各种细粒的方法。浮选过程是指在气、液、固三相体系中完成的复杂的物理化学过程。其实质是疏水的有用固体废弃物黏附在气泡上，亲水的固体废弃物留在水中，从而实现分离。

固体废弃物根据表面性质可分为极性的和非极性的，它们与强极性水分子作用的程度不同，非极性矿物表面分子与极性水分子之间的作用力属于诱导效应和色散效应的作用力，比极性水分子之间的定向力和氢键作用要弱许多；极性矿物质颗粒表面与水分子的作用是离子与极性水分子之间的作用，在一定范围内作用力超过水分子之间的作用力。因此非极性矿物颗粒表面吸附的水分子少而稀疏，其水化膜薄而易破裂；而极性矿物质颗粒表面吸附的水分子量大而密集，其水化膜厚且很难破裂。非极性矿物的表面所具有的这种不易被水润湿的性质为疏水性，惯性矿物质表面所具有的这种易被水润湿的性质为亲水性。若物质表面极亲水，气相不能排开液相，接触角为0°。反之，若物质表面极疏水，气相完全排开液相，则接触角为180°。但实际上，物质的接触角还未发现有超过180°的，所以各种物质的接触角都在0°～180°。接触角口的大小决定于气泡、矿物表面和三相界面张力的平衡状态。

由于固体废弃物浆中矿物质各自的湿润特性的差异，当非极性矿物颗粒与气泡发生碰撞时，气泡易于排开其表面薄且容易破裂的水化膜，使废弃物颗粒黏附到气泡的表面，从而进入泡沫产品；极性矿物质表面与气泡碰撞时，颗粒表面的水化膜很难破裂，气泡很难附着到矿物质颗粒的表面上，因此极性矿物质留在料浆中，从而实现了分离。

# 第二节　垃圾的堆肥

## 一、堆肥作用

（1）堆肥化

堆肥化就是在人工控制下，在一定的湿度、温度、C/N 比和通风条件下，利用自然界广泛分布的细菌、放线菌、真菌等微生物的发酵作用，人为地促进可生物降解的有机物向稳定的腐殖质生化转化的微生物学过程。

堆肥化的产物称为堆肥。它是一种深褐色、质地疏松、有泥土气味的物质，类似于腐殖质土壤，故也称为"腐殖土"，也是具有一定肥效的土壤改良剂和调节剂。

堆肥化系统有三种分类方法。按需氧程度分，有好氧堆肥和厌氧堆肥；按温度分，有中温堆肥和高温堆肥；按技术分，有露天堆肥和机械密封堆肥。习惯上按好氧堆肥与厌氧堆肥区分。现代化堆肥工艺基本上是好氧堆肥，这是因为好氧堆肥具有温度高、基质分解比较彻底、堆制周期短、异味小、可以大规模采用机械处理等优点。厌氧堆肥是利用厌氧微生物完成分解反应，空气与堆肥相隔绝，温度低，工艺比较简单，产品中氮保存量比较多，但堆制周期太长、异味浓烈、产品中含有分解不充分的杂质。

（2）堆肥作用

堆肥化是可降解的有机垃圾人为地发酵成腐殖质的过程，也可以说堆肥即人工腐殖质，但其中常常残留一部分可降解的有机物。施用堆肥后，能够增加土壤中稳定的腐殖质，形成土壤的团粒结构，并有以下作用。

1）使土质松软、多孔隙、易耕作，增加保水性、透水性及渗水性，改善土壤的物理性能。

2）肥料中氮、磷、钾等营养成分都是以阳离子的形态存在的。由于腐殖质带负电荷，有吸附阳离子作用，有助于黏土保住阳离子，即能保住养分，提高保肥能力。腐殖质阳离子交换容量是普通黏土的几倍到几十倍。

3）腐殖质中某种成分有螯合作用（某种有机化合物和金属起特殊的结合作用，把金属维持在液化状态）。有这种作用的物质和酸性土壤中含量较多的活性铝结合后，使其半数变成非活性物质，因而能抑制活性铝和磷酸结合的有害作用。施用堆肥时，由于其中螯合剂能和铝、铁等金属结合，使稳定状态变成易分解状态，所以能促进有机物分解，促进氮肥和其他养分的供应。另外，对作物有害的铜、铝、镉等重金属也可与腐殖质反应而降低其危害程度，有利于植物生长。

4）腐殖质有缓冲作用。当土壤中腐殖质较多时，即使肥料施得过多或过少，也不易受到损害；即使气象条件恶化也可减轻其影响；即使其他条件稍微恶化，也能减少冲击，例如水分不足时，可防止植物枯萎，起到缓冲作用。

5）堆肥是缓效性肥料。和硫铵、尿素等化肥中的氮不同，堆肥中的氮肥以蛋白质的氮形态存在，当施到田里时，蛋白质经氮微生物分解成氨氮，在旱地里部分变成硝酸盐氮。两者都是能被吸收的氮，施用堆肥不会出现施化肥那样短暂有效或施肥过头的情况。经过上述过程缓慢持久地起作用，不致对农作物产生危害。

6）腐殖化的有机物具有调节植物生长的作用，也有助于根系的发育和生长。

7）将富含微生物的堆肥施于土壤中，可增加其中的微生物数量。微生物分泌的各种有效成分能直接或间接地被植物吸收而起到有益作用，故堆肥是昼夜均有效的肥料。

8）堆肥是二氧化碳的供给源。如与外界空气隔绝的密封罩内二氧化碳浓度低，当大量施用堆肥后，罩内较高的温度可促使堆肥分解放出二氧化碳。

堆肥作为一种人工腐殖质，能有效改善土壤的物理、化学、生物性质，使土壤环境保持适于农作物生长的良好状态，且有增进化肥肥效的作用。

## 二、堆肥微生物

堆肥化是微生物作用于有机废弃物的生化降解过程，说明微生物是堆肥过程的主体。堆肥微生物的来源主要有两个方面。一是来自有机废弃物内部固有的大量微生物种群，如在城市垃圾中一般的细菌数量为 1014 ～ 1016 个 /kg；二是人工加入的特殊菌种，这些菌种在一定条件下对某些有机物废弃物具有较强的分解能力，具有活性强、繁殖快、分解有机物迅速等特点，能加速堆肥反应的进程，缩短堆肥反应的时间。

堆肥中发挥作用的微生物主要是细菌和放线菌，还有真菌和原生动物等。随着堆肥化过程有机物的逐步降解，堆肥微生物的种群和数量也随之发生变化。

细菌是堆肥中形体最小、数量最多的微生物，它们分解了大部分的有机物并产生热量。细菌是单细胞生物，形状有杆状、球状和螺旋状，有些还能运动。在堆肥初期温度低于 40℃时，嗜温性的细菌占优势。当堆肥温度升至 40℃以上时，嗜热性细菌逐步占优势。这阶段微生物多数是杆菌，杆菌种群的差异在 50 ～ 55℃时是相当大的，而在温度超过 60℃时差异又变得很小。当环境改变不利于微生物生长时，杆菌通过形成孢子壁而幸存下来。厚壁孢子对热、冷、干燥及食物不足都有很强的耐受力，一旦周围环境改善，它们又将恢复活性。

成品堆肥散发的泥土气息是由放线菌引起的。在堆肥化的过程中它们在分解诸如纤维素、木质素、角质素和蛋白质这些复杂有机物时发挥着重要的作用。它们的酶能够帮助分解诸如树皮、报纸一类坚硬的有机物。

真菌在堆肥后期当水分逐步减少时发挥着重要的作用。它与细菌竞争食物，与细菌相比，它们更能够忍受低温的环境，并且部分真菌对氮的需求比细菌低，因此能够分解木质素，而细菌则不能。

微型生物在堆肥过程中也发挥着重要的作用。轮虫、线虫、跳虫、潮虫、甲虫和蚯蚓通过在堆肥中移动和吞食作用，不仅能消纳部分有机废弃物，而且还能增大表面积，并促进微生物的生命活动。

### 三、影响堆肥化的因素分析

（1）C/N 比和 C/P 比

在微生物分解所需的各种元素中，碳和氮是最重要的。碳提供能源和组成微生物细胞 50% 的物质，氮则是构成蛋白质、核酸、氨基酸、酶等细胞生长必需物质的重要元素。通常用 C/N 比来反映这两种关键元素。

为了使参与有机物分解的微生物营养处于平衡状态，堆肥 C/N 比应满足微生物所需的最佳值（25 ～ 35）:1，最多不能超过 40，应通过补加氮素材料（含氮较多的物质）的方法来调整 C/N 比，畜禽粪便、肉食品加工废弃物、污泥均在可利用之列。

磷是磷酸和细胞核的重要组成元素，也是生物能 ATP 的重要组成成分，一般要求堆肥料的 C/P 比在 75 ～ 150 为宜。

（2）含水率

堆肥原料的最佳含水率通常是在 50% ～ 60%，当含水率太低（＜ 30%）时将影响微生物的生命活动，太高也会降低堆肥速度，导致厌氧分解并产生臭气以及营养物质的沥出。不同有机废弃物的含水率相差很大，通常要把不同种类的堆肥原料混在一起进行堆置。堆肥物质的含水率还与设备的通风能力及堆肥物质的结构强度密切相关，若含水率超过 60%，水就会挤走空气，堆肥物质便呈致密状态，堆肥就会朝厌氧方向发展，此时应加强通风。反之，堆肥物质中的含水率低于 12%，微生物将停止活动。

（3）温度

对堆肥而言，温度是堆肥得以顺利进行的重要因素，温度的作用主要是影响微生物的生长，一般认为高温菌对有机物的降解效率高于中温菌，现在的快速、高温、好氧堆肥正是利用了这一点。初堆肥时，堆体温度一般与环境温度相一致，经过中温菌1～2d的作用，堆肥温度便能达到高温菌的理想温度50～65℃，在这样的高温下，一般堆肥只要5～6d即可达到无害化。过低的温度将大大延长堆肥达到腐熟的时间，而过高的温度（＞70℃）将对堆肥微生物产生有害的影响。

（4）通风供氧

通风供氧是堆肥成功的关键因素之一。堆肥需氧的多少与堆肥材料中有机物含量息息相关，堆肥材料中有机碳愈多，其好氧率愈大。堆肥过程中合适的氧浓度为18%，一旦低于8%，就成为好氧堆肥中微生物生命活动的限制因素，容易使堆肥厌氧而产生恶臭。

（5）pH值

微生物的降解活动，需要一个微酸性或中性的环境条件。但大部分植物残渣却有很高的酸性，pH值为4.5～6.0。因此为了将原料的pH值调节为6.5，应向每吨堆料中加入0.6～6.1kg氢氧化钙或0.8～8.5kg的碳酸钙。利用秸秆堆肥，由于秸秆在分解过程中能产生大量的有机酸，因此需要添加石灰中和。如果采用畜禽粪便作为氮源，其中的氨气会中和堆腐材料中的有机酸。

（6）接种剂

向堆料中加入接种剂可以加快堆腐材料的发酵速度。向堆肥中加入分解较好的厩肥或加入占原始材料体积10%～20%的腐熟堆肥，能加快发酵速度。在堆制中，按自然方式形成了参与有机废弃物发酵以及从分解产物中形成腐殖质化合物的微生物群落。通过有效的菌系选择，可从中分离出具有很大活性的微生物培养物，建立人工种群——堆肥发酵要素母液。

（7）堆肥原料尺寸

因为微生物通常在有机颗粒的表面活动，所以降低颗粒物尺寸，增加表面积，将促进微生物的活动并加快堆肥速度；另一方面，若原料太细，又会阻碍堆层中空气的流动，将减少堆层中可利用的氧气量，反过来又会减缓微生物活动的速度。

## 四、堆肥的基本工序

目前堆肥生产一般采用高温好氧堆肥工艺。尽管堆肥系统多种多样，但其基本工序通常都由前处理、主发酵（一次发酵）、后发酵（二次发酵）、后处理及储藏等工序组成。底料是堆肥系统处理的对象，一般是污泥、城市有机垃圾、农林废弃物和庭院废弃物等。调理剂可分为两种类型。①结构调理剂：它是一种加入堆肥底料的物料（无机物或有机物），可减少底料容重，增加底料空隙，从而有利于通风。②能源调理剂：它是加入堆肥底料的一种有机物，可增加可生化降解有机物的含量，从而增加了混合物的能量。

（1）前处理

在以家畜粪便、污泥等为堆肥原料时，前处理主要是调整水分和 C/N 比，或者添加菌种和酶制剂。在以城市生活垃圾为堆肥原料时，由于其中往往含有粗大垃圾和不能堆肥的物质，前处理包括破碎、分选、筛分等工序，这些工序可去除粗大垃圾和不能堆肥的物质，使堆肥原料和含水率达到一定程度的均匀化，同时原料的表面积增大，更便于微生物的繁殖，提高了发酵速度。从理论上讲，粒径越小越容易分解。但是，考虑到在增加物料表面积的同时，还必须保持一定的孔隙率，以便于通风而使物料能够获得充足的氧气。一般而言，适宜的粒径范围是 12 ~ 60mm。最佳粒径随垃圾物理特性的变化而变化。如果堆肥物质结构坚固，不易挤压，则粒径应小些，否则粒径应大些。此外，决定垃圾粒径大小时，还应从经济方面考虑，因为破碎得越细小，动力消耗就越大，处理垃圾的费用就会增加。

（2）主发酵（一次发酵）

主发酵可在露天或发酵装置内进行，通过翻堆或强制通风向堆积层或发酵装置内供给氧气。在露天堆肥或发酵装置内堆肥时，由于原料和土壤中存在的微生物作用，而开始发酵。首先是易分解物质分解，产生二氧化碳和水，同时产生热量，使堆温上升。这时微生物吸取有机物的硫氮营养成分，在细菌自身繁殖的同时，将细胞中吸收的物质分解而产生热量。

发酵初期物质的分解作用是靠嗜温菌（30 ~ 40℃为其最适宜生长温度）进行的，随着堆温的上升，适宜 45 ~ 65℃生长的嗜热菌取代了嗜温菌。通常，将温度升高到开始降低为止的阶段为主发酵阶段。以生活垃圾和家畜粪尿为主体的好氧堆肥，主发酵期约为 4 ~ 12d。

（3）后发酵（二次发酵）

经过主发酵的半成品被送到后发酵工序，将主发酵工序尚未分解的易分解和较难分解的有机物进一步分解，使之变成腐殖酸、氨基酸等比较稳定的有机物，得到完全成熟的堆肥制品。通常，把物料堆积到 1 ~ 2m 高以进行后发酵，并要有防雨水流入的装置，有时还要进行翻堆或通风。

后发酵时间的长短，决定于堆肥的使用情况。例如，堆肥用于温床（能够利用堆肥的分解热）时，可在主发酵后直接使用；对几个月不种植作物的土地，大部分可以不进行后发酵而直接施用堆肥，对一直在种植作物的土地，则要使堆肥进行到能不会夺取土壤中氮的程度。后发酵时间通常为 20 ~ 30d。

（4）后处理

经过二次发酵的物料中，几乎所有的有机物都已细碎和变形，数量也有所减少，成为粗堆肥。根据堆肥应用的要求，常需要进行进一步的后处理。比如，在从城市生活垃圾精制堆肥时，在预分选工序没有去除的塑料、玻璃、陶瓷、金属、小石块等杂物依然存在，因此需要经过一道分选工序以去除杂物，并进行再次破碎。

（5）脱臭

在堆肥过程中，由于堆肥物料局部或某段时间内的厌氧发酵会导致臭气产生，污染工作环境。因此，必须进行堆肥排气的脱臭处理。去除臭气的方法主要有化学除臭剂除臭、碱水和水溶液过滤、熟堆肥或活性炭、沸石等吸附剂过滤。较为常用的除臭装置是堆肥过滤器，当臭气通过该装置时，恶臭成分被熟化后的堆肥吸附，进而被其中好氧微生物分解而脱臭。也可用特种土壤代替熟堆肥使用，这种过滤器叫土壤脱臭过滤器。若条件许可，也可采用热力法，将堆肥排气（含氧量约为 18%）作为焚烧炉或工业锅炉的助燃空气，利用炉内高温，热力降解臭味分子，消除臭味。

（6）储存

堆肥一般在春、秋两季使用，夏、冬两季生产的堆肥只能储存，所以要建立可储存 6 个月生产量的库房。储存方式为可直接堆存在二次发酵仓中或袋装，要求干燥而透气，如果密闭和受潮则会影响制品的质量。

## 五、农产品加工废弃物的堆肥

1. 蔬菜废弃物的堆肥

（1）蔬菜废弃物的特性

随着农村产业结构的调整和人民生活水平的提高，蔬菜作物的种植在农业中的比重越来越大，由此产生的蔬菜及其加工废弃物也日益增多，这已成为影响城市和乡村的环境问题。

蔬菜废弃物具有高含水率、高营养成分和基本无毒害的特性。蔬菜废弃物的含水率通常在 90% 左右，以干基计算含 N 3% ~ 4%，P 0.3% ~ 0.5%，K 1.8% ~ 5.3%，其营养成分与常用的天然有机肥相当。正常种植的蔬菜废弃物除了部分发生病虫害的蔬菜组织之外，不含其他的有毒有害物质。

蔬菜废弃物的产生地主要集中在种植田地和蔬菜加工交易场所中，不易和生活垃圾等混合，可以实现单独收集处理。而如果将蔬菜废弃物简单按照一般生活垃圾的方式进行处理处置，成本高昂，且在某种程度上是资源浪费。美国马萨诸塞州的一项统计表明，连锁超市经营过程中产生的蔬菜和水果等剩余废弃物，如果运往卫生填埋场填埋，成本约为 90 美元 /t，而如果和农场合作将蔬菜、水果废弃物用堆肥方法生产有机肥料，处理成本只需约 50 美元 /t。由此可见，如果针对蔬菜废弃物的特殊性质来寻找蔬菜废弃物污染问题的解决方案，将能以更低廉的成本达到更好的处理效果。

（2）蔬菜废弃物的堆肥工艺

1）好氧堆肥工艺

由于高含水率和植物组织中原有的微生物群落特点，蔬菜废弃物的好氧堆肥需要以下条件。首先，必须将蔬菜废弃物和各种膨松物质混合，以增加孔隙率，降低含水率并防止堆肥物料过度塌陷。Haggar 提出，在堆肥物料中添加 40% 的干草作为调节剂。其次，应该通过连续通气和翻推防止局部厌氧状态的发生。再次，应在初始物料中混入已经腐熟的堆肥产品作为微生物接种剂，加速高温阶段的启动。Vallini 认为，添加 15% 的木屑和 5% 的堆肥产品则可以达到较理想的效果。

对蔬菜废弃物进行好氧堆肥处理是一种有效的方法，所需设备比较简单，可以根据应用地区的气候特点因地制宜进行设计，产品经过高温阶段去除病虫害，是比较理想的有机肥料。对蔬菜废弃物进行好氧堆肥处理的不足之处在于，由于纯蔬菜废弃物含水率过高，必须添加蓬松性的填充物质调节含水率，造成成本升高、处理效率降低。

2）厌氧消化工艺

厌氧消化是指在厌氧微生物作用下，有控制地使废弃物中可生物降解的部分趋向稳定的生物化学过程，它的最大优点是可以回收沼气能源。对于一般的固体废弃物，如果进行厌氧处理，则需要采用高固体厌氧方法工艺（固体含量 30% 左右），运行条件较为苛刻，工艺不容易掌握。但是对于蔬菜废弃物来说，由于其高含水率这一特点，已经符合一般厌氧处理的固体含量（10% 左右）。可见厌氧消化处理可能成为蔬菜废弃物的理想途径，因为这种方式可以不经预处理就能实现比较完全的废弃物稳定化和能源回收利用。

3）厌氧－好氧集成处理工艺

厌氧－好氧集成处理城市有机固体废弃物或者蔬菜废弃物的方案是由 Cecchi 等人提出的。他们认为，由于单纯厌氧处理的产物直接用于土壤改良仍有一定生物毒性，因此，应该通过对产物进行好氧堆肥处理使其应用更加安全可靠。

厌氧－好氧集成处理技术结合了好氧方法和厌氧方法的优点，能够达到最佳的处理效果。研究结果表明，首先，该技术彻底消除了产物的生物毒性，通过 Cress 发芽试验，分别在堆肥处理 7d 和 28d 后，10% 和 30% 浓度的产物浸出液发芽指数已经高于 60，表示生物毒性已经消失。其次，厌氧消化产物进行好氧堆肥，解决了单纯厌氧反应的废渣和废水问题，避免了二次污染。另外，在消化过程中可以回收部分沼气作为能源。但是，同时需要建立好氧和厌氧两套系统，在设备和运行成本方面都不具有优势。

4）接种微生物自然堆沤处理工艺

上述几种工艺均需一定的投资建设成本，而且对具体操作、运行管理都有相应的技术要求，这对于我国广大的农村地区的推广来说，存在相当难度。而接种微生物自然堆沤处理工艺则有可能克服上述缺点。这一方法的思路是，在广大农村设立成本低廉的农户型双室堆沤池，农民只需将蔬菜废弃物堆放于池中，并按操作规程添加微生物菌剂，加速有机质分解液化，即可将液化沤肥产品作为液肥使用。

实验室研究表明，通过接种纤维素分解菌，能够加速蔬菜废弃物向液态肥料的转化。对蔬菜混合物的自然堆沤模拟小试表明，通过接种系列纤维素分解菌株，在自然堆沤 14d 后，接种菌液的材料在液化程度（以固体残留率表示）和液态肥营养物质含量等方面，都明显优于对照组合；经检测，其可溶态 N、P 达到了一般化肥稀释喷施液的浓度。这一方法如能在现场试验中获得成功，将具有广阔的应用前景。

2. 秸秆堆肥

秸秆作为有机肥料还田利用方法有三种：高温堆肥、秸秆直接还田和利用生化快速腐熟技术制造优质有机肥。

高温堆肥是利用夏秋高温季节，采用厌氧发酵沤制的一种传统积肥方式，其特点是时间长、受环境影响大、劳动强度高、产出量少、成本低廉，目前农村已很少采用。

秸秆直接还田是近年来的推广项目，采用秸秆还田机作业，机械化程度高、秸秆处理时间短、腐烂时间长，是用机械对秸秆简单处理的方法。由于碎秸秆在土壤里不能很快腐烂，影响犁耕和旋耕作业，不利于小麦的播种。

利用生化快速腐熟技术制造优质有机肥，是一种应用先进的生物技术，将秸秆制造成优质生物有机肥的先进方法，在国外已实现产业化。其特点是用高新技术进行菌种的培养和生产，用现代化设备控制温度、湿度、数量、质量和时间，经机械翻抛、高温堆腐、生物发酵等过程，将农业废弃物转换成优质有机肥。它自动化程度高（生产设备 1 人即可操纵）、腐熟周期短（4 ~ 6 周时间）、产量高（一台设备可年产肥料 2 万～3 万 t）、无环境污染（采用好氧发酵无恶臭气味）、科学配比肥效高。目前，秸秆生化制有机肥生产中的菌种培养、设备制造、生产工艺等全过程技术趋于成熟。

根据制肥工艺的不同，秸秆制肥设备主要有以下两种。①全液压或机械式翻抛设备。目前主要有拖拉机改装式翻抛机和自走式全液压翻抛机，它将秸秆露天堆放成条形，翻抛机边行走，边将条状原料翻抛。该设备能一次完成翻抛、喷洒水或菌种、行走等作业，而且工作高度、行走速度、翻抛机构转速可调。②罐状连续发酵制肥设备采用大型发酵罐，将秸秆顺序装入罐中，用电子监控设备控制罐内的温度湿度，创造有利于生物菌种繁殖的环境，进行生物发酵，实现有机肥的连续生产。

3. 利用糠醛渣生产糠肥

糠肥的原料，除了氮肥、磷肥、钾肥外，主要为糠醛渣，取自蔗糖厂糠醛车间。含粗有机质 95%，腐殖质总量为 30% 以上，含氮 0.5%、五氧化二磷 0.1%、氧化钾 1.4%，把适量添加剂与商品氮肥、磷肥、钾肥按一定比例混合，然后进入造粒机进行造粒。造粒方法可用挤压造粒。由于挤压造粒不像转筒造粒机那样用蒸汽加热，挤压造粒机可用水进行降温，不会使有机质分解。此外，糠肥还可以用打砖机械制成不同规格的块状肥料，作为果树的专用肥料。用糠肥制复混肥的其他工艺以及设备与晒盐硝皮制复混肥完全相同。

通过用糠肥与花生饼、进口复混肥进行菜、水稻等作物等价试验，即施用成本相等的肥料进行比较，结果表明：糠肥对蔬菜的肥效优于花生饼与其他肥料。相等质量条件下比较，糠肥的增产、增收更为显著；糠肥与复混肥配合使用，效果与复混肥接近；在基础肥力低的红壤中，糠肥对水稻的增产明显，表明糠肥的优越性在瘦瘠的土壤上更为明显。因此，在低产田上施用糠肥，对于提高我国粮食产量有较高的作用。通过调整糠肥中 N、P、K 比例及施用量，可进一步提高其肥效和经济效益。

# 第三节　畜禽粪便的综合利用

## 一、畜禽粪便中污染物质种类

畜禽粪便中含有大量的有机物，且有可能带有病原微生物和各种寄生虫卵，如不及时加以处理和合理利用，将造成严重的有机污染和生物污染，成为环境公害，危害人畜的健康。畜禽粪便的污染按污染物成分主要可以分为氮磷污染、矿物质元素污染、恶臭物质污染、生物病原污染以及药物添加剂污染五个方面。

（1）氮磷污染

由于某些畜禽日粮原料中含有角蛋白等不溶性蛋白质以及胰蛋白酶抑制因子、硫代葡萄糖苷等抗营养因子，一些难以消化的含氮物质未经消化吸收就排出体外；此外，如果日粮的氨基酸平衡不好或蛋白质水平偏高，多余或不配套的氨基酸在体内代谢分解后将随尿液排出体外。这些情况导致了粪便的氮污染。

植物性饲料原料中大约有 2/3 的磷以植酸磷的形式存在，由于单胃动物缺乏分解植酸盐的酶，饲料中的植酸磷难以被机体消化吸收而随粪便排出体外。

这些氮和磷进入土壤后，转化为硝酸盐和磷酸盐。当土壤中的氮蓄积量过高时，不仅会对土壤造成污染，而且会使土壤表面有硝酸盐渗出，通过土壤冲刷和毛细管作用还会对地下水造成污染。硝酸盐如转化为致癌物质污染了作为饮用水源的地下水，将严重威胁人体健康，而这种地下水污染通常需要 300 年才能自然恢复。地表水被污染后，除了大量滋生蚊蝇和其他昆虫外，对渔业的危害也相当严重。大量的氮磷物质会造成水体的富营养化，使一些鱼类不能利用的低等浮游生物——藻类和其他水生植物等生物群体大量繁殖，这些生物死亡后产生毒素并使水中溶解氧（DO）大大减少，导致水生动物缺氧死亡，进而，由于死亡生物遗体的腐败，水质进一步恶化。这种受到污染的水，不仅不能饮用，即使作为灌溉水也会使水稻等作物大量减产。粪便中所含的氨挥发到大气中，成为酸雨形成的影响因素之一。

（2）矿物质元素污染

为了提高畜禽的生长速率、增强其抗病能力，现在的畜禽饲料中通常含有一定量的铜、砷、锌等微量元素添加剂，若不对畜禽粪便采取相应的处理措施，后果是很严重的。

一般认为当土壤中可给态铜和锌分别达到 100 ~ 200mg/kg 和 100mg/kg 时，即可造成土壤污染和植株中毒。以一个 10 万只肉鸡场为例，若连续使用有机砷促生长剂，15 年后周围土壤中的砷含量就会增加 1 倍。那时当地所产的大多数农产品的砷含量都将超过国家标准，而无法食用。按 FDA（美国食品及药物管理局）规定允许使用的砷制剂的用量计算，一个万头猪场 7 ~ 8 年就可能排出 1t 以上的砷。据刘更另（1994）报道，土壤中的砷含量每升高 1mg/kg，则甘薯块中的砷含量会上升 0.28mg/kg。据测算，当土壤中砷酸钠加入量为 40mg/kg 时，水稻减产 50%；达到 160mg/kg 时，水稻不能生长；当灌溉水中砷含量达到 200mg/kg 时，水稻颗粒无收。为了增强畜禽的食欲，有时还会在饲料中添加一定数量的食盐，但是过多的添加不但对动物的生长没有好处，相反还会导致粪便中盐分过高，从而污染土壤，危害农作物的生长。

（3）恶臭物质污染

恶臭能刺激人的嗅觉神经和三叉神经，对呼吸中枢产生毒害。同时，恶臭也有害于畜禽健康，会引起呼吸道疾病和其他疾病并最终影响畜禽生长，导致生产性能的下降。

粪便恶臭主要来源于饲料中蛋白质的代谢终产物，或粪便中代谢产物和残留养分经细菌分解产生的恶臭物质，包括氨、硫化氢、吲哚、硫醇等。在恶臭物质中，对人畜健康影响最大的主要有氨和硫化氢。以氨为例，如果幼猪生活环境中空气里氨的体积分数达到 $5 \times 10^{-5}$，幼猪的增重率会下降12%，达到 $5 \times 10^{-4}$ 则生长率将会下降30%。鸡舍空气中氨的体积分数达到 $2 \times 10^{-5}$ 时则会引发鸡的角膜炎，达到 $5 \times 10^{-5}$ 时鸡的呼吸频率就会下降，产蛋量减少。

（4）生物病原污染

已患病或隐性带病的家禽会随粪便排出多种病菌和寄生虫卵，如沙门菌和金黄色葡萄球菌、大肠杆菌，鸡传染性支气管炎、禽流感和马立克病毒，蛔虫卵、球虫卵等。若不适当处理，就会成为危险的传染源，造成疫病传播，不仅影响畜禽健康，有的病原体也会影响到人类的健康。此外，堆积的大量畜禽粪便如果没有适当的保存措施，会导致蚊蝇等害虫的大量繁殖，招引大量的鼠雀，这也会给人们的正常生活和家禽的正常生产带来诸多不良影响。

（5）药物添加剂污染

为了保证畜禽的健康和生产性能，通常在饲料中添加一定量的药物添加剂，但是盲目追求畜禽生长速度而滥用药物添加剂的现象越来越普遍。许多药物添加剂会随畜禽尿液排出，混合在粪便当中。这种粪便废弃物若不经任何有效处理就作为肥料施用，其中的药物添加剂被植物吸收后残留在组织中，最终会对人畜产生毒副作用。

## 二、畜禽粪便的综合利用

### 1. 饲料化技术

畜禽粪便的营养成分和消化率是多变的，取决于动物的种类、年龄、动物的不同生长期、粪便收集系统、粪便的储存形式和时间长短以及饲养管理方式和日粮配方。经适当处理，畜禽粪便饲料化是安全的。

（1）用新鲜粪便直接作饲料

这种方法主要适用于鸡粪，由于鸡的肠道短，从吃进到排出大约需 4h，吸收不完全，所食饲料中 70% 左右的营养物质末被消化吸收而排出体外。在排泄的鸡粪中，按干物质计算，粗蛋白含量为 20% ~ 30%，其中氨基酸含量不低于玉米等谷物饲料，此外还含有丰富的微量元素和一些未知因子。因此，可利用鸡粪代替部分精料来养牛、喂猪。但是此种方法还存在一些问题，例如添加鸡粪的最佳比例尚未确定，另外，鸡粪成分比较复杂，含有吲哚、脂类、尿素、病原微生物、寄生虫等，易造成畜禽间交叉感染或传染病的爆发，这也限制了鸡粪的推广使用。但可以用一些化学药剂，如同含甲醛为 37%（质量分数）的福尔马林溶液进行混合，24h 后就可以去除吲哚、脂类、尿素、病原微生物等病菌，再用处理过的鸡粪饲喂牛、猪。也可采用先接种米曲霉与白地霉，然后用瓮灶蒸锅杀菌的方法，这种方法最简单适用。

（2）青储

畜禽粪便中碳水化合物的含量低，不宜单独青储，常和一些禾本科青饲料一起青储。青储的饲料具有酸香味，可以提高其适口性，同时可杀死粪便中病原微生物、寄生虫等。此法在血吸虫病流行区尤其适用。

（3）干燥法

干燥法是常用的处理方法。此种方法主要是利用热效应和喷放机械。目前有自然干燥、塑料大棚自然干燥、高温快速干燥、烘干法等。干燥法处理粪便的效率最高，而且设备简单、投资小。粪便经干燥后转变成鸡朊粉制成高蛋白饲料。这种方法既除臭又能彻底杀灭虫卵，达到卫生防疫和生产商品饲料的要求。目前由于鸡粪的夏季保鲜困难，大批量处理时仍有臭气产生，需处理臭气和产物的成本较高，使该方法的推广使用受到限制。有研究表明在处理中加光合细菌、细黄链霉菌、乳酸菌等具有很好的除臭效果。

（4）分解法

分解法是利用优良品种的蝇、蚯蚓和蜗牛等低等动物分解畜禽粪便，达到既提供动物蛋白质又能处理畜禽粪便的目的。这种方法比较经济，生态效益显著。蝇蛆和蚯蚓均是很好的动物性蛋白质饲料，品质也较高，鲜蚯蚓含 10% ~ 14% 的蛋白质，可做鸡鸭猪的饲料或水产养殖的活饵料，蚓粪可做肥料。但由于前期畜禽粪便灭菌、脱水处理和后期收蝇蛆、饲喂蚯蚓、蜗牛的技术难度较大，加上所需温度较苛刻，而难以全年生产，故尚未得到大范围推广。如果采用笼养技术，用太阳能热水器调节温度，在饲养场地的周围喷撒除臭微生态制剂，采用强光照射使蝇蛆分离，然后剩余的让鸡采食，这一系列问题就解决了。

（5）热喷技术

利用热效应和喷放机械使畜禽粪转变为鸡肽粉，生产高蛋白饲料，既可除臭又能彻底杀菌灭虫卵，达到卫生防疫和商品饲料的要求。其他处理措施，如垫圈材料、发酵床等将畜禽粪的脱水除臭在畜禽舍中一次性完成，减少了畜禽粪便的处理难度，但由于它增加了畜禽粪便处理的量且使畜禽粪便的肥效成分含量降低，从而影响了它的推广利用。

2．肥料化技术

（1）好氧堆肥技术

好氧堆肥成套设备由塑料棚与搅拌机组成。开始工作时先用自然法制成干鸡粪，然后，用搅拌机把干、湿两种鸡粪混合，使之达到发酵的含水率（50% ~ 65%），然后每天搅拌两次，进行好氧发酵干燥，处理结束后运出大部分干鸡粪，残留少部分干鸡粪，再把湿粪盖在残留的干鸡粪上，重复上述拌和程序，如此周而复始。搅拌机每天仅做两次搅拌（即一个往复行程）后由微生物发酵。平时按发酵阶段及天气情况开闭塑料棚卷膜，以便棚内空气流通。

（2）厌氧发酵技术

李庆康等利用自研有效微生物（EM）菌群对鸡粪进行了厌氧发酵处理并与日本、美国进口的 EM 菌群进行了对照试验。处理条件为鸡粪含水率为50%，EM 菌群浓度为3.5% ~ 4.0%，发酵温度25℃以上，发酵时间3 ~ 7d。结果表明，与自然菌相比，EM 菌群中由于含有多种微生物菌，用于鸡粪发酵能降低鸡粪 pH 值，保存较多的有效氮，使鸡粪臭味、氨味大幅度减少，具有较高的生物活性，肥效好。对照试验表明，自研的 EM 菌群处理效果优于进口产品。

畜禽粪便的厌氧发酵制肥技术有时也与能源化技术结合起来，通过厌氧发酵生产制气，发酵所剩的沼液或沼渣作为肥料。

3．能源化技术

畜禽粪便转化成能源在草原上采用的方法是直接燃烧。目前对于集约化养殖场，大多是采用水冲式方法清除畜禽粪便的，例如，养猪业采用漏缝地板、水冲猪粪系统，粪便含水量高，对这种高浓度的有机废水，目前常采用厌氧消化法。厌氧消化法既有优点，也有不足之处。

沼气法的原理是利用厌氧细菌的分解作用，将有机物（碳水化合物、蛋白质和脂肪）经过厌氧消化作用转化为沼气和二氧化碳。沼气法具有生物多功能性，既能够营造良性的生态环境、治理环境污染，又能够开发新能源，为农户提供优质无害的肥料，从而取得综合利用效益。概括起来，沼气法在净化生态环境方面有三个优点。

首先，沼气净化技术使污水中的不溶有机物变为溶解性有机物，实现无害化生产，从而达到净化环境的目的。一般来说，畜禽粪便进入沼气池，经过较长时间的密闭发酵，可直接杀死病菌和寄生虫，减少生物污泥量。

其次，沼气的用途广泛，除用作生活燃料外，还可供生产用能。目前，我国现有沼气动力站 186 座，总功率 3458.8kW，沼气发电站 115 座，装机容量 2342kW。

第三，沼气综合开发能积极参与生态农业中物质和能量的转化，以实现生物质能的多层循环利用，并为系统能量的合理流动提供条件、保证生态农业系统内能量的逐步积累。增强了生态系统的稳定性。

4．除臭技术

粪便的除臭技术主要包括物理除臭、化学除臭、生物除臭三方面。

（1）吸收法

吸收法是使混合气体中的一种或多种可溶成分溶解于液体之中，依据不同对象采用不同方法。如：液体洗涤，对于耗能烘干法臭气的处理，常用的除臭方法是用水结合采用化学氧化剂，如高锰酸钾、次氯酸钠、氢氧化钙、氢氧化钠等，该法能使硫化氢、氨和其他有机物有效地被水气吸收并除去，存在的问题是需进行水的二次处理；堆肥排出臭气的去除方法是当饱和水蒸气与较冷的表面接触时，温度下降而产生凝结现象，这样可溶的臭气成分就能够凝结于水中，并从气体中除去。

（2）吸附法

吸附是将流动状物质（气体或液体）与粒子状物质接触，这类粒子状物质可以从流动状物质中分离或储存一种或多种不溶物质。活性炭、泥炭是使用最广的除臭剂，熟化堆肥土壤也有较强的吸附力，国外近年来采用 Sweeten 等（1991）、KovalevSky（1981）等研制开发的折叠式膜、悬浮式生物垫等产品，用于覆盖氧化池与堆肥，减少好氧氧化池与堆肥过程中散发的臭气，用生物膜吸收与处理养殖场排放的气体。

（3）氧化法

有机成分的氧化结果是生成二氧化碳和水或是部分氧化的化合物。无机物的氧化则不太稳定，例如硫化氢可以氧化成硫或硫酸铵，热的、化学的和生物的处理过程都是可以利用的。①加热氧化。如果提供足够的时间、温度、气体扰动紊流和氧气，那么氧化臭气物质中的有机或无机成分是很容易做到的，要彻底地破坏臭气，操作温度需达到 650 ~ 850℃、气体滞留时间 0.3 ~ 0.55s。此法能耗大，应用受到限制；②化学氧化。如向臭气中直接加入氧化气体如臭氧，但此法成本高，无法大规模运用；③生物氧化。在特定的密封塔内利用生物氧化难闻气流中的臭气物质。为了保证微生物的生长，密封塔的基质中需有足够的水分。也可将排出的气体通入需氧动态污泥系统、熟化堆肥和土壤中。所产臭气的减少可以通过一系列的方法，但是生物氧化却是非常重要的。生物氧化对于除去堆肥中所产生的臭气起着重要的作用，是好氧发酵除臭能否成功的关键。

（4）掩蔽剂

在排出气流中可以加入芳香气味以掩蔽或与臭气结合。这种产物通常是不稳定的，并且其味可能较原有臭味还难闻，目前已很少应用。

（5）高空扩散

将排出的气体送入高空，利用大气自然稀释臭味，适宜用于人烟稀少地区。

上述方法如吸附、凝结和生物氧化等在去除低浓度臭味时效果较好，但对高浓度的恶臭气体除臭效果不理想。而畜禽粪便处理厂产生的臭味浓度高，因而有必要在畜禽粪便降解转化（好氧发酵）过程中减少氨等致臭物质的产生。

# 第四节　农作物秸秆的综合利用

## 一、秸秆还田技术

### 1. 秸秆还田的意义

在我国的大部分地区，由于没有采取有效的还田措施，致使耕地连年种植不得休闲，土壤有效养分得不到及时补充，有机质含量逐年下降，农业生产始终处于种大于养、产大于投的掠夺式经营状态。由于化肥占用肥总量比例过大，造成土壤板结酸化、地力衰退、农作物营养不良和病害多的严重后果。

我国农民历来就有秸秆还田的传统。宏观秸秆还田可以草养田、以草压草，达到用地养地相结合，培肥地力。微观秸秆还田能提高土壤有机质含量改善土壤理化状况，增加通透性；保存和固定土壤氮素，避免养分流失，归还氮、磷、钾和各种微量元素，促进土壤微生物活动，加速土地养分循环。国外的秸秆还田也十分普遍。据美国农业部统计，每年生产作物秸秆 4.5 亿 t，占整个美国有机废弃物生产量的 70.4%，秸秆还田量占秸秆生产量的 68%。而英国秸秆直接还田量则占其秸秆生产量的 73%。

### 2. 秸秆还田的优势

（1）增加土壤有机质和速效养分含量，培肥地力，缓解氮、磷、钾肥比例失调的矛盾。据测定，小麦、水稻和玉米三种作物秸秆的含氮量分别为 0.64%、0.51% 和 0.61%。含磷量分别为 0.29%、0.12% 和 0.21%，含钾量分别为 1.7%、2.7% 和 2.28%，还田 1t 秸秆就可增加有机质 150kg，每公顷地一年还田鲜玉米秸 18.75t，则相当于 60t 土杂肥的有机质含量，含氮、磷、钾量则相当于 281.25kg 碳铵、150kg 过磷酸钙和 104.75kg 硫酸钾，并且还可补充其他各种营养元素。

（2）调节土壤物理性能，改造中低产田。秸秆中含大量的能源物质，还田后生物激增，土壤生化活性强度提高，接触酶活性可增加 47%；秸秆耕翻入土后，在分解过程中进行腐殖质化释放养分，使一些有机质化合物缩水。可使土壤有机质含量增加，微生物繁殖增强，生物固氮增加，碱性降低，促进酸碱平衡，养分结构趋于合理。此外，秸秆还田可使土壤容重降低、土质疏松、通气性提高、犁耕比阻减小，土壤结构明显改善。

（3）形成有机质覆盖，抗旱保墒。秸秆还田可形成地面覆盖，具有抑制土壤水分蒸发、储存降水和提高地温等诸多优点。据测定，连续 6 年秸秆直接粉碎还田，土壤的保水、透气和保温能力增强，吸水率提高 10 倍，地温提高 1 ~ 2℃。

（4）降低病虫害的发生率。由于根茬粉碎疏松和搅动表土，能改变土壤的理化性能，破坏玉米螟虫及其他地下害虫的寄生环境，故能大大减轻虫害，一般可使玉米螟虫的危害程度下降 50%。

（5）增加作物产量，优化农田生态环境。连续 2 ~ 3 年实施秸秆还田技术，可增加土壤有机质含量，一般能提高作物单产 20% ~ 30%。将秸秆还田后，避免了就地焚烧造成的环境污染，保护了生态环境。农田覆盖秸秆后，冬天 5cm 地温提高 0.5 ~ 0.7℃，夏天高温季节降低 2.5 ~ 3.5℃，土壤水分提高 3.2% ~ 4.5%，杂草减少 40.6% 以上。

因此，秸秆还田与土壤肥力、环境保护、农田生态环境平衡等密切联系，已成为持续农业和生态农业的重要内容，具有十分重要的意义。

3．秸秆还田技术

（1）秸秆直接还田

1）机械直接还田

机械直接还田技术可分为粉碎还田和整秆还田两大类。

采用机械一次作业将田间直立或铺放的秸秆直接粉碎还田使手工还田多项工序一次完成，生产效率可提高 40 ~ 120 倍。秸秆粉碎根茬还田机还能集粉碎与旋耕灭茬为一体，能够加速秸秆在土壤中腐解，从而被土壤吸收，改善土壤的团粒结构和理化性能，增加土壤肥力，促进农作物持续增产增收。采用秸秆还田粉碎机应当注意的是耕地深度要达到 28cm 以上，大犁铧前要有小犁铧，以便把秸秆埋深埋严，小麦和玉米后茬作物的底肥适当增施氮肥，以调节 C/N 比，满足土壤微生物分解秸秆所需，搞好土壤处理，灭除秸秆所带病虫。

整秆还田主要指小麦、水稻和玉米秸秆的整秆还田机械化，可将田间直立的作物秸秆整秆翻埋或平铺为覆盖栽培。

机械还田是一项高效低耗、省工、省时的有效措施，易于被农民普遍接受和推广。自 20 世纪 80 年代中期以来，各地农机部门积极开展机械秸秆还田技术的研究开发、试验和推广，机械化秸秆还田面积逐渐扩大，目前已近 666.7 万 $hm^2$，取得了令人可喜的成就。但是秸秆机械还田存在两个方面的弱点，一是耗能大，成本高，难于推广；一是山区、丘陵地区土块面积小，机械使用受限。

2）覆盖栽培还田

秸秆覆盖栽培中，秸秆腐解后能够增加土壤有机质含量，补充氮、磷、钾和微量元素含量，使土壤理化性能改善，土壤中物质的生物循环加速。而且秸秆覆盖可使土壤饱和导水率，土壤蓄水能力增强，能够调控土壤供水，提高水分利用率，促进植株地上部分生长。秸秆是热的不良导体，在覆盖情况下，能够形成低温时的"高温效应"和高温时的"低温效应"。两种双重效应调节土壤温度，有效缓解气温激变时对作物的伤害。目前，北方玉米、小麦等的各种覆盖栽培方式已达到一定的技术可行性，在很多地方（如河北、黑龙江、山西等）已被大面积推广应用。此外，顾克礼等研究的超高茬麦秸还田是秸秆覆盖栽培还田的种特殊形式，是在小麦灌浆中后期，将处理后的稻种直接撒播到麦田，与小麦形成一定的共生期，麦收时留高茬 30cm 左右自然还田，不育秧、不栽秧、不耕地、不整地，这是一项引进并结合我国国情研究开发的可持续农业新技术，其水稻产量与常规稻产量持平略增，能够省工节本，增加农民收入，可进一步深入研究。

（2）秸秆间接还田

间接还田（高温堆肥）是一种传统的积肥方式，它是利用夏秋季高温季节，采用厌氧发酵沤制而成，其特点是时间长，受环境影响大，劳动强度高，产量少，成本低廉。

1）堆沤腐解还田

秸秆堆肥还田是解决我国当前有机肥源短缺的主要途径，也是中低产田改良土壤、培肥地力的一项重要措施。它不同于传统堆制沤肥还田，主要是利用快速堆腐剂产生大量纤维素酶，在较短的时间内将各种作物秸秆堆制成有机肥，如中国农科院原子能利用研究所研制开发的"301"菌剂，四川省农科院土壤肥料研究所和合力丰实业发展公司联合开发的高温快速堆肥菌剂等。此外，日本微生物学家岛本觉也研究的生物工程技术——酵素菌技术已被引进并用于秸秆肥制作，使秸秆直接还田简便易行，具有良好的经济效益、社会效益和生态效益。现阶段的堆沤腐解还田技术大多采用在高温、密闭、嫌气性条件下腐解秸秆，能够减轻田间病、虫、杂草等危害，但在实际操作上给农民带来一定困难，难于推广。

2）烧灰还田

烧灰还田方式主要有两种形式：一是作为燃料，这是国内外农户传统的做法；二是在田间直接焚烧。田间焚烧不但污染空气、浪费能源、影响飞机升降与公路交通，而且会损失大量有机质和氮素，保留在灰烬中的磷、钾也易被淋失，因此是一种不可取的方法。当然，田间焚烧可以在一定程度上减轻病虫害，防止过多的有机残体产生有毒物质与嫌气气体或在嫌气条件下造成氮的大量反硝化损失。但总的说来，田间烧灰还田弊大于利，在秸秆作为燃料之余，应大力提倡作物秸秆田间禁烧。

3）过腹还田

过腹还田是一种效益很高的秸秆利用方式，在我国有悠久历史。秸秆经过青储、氨创微贮处理，饲喂畜禽，通过发展畜牧增值增收，同时达到秸秆过腹还田。实践证明，充分利用秸秆养畜、过腹还田、实行农牧结合，形成节粮型牧业结构，是一条符合我国国情的畜牧业发展道路。每头牛育肥约需秸秆 1t，可生产粪肥约 10t，牛粪肥田，形成完整的秸秆利用良性循环系统，同时增加农民的收入。秸秆氨化养羊，蔬菜、藤蔓类秸秆直接喂猪，猪粪经发酵后喂鱼或直接还田。

4）菇渣还田

利用作物秸秆培育食用菌，然后再菇渣还田，经济、社会、生态效益几者兼得。在蘑菇栽培中，以 $111m^2$ 计算，培养料需优质麦草 900kg、优质稻草 900kg，菇棚盖草需 600kg，育菇结束后，约产生菇渣 1.66t。据测定，菇渣有机质含量达 11.09%，每 $hm^2$ 施用 $30m^3$ 菇渣，与施用等量的化肥相比，一般可增产稻麦 10.2% ~ 12.5%，增产皮棉 1 ~ 2 成，不仅节省了成本，同时对减少化肥污染、保护农田生态环境亦有积极的意义。

5）沼渣还田

秸秆发酵后产生的沼渣、沼液是优质的有机肥料，其养分丰富，腐殖酸含量高，肥效缓速兼备，是生产无公害农产品、有机食品的良好选择。一口 8 ~ $10m^3$ 的沼气池年可产沼肥 $20m^3$，连年沼渣还田的试验表明：土壤容重下降，孔隙度增加，土壤的理化性状得到改善，保水保肥能力增强；同时，土壤中有机质含量提高 0.2%，全氮提高 0.02%，全磷提高 0.03%，平均提高产量 10% ~ 12.8%。

（3）秸秆生化腐熟快速还田

利用生化快速腐熟技术制造优质有机肥，是一种应用于 20 世纪 90 年代的国际先进生物技术，将秸秆制造成优质生物有机肥的先进方法，在国外已实现产业化，其特点是采用先进技术培养能分解粗纤维的优良微生物菌种，生产出可加快秸秆腐熟的化学制剂，并采用现代化设备控制温度、湿度、数量、质量和时间，经机械翻抛、高温堆腐、生物发酵等过程，将农业废弃物转换成优质有机肥。它具有自动化程度高（生产设备 1 人即可操纵），腐熟周期短（4 ~ 周时间），产量高（一台设备可年产肥料 2 万 ~ 3 万 t），无环境污染（采用好氧发酵，无恶臭气味），肥效高等特点。

## 二、秸秆饲料利用技术

1. 作物秸秆的物理处理

（1）切短、粉碎及软化

切短、粉碎及软化秸秆，在我国的农村早已被证明是行之有效的，可提高秸秆的适口性、采食量和利用率。宗贤燏报道，秸秆经切短和粉碎以后，体积变小，便于家畜采食和咀嚼，采食量增加 20% ~ 30%。秸秆切短和粉碎，增加了饲料与瘤胃微生物接触面积，便于瘤胃微生物的降解发酵，使消化吸收的总养分增加，使羊的日增重提高 20% 左右。但是，这种处理方法不能提高秸秆自身的营养价值。朱德文报道，由于秸秆颗粒的减小，提高了秸秆在动物肠胃通道内通过的速度，使动物肠胃没有足够的时间去吸收秸秆中的养分，造成秸秆中养分的流失。因此，要在秸秆制成颗粒的大小与其通过胃肠的速度之间寻求平衡，以使秸秆中的营养物质被动物高效吸收利用。由此看来，秸秆切短的适宜程度应因家畜种类、年龄的不同而有所不同。

（2）粉碎后压块成型

秸秆压块是将秸秆铡切成长为 5cm 的段，经过烘干，水分约在 16% 左右时进行压块形成圆柱或块状饲料。压块的断面尺寸一般为 32mm × 32mm，长度可在 20 ~ 80mm 不等。压制秸秆块时，可根据牧畜的饲喂要求，按科学配方压制适合不同育龄牧畜的饼块饲料。

秸秆压块技术具有以下优点：

压制后的块状秸秆饲料的密度比原来增加 6 ~ 10 倍，含水量在 14% 以下，可储存 6 ~ 8 个月不变质，便于长途运输、储存和饲喂，可实现抗灾保畜的目的。

秸秆经过高温挤压成型，使秸秆中的纤维素、半纤维素、木质素的镶嵌结构受到一定的破坏，使秸秆中的纤维素、半纤维素的消化率提高，使秸秆的饲喂价值明显提高。

块状秸秆饲料有浓郁的糊香味和轻微甜度感，使牲畜的适口性得到提高，采食量增加。与粉料相比，可提高饲料转化率 10% ~ 12%，产奶量提高 16.4%，肥牛增肉率为 15%，牛奶内脂肪增加 0.2%，粗灰粉低于 9%。

将农作物秸秆加工成块状饲料，其资源利用率可提高 50%，生产成品率可达 97%。

秸秆加工不与种植作业争农时，可以实现工厂化生产，全年进行加工。因为加工压块饲料合适的水分含量是 14% ~ 18%，需经过晾晒搁置一段时间才能加工，不像存储饲料那样必须利用秸秆青绿时期进行青储，不与农业争机械、争劳力。

（3）秸秆挤压膨化技术

秸秆挤压膨化加工的工艺流程为：清选—粉碎—调质—挤压膨化—冷却—包装。具体内容见表 9-1。

表 9-1　秸秆挤压膨化加工工艺

| 步骤 | 具体操作 |
| --- | --- |
| 清选 | 采用手工方法去除秸秆中的砂石、铁屑等杂质，以防止损坏机器和影响膨化质量 |
| 粉碎 | 将秸秆喂入筛片孔径为 3.0 ~ 6.0mm 的锤片式粉碎机进行粉碎，以减小秸秆粒度，使调质均匀及提高膨化产量。粉碎时，筛片孔径要稍小些。孔径小，粉碎秸秆粒度细，表面积大，秸秆吸收蒸汽中的水分也快，有利于进行调质，也使膨化产量提高。但如粉碎过细，电耗高，粉碎机产量低。实践表明，粉碎粒度控制在 3.0 ~ 4.0mm 为好 |
| 调质 | 将粉碎的秸秆放入调质机中调质，根据不同农作物秸秆含水率的大小，合理加水调湿并搅拌均匀，使秸秆有良好的膨化加工性能。调质后的秸秆含水率不要过低也不要过高，含水率过低，秸秆间剪切力和摩擦力大，膨化机挤压腔温升迅速，秸秆易出现炭化现象；水分含量过高，挤压腔温度和压力过小，膨化不连续，影响膨化质量。调质后秸秆的含水率应控制在 20% ~ 30%，豆类秸秆的含水率应控制在 25% ~ 35% |
| 挤压膨化 | 将调质好的秸秆由料斗输入膨化机的挤压腔，在螺杆的机械推动和高温、高压的混合作用下，完成挤压膨化加工。加工时，挤压腔的温度应控制在 120 ~ 140℃，挤压腔压力应控制在 1.5 ~ 2.0MPa |
| 冷却 | 秸秆膨化后，应置于空气中冷却，然后再装袋包装。如果膨化后立即包装，此时膨化秸秆的温度较高，一般在 75 ~ 90℃，包装袋中间的秸秆热量很难散失，会产生焦煳现象，影响其营养价值及适口性 |

（4）热喷处理

秸秆热喷处理就是将铡碎成约 8cm 长的农作物秸秆，混入饼粕、鸡粪等，装入伺料热喷机内，在一定压力的热饱和蒸汽下，保持一定时间，然后突然降压，使物料从机内喷爆而出，从而改变其结构和某些化学成分，并消毒、除臭，使物料可食性和营养价值得以提高的一种热压力加工工艺。

## 2．作物秸秆的化学处理

### （1）碱化处理

碱化处理就是在一定浓度的碱液（通常占秸秆干物质的3%～5%）的作用下，打破粗纤维中纤维素、半纤维素、木质素之间的醚键或酯键，并溶去大部分木质素和硅酸盐，从而提高秸秆饲料的营养价值。

常用的氢氧化钠的碱化处理秸秆有两种方式。湿法处理是提高秸秆和其他粗饲料营养价值的有效方法，但要消耗大量碱（每吨秸秆需8～10kg）和水（3～5L），并且在冲洗过程中损失20%的可溶性营养物质，湿法处理分为贝克曼法、轮流喷洒法和浸蘸处理法。干法处理是将20%～40%浓氢氧化钠溶液喷于粉碎或切短的秸秆上（30mL/100g），然后用酸中和。干法又分为工业化处理法和农场处理法两种。

由于碱化法用碱量大，需用大量水冲洗，且易造成环境污染，所以在生产中应用并不广泛。也有研究用酸处理秸秆，如硫酸、盐酸、磷酸、甲酸等，但效果不如碱化法，酸处理秸秆的原理与碱化处理基本相同。

### （2）氧化剂处理

氧化剂处理是针对植物的木质化纤维素对氧化剂比较敏感而提出的，主要是指二氧化硫（$SO_2$）、臭氧（$O_3$）及碱性过氧化氢（AHP）处理秸秆的方法。氧化剂能破坏木质素分子间的共价键，溶解部分半纤维素和木质素，使纤维基质中产生较大空隙，从而增加纤维素酶和细胞壁成分的接触面积，提高伺料消化率。

#### 1）$SO_2$处理

Bimting（1988）用含有5%、10%、20%的$SO_2$处理牧豆树日粮伺喂羔羊，日增重并未提高，且干物质消化率明显降低。Ben（1984）用$SO_2$理麦秸＋禽粪（1+1）代替羔羊日粮中60%的精料，获得了瘦肉率高、肉品质好的结果，而且发现$SO_2$处理秸秆可防止高铜日粮的铜中毒。以上研究结果不一致，可能与秸秆的品种有关。用$SO_2$处理的秸秆饲喂家畜，一般不会引起硫中毒（Dryden，1988）。用$SO_2$处理存在许多问题，如秸秆的适口性降低，而且会加重家畜酸的负担，使能量代谢受到影响。

#### 2）$O_3$处理

用臭氧处理秸秆可使木质素、半纤维素含量分别降低10%和5%，而纤维素含量变化很小（BenGhedalia，1980）。Ben（1983）比较了$O_3$与NaOH处理秸秆的效果，结果表明，$O_3$处理组的有机物表观消化率是NaOH处理的1.17倍。由此看出，$O_3$的处理能从根本上解决了粗饲料营养价值低的问题，是一种比碱化更有效的手段。但用 $O_3$ 也会引起一些副作用，如木质素降解时会积累一些有毒的酚类物质，长期饲喂会导致家畜中毒。另外，$O_3$ 处理能量投入太高，所需 $O_3$ 量大，约 1g/5g 秸秆，效益不佳。这些因素导致 $O_3$ 目前还不能在生产中应用。

3）AHP 处理

用过氧化氢处理秸秆时，必须在 pH 值大于 11 的条件下才能保证木质素的降解。相比而言，碱性过氧化氢（AHP）处理效果更明显。用 AHP 处理玉米芯、玉米秸和麦秸，测出 DM（干物质）消失率从处理前的每小时 3.76%、4.34% 和 2.98% 上升到处理后的 6.64%、7.18% 和 5.96%，经 AHP 处理，瘤胃微生物对细胞壁碳水化合物的利用率提高，表现出 NDF（中性洗涤纤维）和纤维素的消化率提高。

用氧化剂处理秸秆，能从本质上破坏木质素与纤维素的结合，明显提高秸秆的消化率。从长远来看，秸秆的处理将来可能会转向氧化剂的处理，但因为成本太高，目前还不能在生产中推广应用。

（3）氨化处理

秸秆氨化是指用氨水、液氨、尿素或碳铵等含氨物质，在密闭条件下处理秸秆，以提高秸秆消化率、营养价值和适口性的加工处理方法。氨化秸秆的原理分三个方面（见表 9-2）。

表 9-2　氨化秸秆的原理

| 项目 | 具体内容 |
| --- | --- |
| 碱化作用 | 秸秆的主要成分是粗纤维。粗纤维中的纤维素、半纤维素可以被草食牲畜消化利用，木质素则基本不能被牲畜利用。秸秆中的纤维素和半纤维素有一部分与不能消化的木质素紧紧地结合在一起，阻碍牲畜消化吸收。碱的作用可使木质素和纤维素之间的酯键断裂，打破木质素和纤维素的镶嵌结构，溶解半纤维素和一部分木质素及硅酸盐，纤维素部分水解和膨胀，反刍家畜瘤胃中的瘤胃液易于渗入，从而提高了秸秆的消化率 |
| 氨化作用 | 氨吸附在秸秆上，增加了秸秆粗蛋白质含量。氨随秸秆进入反刍家畜的瘤胃，其中微生物利用氨合成微生物蛋白质。尽管瘤胃微生物能利用氨合成蛋白质，但非蛋白氮在瘤胃中分解速度很快，尤其是在饲料可发酵能量不足的情况下，不能充分被微生物利用，多余的则被瘤胃壁吸收，有中毒的危险。通过氨化处理秸秆，可延缓氨的释放速度，促进瘤胃微生物的活动，氨进一步提高秸秆的营养价值和消化率 |
| 中和作用 | 氨呈碱性，与秸秆中的有机酸化合，中和了秸秆中潜在的酸度，形成适宜瘤胃微生物活动的微碱性环境。由于瘤胃内微生物大量增加，形成了更多的菌体蛋白，加之纤维素、半纤维素分解可产生低级脂肪酸（乙酸、丙酸、丁酸），从而可促进乳脂肪、体脂肪的合成。同时，铵盐还改善了秸秆的适口性，因而提高了家畜对秸秆的采食量和利用率 |

### 3．作物秸秆的生物处理

（1）青储技术

生物处理法中应用最广泛、操作最简单的方法是秸秆青储法。青储就是对刚收获的青绿秸秆进行保鲜储藏加工，通过无杂菌密封储藏，很好地保持和提高青绿秸秆的营养特色，生产出青绿多汁、质地柔软、适口性好、蛋白质、氨基酸、维生素含量显著增加的青储饲料，这种饲料可解决家畜越冬期间青饲料不足的问题，有"草罐头"的美称。

青储是利用微生物的乳酸发酵作用，达到长期保存青绿多汁饲料营养特性的一种方法。其实质是将新鲜植物紧实地堆积在不透气的容器中，通过微生物（主要是乳酸菌）的厌氧发酵，使原料中所含的糖分转化为有机酸——主要是乳酸。当乳酸在青储原料中积累到一定浓度时，就能抑制其他微生物的活动，并制止原料中养分被微生物分解破坏，从而将原料中的养分很好地保存下来。乳酸发酵过程中产生大量热能，当青储原料温度上升到50℃时，乳酸菌停止活动，发酵结束。由于青储原料是在密闭并停止微生物活动的条件下储存的，因此可以长期保存不变质。

青储具有充分保留秸秆在青绿时的营养成分以提高其消化率和适口性的特点，是保证常年均衡供应青绿多汁饲料的有效措施，青储饲料气味酸香，柔软多汁，颜色黄绿，适口性好，是牛羊四季特别是冬春季节的优良饲料。这不仅节约了大批粮食，而且大幅降低了饲养成本。

青储法技术简单、方便推行。我国有可供青储的茎叶、鲜料约10亿t，是发展养猪和奶牛的主要能量饲料源。但青储法对纤维素消化率提高甚微，人们试图寻找某些纤维分解菌，以提高青储饲料的消化率。

（2）微储技术

秸秆微储是对农作物秸秆进行机械加工处理后，按比例加入微生物发酵菌剂、辅料及补充水分，并放入密闭设施（如水泥池、土窖等）中，经过一定的发酵过程，使之软化蓬松，转化为质地柔软，湿润膨胀，气味酸香，牛、羊、猪等动物喜食的饲料。该法可利用微生物将秸秆中的纤维素、半纤维素降解并转化为菌体蛋白，具有污染少、效率高、利于工业化生产等特点，成为今后秸秆饲料的发展方向。

秸秆微储饲料的优势，见表9-3。

表 9-3　秸秆微储饲料的优势

| 优势 | 内容 |
|---|---|
| 消化率高 | 秸秆在微储过程中，由于高效复合菌的作用，木质纤维素类物质大幅度降解，并转化为乳酸和挥发性脂肪酸（VFA），加之所含酶和其他生物活性物质的作用，提高了瘤胃微生物区系的纤维素酶和解脂酶活性。麦秸微储饲料的干物质体内消化率可提高24.14%，粗纤维体内消化率提高43.77%，有机物体内消化率提高29.4%，干物质的代谢能为8.73MJ/kg，消化能为9.84MJ/kg |
| 制作成本低 | 每吨秸秆制成微储饲料只需用3g秸秆发酵活干菌（价值10余元），而每吨秸秆氨化则需要30～50kg尿素，在同等条件下秸秆微储饲料对牛、羊的饲喂效果相当于秸秆氨化饲料 |
| 秸秆来源广泛 | 麦秸、稻秸、干玉米秸、青玉米秸、土豆秧、牧草等，无论是干秸秆还是青秸秆，都可用秸秆发酵活干菌制成优质微储饲料且无毒无害、安全可靠 |
| 适口性好 | 秸秆经微储处理，可使粗硬秸秆变软，并且有酸香味，刺激了家畜的食欲，从而提高采食量 |
| 制作不受季节限制 | 秸秆发酵活干菌发酵处理秸秆的温度为10～40℃，加之青的和干的秸秆都能发酵，因此，在我国北方地区除冬季外，春、夏、秋三季都可制作，南方地区全年都可制作 |

## 三、秸秆能源技术

（1）秸秆直接燃烧供热技术

秸秆直接燃烧作为传统的能量转换方式，成本低，易推广。秸秆的主要成分是碳水化合物，如果燃烧充分，还可作为一种清洁和可再生的能源。资料表明，粮食作物秸秆与其能值比，所差无几。例如，稻谷的热值为 16.2MJ/kg，而稻草的热值为 13.48MJ/kg，玉米的热值为 16.66MJ/kg，而玉米秆为 15.67MJ/kg，玉米芯为 15.83MJ/kg。其他作物秸秆的热值也都较高，大约相当于标准煤的 1/2。

秸秆直接燃烧供热技术是农业部规划设计研究院的"九五"国家重点攻关课题的成果。它以秸秆为燃料，以专用的秸秆锅炉为核心形成供热系统。整个供热系统由秸秆收集、前处理、秸秆锅炉和秸秆灰利用几部分组成。

此技术具有如下特点：

采用了螺旋式进料方式，大大延缓了挥发分的集中析出，从而使燃烧更加稳定，保证了清洁燃烧；秸秆锅炉采用双燃烧室及挡火拱的结构，通过强化辐射换热，保证了在含水率较大的情况下燃料的顺利燃烧和挥发分的燃尽；通过扩散作用，清除了烟气中携带的大部分炭粒和灰分，同时有效改善了燃烧与换热的矛盾；采用烟、火管的形式，将辐射换热面与对流换热面适当地进行分配，保证炉体紧凑、结构简单。

秸秆直接燃烧供热技术可以在秸秆主产区为中小型乡镇企业、乡镇政府机关、中小学校和相对比较集中的乡镇居民提供生产、生活热水和冬季采暖之用。应用此项技术不仅可以有效地消耗农村大量的剩余秸秆，而且可以将废弃秸秆转化成商品燃料，成为农民新的经济来源。

（2）秸秆气化集中供气技术

秸秆生物质气化技术是生物能高品位利用的一种主要转换技术，它是通过气化装置将秸秆、杂草及林木加工剩余物在缺氧状态下加热反应转换成燃气的过程。秸秆经适当粉碎后，由螺旋式给料机（也可人工加料）从顶部送入固定床下吸式气化器，经不完全燃烧产生的粗煤气（发生炉煤气）通过净化器内的两级除尘器去尘、一级管式冷却器降湿、除焦油，再经箱式过滤器进一步除焦油、除尘，由罗茨风机加压送至湿式储气柜，然后直接用管道供用户使用。

秸秆气化技术集炊事、取暖、隔热、保温作用于一体，既可节约煤、天然气等不可再生资源，又充分利用了农村废弃的秸秆能源，这对于加快实现小康村镇建设有着积极的现实意义，其优点如下。

1）变废为宝

秸秆气化所需的原料在广大农村中较为丰富，在产棉区和玉米产区，还有竹木加工厂和粮油加工厂附近，秸秆、木屑、竹木边角料、谷壳等废弃物很多，不仅占用大量场地，也严重污染了周边环境。利用秸秆气化技术，不仅消化了大量的废弃物，还能制成方便、卫生的煤气，废渣又可烧成草木灰当作钾肥还田，一举多得。

2）经济可行

秸秆气化成本主要由供气规模、社会经济发展程度、农村生活习惯等决定。一个 300 户用气的气化站建设，总投资 60 万元，日用气量 $1500m^3/d$，如建设使用年限按 15～20 年折旧计，则日用燃气的综合成本价为 0.12～0.15 元 $/m^3$。按户用人口 4～5 人计算，日用气量 4～$6m^3$，燃气费用每月每户 16.24 元，成本约为燃煤、石油液化气费用的 40%～50%。

3）优势明显

和其他能源比较，秸秆制气成本低廉，省时省力，方便快捷，干净卫生，不受自然条件影响。推广秸秆制气，不仅有助于改变农村焚烧秸秆的旧习，在减少大气污染的同时，还可以大幅减少农村生活用柴草消耗量，有利于保护植被。

进一步需要研究的问题：

1）燃气质量较差、热值偏低

燃气是气化站的产品，农民需要的是符合标准、能释放出足够热量的燃气，以玉米芯为原料的秸秆气的理论热值是 $5724kJ/m^3$，但气化站的实际热值为 4400 ~ $5200kJ/m^3$，这可能和气化炉结构、气化剂种类及操作方法有关。

2）燃气中含氧量偏高形成安全隐患

燃气的氧含量理论值为 0.4%，但实际值是 3.5% ~ 4%，4% 的含氧量已很接近发生燃气爆炸的下限，此外，燃气中含氧量过高，在有水分和 $CO_2$ 存在的情况下，还会在金属管内发生腐蚀，造成更大的安全隐患。

3）焦油含量偏高

城市燃气标准中规定焦油及灰尘含量应小于 $10mg/m^3$，而秸秆供气中的焦油含量却达到 $60mg/m^3$ 以上。

4）水洗焦油后污水排放造成环境污染

有的气化站直接用水净化燃气，不但脱掉了部分焦油，也使甲醇、酚等有机物溶于水中，根据国家农田灌溉水质标准，挥发酚的含量是 1.0 ~ 3.0mg/L，而工业"三废"排放标准仅为 0.005mg/L，洗过焦油后的污水中酚含量超标。

5）气化系统投资偏高

气化系统的设计有待于进一步优化，以提高煤气热值，降低生产运行成本。还需尽快制定相关技术规范、标准和操作规程，以确保安全供气和用气。

（3）秸秆发酵制沼技术

沼气发酵就是让麦秸、稻草等秸秆和人畜粪便等在厌氧条件下，经多种微生物的作用，降解成简单而稳定的物质和以甲烷为主要成分的沼气，这些气体在稍高于常压的状态下，通过 PVC 管道送往农户，使用起来类似于城市的管道煤气，可直接用于生产和生活。秸秆等农业废弃物经沼气发酵后，有机质消耗了约50%，氮、磷、钾可保留90%，病虫菌明显下降。因此，秸秆沼气发酵不仅可以改变农村能源结构，节约不可再生矿物质能源的消耗，而且还可实现秸秆最佳效益的综合利用。

秸秆生产沼气一般有两种途径：一是直接进沼气池；二是秸秆作牲畜饲料，牲畜的粪便入沼气池。因沼气池发酵基质的 C/N 比要达到 161 才能有较好的效率，通常按质量配比为人畜粪便占10%、秸秆占10%、水分占80%。另外，为维持池内正常的 C/N 比，隔段时间需要添加秸秆，并去除一部分沼渣。产生的沼气含50% ~ 70% 的甲烷，是高品位的清洁燃料，可用于炊事、照明、点灯灭虫、果品保鲜等，还可作发电动力燃料或液化成甲醇，作双料发动机燃料。沼液不仅营养丰富，而且还有杀菌作用，可用于浇灌农作物、养鱼、拌饲料、喂畜禽及生产菌体蛋白等；沼渣中含有10% ~ 15% 的粗蛋白、45% 左右的矿物质成分，不仅是一种优质肥料，还可用于培育蘑菇、木耳，养殖蚯蚓等。

一个 3 ~ 5 口人的家庭，建一口 8 ~ 10m³ 的沼气池，把秸秆和人畜粪便投入池中发酵，年产 300 ~ 50m³ 的沼气，即可满足农户一日三餐和晚间的照明用能。试验表明，100kg 稻草直接燃烧，仅能供 5 口之家做 20 餐饭，剩下 5kg 灰；如将 100kg 稻草作为沼气系统的发酵原料，所得的热能可供 5 口之家做 40 餐饭，而且还保存有 50kg 有机质，含 0.63kg 氮、0.11kg 五氧化二磷和 0.85kg 氧化钾。可见，其生态、经济和社会效益十分明显，值得在我国农村大力推广。

# 第十章 医疗废弃物处理技术研究

## 第一节 医疗废物处理处置技术的选择和优化

### 一、医疗废物处理处置技术分析与评估

1. 医疗废物焚烧处置技术分析与评估

医疗废物焚烧设施通常包括废物进料、焚烧、烟气净化和残渣处理等系统。不同的医疗废物处置设施所采取的废物准备和供给、废物焚烧以及烟气净化设施会有所不同，因此，医疗废物焚烧处置技术呈现出多种不同形式的组合。医疗废物焚烧处置设施硬件构成及污染物控制措施如图 10-1 所示。

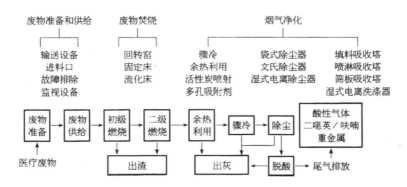

图10-1　医疗废物焚烧处置设施硬件构成及污染控制措施

由图 10-1 可以看出，医疗废物焚烧处置是一个系统工程，充分体现了各个系统的不同功能以及不同系统之间的衔接性。因此，对于一套设施的性能评价一方面要结合焚烧工艺的总体系统构成特点来考证，另一方面还要根据不同的焚烧设施配置做到因地制宜。不同类型的医疗废物处置技术具有不同的使用范围。

回转窑焚烧炉技术成熟，适合各种不同物态（固态、液态、半固态）及形状（颗粒、粉状、块状）的废物处理，二次污染少，但因其一次性投资大，用于焚烧医疗

废物时运行费用高，主要应用于规模大于 10t/d 的医疗废物处置或者危险废物和医疗废物统筹处置的项目。具有适应性强、运行稳定等特点，适合较大的城市和地区的医疗废物集中处置。在焚烧技术中，回转窑技术处置效果最好，较适合连续运转，但处置费用较高。国产回转窑式医疗废物焚烧炉存在的问题是：点火升温和停炉降温时间较长，连续运转时间短，运行费偏高；在焚烧过程中，辅助燃料消耗量也较大；耐火材料等材质档次低，运营经验少。

固定床焚烧炉适合处理感染性、损伤性、化学性和药物性的废物，对于一般体积不大的病理性废物也有一定的适应性，但由于一燃室温度低，对于体积较大的病理性废物或药物性废物，会产生焚烧不完全的现象，因此，应用性受到一定的影响。固定床焚烧炉适合处置 1.5 ~ 8.0t/d 的中小规模医疗废物焚烧，具有投资少、操作简单、运行稳定、处置成本低等特点，但缺少完善成熟的烟气净化系统，会对周围环境产生二次污染。

相对而言，近年来热解焚烧技术发展较快，并在加拿大、美国、英国和墨西哥等国使用，效果很好。目前，热解焚烧技术在国外处置医疗废物等危险废物领域使用较多。中国目前生产并投入运行的城市医疗废物焚烧炉较多地采用了热解气化焚烧技术。热解气化焚烧处置技术在处置效果和处置成本方面均有较大优点，具有燃尽率高，辅助燃料消耗量小，产生的烟气量少，烟气中污染物浓度低，后处置的负荷较小，粉尘夹带少等优点。但热解焚烧的技术设备差异较大，难以实现稳定燃烧和良好的自控性能，热解段、燃烧段、燃尽段相互影响，在实际运营中往往由于进料状态与设计相差太大、自控系统难以调控到理想状态、尾气系统负荷频繁变化等原因，也演变成为固定炉床的过氧燃烧，实际效果不理想，门槛较低，技术市场混乱。

炉排焚烧炉应用也较多，但在实际应用中存在焚烧物燃尽率低，辅助燃料消耗量大等缺点。考虑到安全问题，应禁止仅配置单燃烧室的炉排炉应用于医疗废物处置。

等离子体对处置医疗废物效果显著，其主要特点是在超高温下焚烧难降解危险废物（PCBs 等），用于医疗废物尚不能充分发挥其特点。此外，高额的建设和运营费用也阻碍了其应用于医疗废物处置领域。

除了以上炉型所涉及的主体设施外，还应包括围绕医疗废物收集、运输、处置全过程的其他辅助设备。对于在特定时间、特定地点用于某些特殊医疗废物焚烧处置以及偏远地区的区县城市使用的小型焚烧炉，应在连续进料、烟气净化、自动控制技术等方面进一步改进和完善。

2．医疗废物非焚烧处理技术分析与评估

医疗废物非焚烧设施通常由废物供给、废物处理（高温蒸汽、化学消毒、微波等）、尾气净化、废水处理、出料等系统构成。医疗废物非焚烧处理设施硬件构成及污染物控制措施如图 10-2 所示。

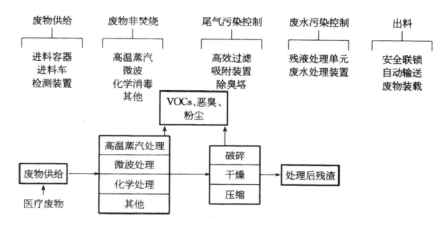

图10-2　医疗废物非焚烧处理设施硬件构成及污染物控制措施

医疗废物非焚烧处理技术在中国的应用较晚，2001 年中国第一台高温蒸汽和微波处理设备开始在天津投入运行，2005 年原国家环境保护总局才颁布实施非焚烧领域的相关标准，如针对化学、微波和高温蒸汽在各不同处置技术的建设和设施运营出发，提出了三个工程技术规范。2007 年前建设的高温蒸汽处理设施仅分布在天津、扬州等少数几个城市，采用微波的仅为天津，采用化学处理的仅有鞍山和丹东等少数几个城市，而国外所应用的电子辐射等技术还没有在中国应用的案例。

3．医疗废物处理处置技术适用性分析与评估

根据医疗废物优化处置技术指标体系中所确定的 23 项指标，在进行系统评估和比较前，首先针对集中技术之间的关键性问题进行论述和比较。

（1）技术规模适宜性比较

焚烧工艺较适合规模较大的医疗废物处置和危险废物处置，10t/d 以上的医疗废物处置往往采用回转窑焚烧和热解焚烧等技术。但对于小规模医疗废物焚烧设施（如 3t/d、5t/d），其所有工艺环节（如尾气急冷、脱酸、袋滤等）都与大规模焚烧设施类似，但实现起来有较大的难度。实际上，仅配置国家标准要求的焚烧尾气在线监测装置就需要投资 100 万元左右；小规模焚烧设施来料不稳定，3t/d 规模全额收集实际上往往仅 1t/d 左右，难以实现稳定连续运行，对尾气处理工艺造成的波动较

大，在频繁的起炉和停炉间歇污染严重，维持燃烧需要的辅助燃料成本极高，实现达标排放只具有理论上的可能。另外，中国已经加入了POPs公约，未来将要求焚烧二噁英排放标准如现有的 0.5ngTEQ/Nm³ 提高到 0.1ngTEQ/Nm³，这对小规模焚烧设施带来巨大的压力。对于小规模医疗废物处置项目，高温蒸汽、微波、化学和干热等技术因其可以间歇运行、运行费用低、适应性强、二次污染少、不产生二噁英等污染物、易于操作管理、工艺运行效果稳定等优点，比较适用于小规模的医疗废物处理处置。

（2）技术可靠性比较

焚烧处置技术对不同的废物具有较好的适应性，因其能使医疗废物处理达到无害化、减量化、稳定化和彻底毁形的处理目的而得到较大的应用。但是目前国内在运行的热解技术设备水平难以支撑其设备的可靠性。中国医疗废物热解焚烧门槛低，技术不成熟，市场混乱，实际运营中往往偏离原设计的理论焚烧工艺，运行效果差，根据未来发展需要，大部分属于面临改造或者淘汰范围。而对非焚烧处理技术而言，不同技术针对医疗废物的处置有其不同的适应性，因此，应按照技术设备可靠程度综合考虑（操作水平、分类水平、技术水平、消毒效果）。

（3）技术污染物排放比较

焚烧处置技术在处置医疗废物的过程中产生二噁英以及重金属等污染物质，尤其是在废物来料不稳定的情况下，会造成尾气净化方面的诸多问题，环境风险较大。非焚烧处理技术是对焚烧技术一种积极的补充，其间歇式的运行方式和工艺特点使该技术具有操作灵活、运行简单、处理成本低廉的特点，更适合产生量较小、来料不稳定、小规模医疗废物的处理，与焚烧技术相比，非焚烧处理过程的温度不超过200℃，医疗废物中塑料等含氯高分子化合物的物质不会分解，因而不会产生二噁英类致癌物质，可以实现二噁英的"零排放"。

（4）技术建设成本和运行成本比较

同焚烧技术相比，非焚烧处理技术在建设成本和运行成本方面都具有较为显著的优势。从建设成本来看，非焚烧处理设施因其不具有类似焚烧处置技术所应具备的复杂尾气净化系统，因此其建设成本较低，同等处理规模下，建设成本仅为焚烧处置设施的1/2。从运行成本来看，一般情况下可认为非焚烧技术处理消耗的燃料、动力和原辅材料成本是焚烧技术的1/4 ~ 1/3，低廉的运行成本使该技术更具有吸引力和竞争力，产生的废水、废气量小，易于处理，处置效果保障程度较高。非焚烧处理技术不改变医院内部现有的分类包装收集体系，不能纳入其处置体系的废药品、化学性废物、病理组织类废物往往所占比例较小，且一般都有相应的处置体系，也没有纳入焚烧体系。该技术尤其适合于 3t/d、5t/d 等小规模医疗废物处置项目。

（5）技术管理匹配性比较

无论是焚烧处置设施还是非焚烧处理设施，在管理方面都处于一个不断进步和发展的过程。为了规范焚烧处置设施的工程建设，环境保护部先后于 2004 年和 2006 年颁布实施了针对医疗废物集中焚烧处置以及非焚烧集中处理的工程技术规范，从建设和运行两个方面提出了严格的要求。相对而言，焚烧设施因工艺复杂需要较高的运营操作水平，而非焚烧技术的局限性在于它不是一种广谱的处置技术，对于药物性废物、病理性废物、化学性废物不适用，因而非焚烧技术的应用需要医院内部具备严格分类管理程序，卫生部门和环保部门已颁布多部部门规章，对医疗废物的分类管理和收集进行了严格规定，从源头减少了废物量和有害成分。因此，非焚烧技术需要较高的医疗机构内部管理和全过程监管能力，以便解决不同处置技术的适用性问题。

## 二、医疗废物处理处置技术优化

### 1. 医疗废物处理处置技术选择模式

中国幅员辽阔，不同地区经济水平、卫生事业水平以及环境意识差异较大，医疗废物处理的技术经济条件各异，因此，如何更好地扬长避短，切实发挥相应处置技术在区域医疗废物处置中的应用成为中国确定医疗废物处置技术选择的依据。中国医疗废物处置技术的选择应遵循多种技术并举、安全处置的原则。总结过去医疗废物管理的经验教训，借鉴发达国家医疗废物管理的成功经验，结合中国现实国情和实施需要，提出如下建议。

（1）对于处置规模较大（＞10t/d）的省级危险废物处置中心（兼顾处置医疗废物），采用以回转窑为主的焚烧处置技术；对于已经建设完成的采用热解焚烧处置技术的市级医疗废物处置中心，其工作重点应放在两个方面：①确保该类设施在今后的更新改造和完善过程中，按照前面提到的处置技术优化指标进行对比和分析，切实保证处置设施的建设水平；②重点从管理入手，切实推进该类设施的规范化运行和管理，实现在安全处置医疗废物的同时，实现污染物稳定达标排放。

（2）对于处置规模不大（＜10t/d），特别是 3t/d、5t/d 等小规模医疗废物处理的项目，在项目建设条件允许时应尽可能选用非焚烧技术，保证设施建成后运行的灵活性和经济性。同时，还要对非焚烧技术设备市场进行规范，避免重复热解焚烧设备市场目前混乱和无序竞争状态的出现，加强对设备招投标环节严格的监督管理。

（3）对于边远地区，应充分结合医疗废物的产生及分布特点，按照因地制宜的原则，在推进集中处置的大前提下，兼顾考虑建设简单易行的医疗废物处置设施（运距在百公里以上可以考虑再建医疗废物处置设施），如采用非焚烧处理技术、采用化学消毒处理后填埋等，旨在利用当地现有条件及时消除医疗废物的感染性，并减少其处置过程对环境的二次污染。

（4）对于边远地区、应急情况以及区域性医疗废物处置设施暂未建成的情况下，可以考虑采用移动式处置技术进行处置，技术类型可采用非焚烧技术。

当然，任何技术都不是万能的。因此，在实施一项技术选择的时候，一定要充分结合地方技术、管理、经济和社会四方面的因素，切实为最终的处置技术的选择提供背景和依据。另外，对于高温蒸汽、化学消毒等非焚烧处理技术而言，中国医疗废物分类目录中规定的化学性废物、药物性废物以及一部分病理性废物就不能采用这类方法进行处理。因此，医疗机构内部医疗废物分类水平决定于医疗废物最终的处置技术选择。

2．医疗废物处理处置技术应用模式

中国医疗废物处理处置技术应用模式应采取集中处置、合理布局的原则。正如《医疗废物管理条例》中规定的那样，中国推行医疗废物集中处置，因此，应继续贯彻执行规划中提出的原则上以设区市为规划单元，建设医疗废物集中处置设施，在合理运输半径内接纳处置辖区内所有县城的医疗废物，一般情况下不提倡、不允许医院分散处置。地方各级人民政府应有计划地建设医疗废物集中处置设施，对医疗废物进行集中处置，并按国家有关规定向医疗卫生机构收取医疗废物处置费用。

医疗废物集中处置设施在以地级城市为单位进行建设的基础上，鼓励交通发达、城镇密集地区的城市联合建设、共用医疗废物集中处置设施；同时，危险废物设施和医疗废物设施应统筹建设，危险废物集中处置设施要一并处理所在城市产生的医疗废物。

医疗废物具有感染性与传染性、细胞毒性、放射性危害等多种特点，医疗废物从产生源到最终处置应在全封闭的状态下进行，并实施对人和环境的隔离对医疗废物从产生、分类收集、警示标记、密闭包装与运输、储存、无害化处置的整个流程实施全过程管理，即从"摇篮"到"坟墓"的各个环节实行全过程严格管理和控制。

就一个城市而言，医疗废物污染防治总体工艺技术选择如图 10-3 所示。

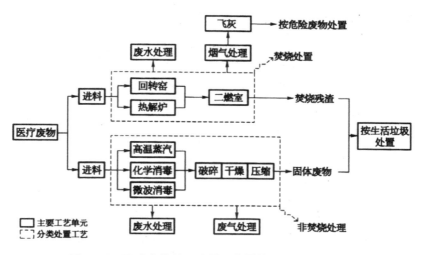

图10-3　医疗废物处理处置工艺最佳可行技术组合

# 第二节　医疗废物的源头分类和减量

## 一、医疗废物源头减量和分类管理的依据

### 1. 医疗废物的源头减量

医疗机构产生的废物中大约80%属于非危险性的普通生活垃圾，主要包括办公和生活区产生的各种废物，治疗诊断区医生办公室、护士站和普通患者产生的日常废物，药械和后勤保障仓库产生的包装废物等，仅有20%左右属于医疗废物和可疑医疗废物。一个未受过专业培训的人员，一般很难明确区分普通垃圾和医疗废物的界限。一旦生活垃圾中混入医疗废物，根据医疗废物管理原则，这些普通垃圾也将被当作医疗废物进行管理和处置，因此在未实行源头分类管理的地区，需要处理处置的医疗废物数量可能十分巨大。研究表明，采用医疗废物清单的做法，可直观地向医护人员和有关作业人员传达辨别医疗废物的方法。对医疗废物进行减量化管理的实践证明，在废物产生的源头，根据医疗废物清单目录，严格地将生活垃圾和医疗废物分开，是一种十分有效的医疗废物减量化管理方法。

随着临床诊断、药物学、遗传学、分子生物学、医疗器械、消毒和感染控制等学科的发展，医疗机构使用的各种物品愈来愈多，可见在很长一段时间内，医疗机构产生的医疗废物种类将呈上升趋势。与此同时，不同类型和规模的医疗机构产生的医疗废物，从种类到数量均有很大的差别，而且随着科学研究的进展，那些属于"灰色区域"的医疗废物，如沾有少量血液、体液、分泌液的棉球、敷料等极有可能离开医疗废物范畴。因此医疗废物分类方法具有很强的时效性，需要定期调整。对所有的医疗废物进行明确分类，不但工作量巨大，而且有可能产生遗漏。

2．医疗废物分类管理依据

医疗机构产生的医疗废物按照材质主要分为以下几种类型：高分子废物、玻璃废物、棉纤维制废物、金属废物、病理性废物、药物性废物、化学性废物、放射性废物和其他废物。

（1）高分子废物

高分子废物主要包括塑料、乳胶和橡胶等废物。医疗机构内部产生的高分子废物常见组分（或来源）包括一次性注射器、一次性输液器、一次性输血器、一次性窥器、一次性手套、乳胶手套、引流管、血液管路、透析器、吸痰管、输氧管、呼吸机和麻醉机管路、导尿管、一次性鞋套、一次性血袋、一次性血容器、一次性口罩和帽子、一次性手术衣、医疗废物专用包装袋、利器盒等。

高分子废物中的塑料废物主要有聚乙烯、聚苯乙烯、聚氨酯和聚氯乙烯，其中以聚乙烯材料的塑料废物比例最大。各种塑料材料的化学成分及性质见表 10-1。主要常见塑料医疗废物和相应的原料组分见表 10-2。

表 10-1　四种主要医用塑料的化学成分及性质

| 成分及性质 | 聚乙烯 | 聚苯乙烯 | 聚氨酯 | 聚氯乙烯 |
|---|---|---|---|---|
| 水分 | 0..20 | 0.20 | 0.20 | 0.20 |
| 碳 | 84.38 | 86.91 | 63.14 | 45.04 |
| 氢 | 14.14 | 8.42 | 6.25 | 5.60 |
| 氧 | 0.00 | 3.96 | 11.61 | 1.56 |
| 氮 | 0.06 | 0.21 | 5.98 | 0.08 |
| 硫 | 0.03 | 0.02 | 0.02 | 0.14 |
| 氯 | 0.00 | 0.00 | 2.42 | 45.32 |
| 灰分 | 0.19 | 0.45 | 4.38 | 2.06 |

表 10-2　常见塑料医疗废物和相应的原料组分

| 原料组分 | 常见塑料医疗废物 |
|---|---|
| 聚乙烯 | 注射器、导管、插管、导尿管、输血器、输液器等 |
| 聚丙烯 | 注射器、无纺布口罩、手套、手术衣、输液瓶等 |

| 原料组分 | 常见塑料医疗废物 |
|---|---|
| 聚氯乙烯 | 导管、插管、导尿管、输血器、输液器、输液瓶、输液袋、血浆袋、检查用具、诊疗用具等 |
| 聚对苯二甲酸乙二酯 | 无纺布、血液透析产品等 |

（2）玻璃废物

医疗废物中常见的玻璃废物主要有载玻片、盖玻片、玻璃试管、玻璃安瓿、输液瓶、药瓶等。

（3）棉纤维制废物

棉纤维制废物常见组分包括被患者血液、体液、排泄物污染的棉球、棉签、引流棉条、纱布、尿垫、绷带及其他敷料。

（4）金属废物

金属废物常见组分包括各种医用针头、缝合针、解剖刀、手术刀、手术锯、备皮刀、口腔科镊子、探针以及废弃的手术器械等。

（5）病理性废物

病理性废物常见组分包括手术及其他诊疗过程中产生的废弃人体组织、器官医学实验动物的组织、尸体病理切片后废弃的人体组织、病理蜡块等。

（6）药物性废物

药物性废物常见组分包括废弃的一般性药品，废弃的细胞毒性药物和遗传毒性药物，有残留药物的瓶子、盒子、手套、石膏及药瓶等。

（7）化学性废物

化学性废物包括废弃的固态、液态和气态化学品，主要来源于医疗机构的诊断、清扫、消毒和维护等工作中。化学性废物主要包括如下几种。

1）甲醛。甲醛是医疗机构化学性废物的重要来源，在病理、解剖、诊断、防腐及护理科室常被用来清扫或消毒设备、保存标本。属于消毒液态传染性废物。

2）废显影液、定影液。定影液主要含5%～10%的对苯二酚、1%～5%的氢氧化钾和不到1%的银；显影液主要含45%的戊二酸醛，乙酸在显影液、定影液中均有使用。

3）溶剂。含有溶剂的废物来源于病理室、解剖室、组织实验室等医院的多个部门。医院使用的溶剂包括二氯甲烷、氯化物、三氯乙烯、制冷剂等卤化物和二甲苯、甲醇、丙酮、异丙醇、甲苯、氰化甲烷等非卤化物。

4）废弃的过氧乙酸、戊二醛等化学消毒剂。

（8）重金属废物

含有高浓度重金属废物的医疗废物属于危险化学品废物，通常是剧毒的。医疗废物中常见的重金属主要是汞，来源于汞血压计、汞温度计等医疗设备破损的溢出物以及口腔科银汞合金或银汞胶囊使用后的残留物。此外还包括医疗机构废弃电池产生的含镉废物等。

（9）放射性废物

放射性废物是指在应用放射性核素的医学实践中产生的放射性活度超过国家规定值的医疗废物，在医疗服务中所使用的放射物质及释放的医疗废物。

医疗机构和相关医学实验室产生的医疗废物从产生源至最终处置是一条单向的废物流，医疗废物进入废物流后，不可逆地通过各个环节到达最终处置端，经过适合的处理后，才离开废物流。在这一过程中，废物处理越早，越有可能减少管理的成本，同时进入废物流的医疗废物越少，管理和处理处置成本及对环境的危害就越低。从狭义范围分析，在医疗废物产生源头减少废物的生成，在终末处置时，减少有毒、有害物质排入环境，是有效的减量化措施。从广义范围分析，选择可循环使用的物品，采用安全无毒的物品替代也是有效的减量化措施。

## 二、医疗废物源头减量和分类管理措施

1. 医疗废物分类减量的总体思路和分类原则

（1）医疗废物分类减量的总体思路

经综合分析中国现行危险废物和医疗废物规划及相关管理规定，医疗废物处置和管理模式体现出如下特点：

1）在规划建设方面实施了集中处置、合理布局的总体思路

中国推行医疗废物集中处置，实施了以设区市为规划单元的建设思路，建设医疗废物集中处置设施，在合理运输半径内接纳处置辖区内所有县城的医疗废物，一般情况下不提倡、不允许医院分散处置；另外，医疗废物集中处置设施在以地级城市为单位进行建设的基础上，鼓励交通发达、城镇密集地区的城市联合建设、共用医疗废物集中处置设施；同时，危险废物和医疗废物处置设施应统筹建设，危险废物集中处置设施要一并处理所在城市产生的医疗废物。

2）在风险控制方面体现了风险管理的基本理念

医疗废物具有感染性与传染性、细胞毒性危害等多种特点，医疗废物从产生源到最终处置应在全封闭的状态下进行，并实施对人和环境的隔离；实施医疗废物从

产生、分类收集、警示标记、密闭包装与运输、储存、无害化处置的整个流程，即从"摇篮"到"坟墓"的各个环节实行全过程严格管理和控制。

（2）医疗废物的源头分类原则

医疗卫生机构内部医疗废物管理问题至关重要，一方面关系到能否切实消除医疗废物感染性，减少对人体和环境的危害；另一方面不同的医疗废物处置技术需要医疗机构内部实施相应的科学分类。医疗废物的源头分类应坚持如下原则：

1）坚持风险控制的原则

医疗废物具有多种危险废物特性，实施科学分类有利于更好地杜绝或切断致病微生物及病菌的来源，禁止将医疗废物混入生活垃圾，切断疾病传播途径，减少因病菌扩散带来的健康及环境风险。可以说，医疗废物管理和处置的核心任务就是：一方面要在医疗废物产生源头实施有效的感染控制并减少废物的产生；另一方面要兼顾后续处置技术的适用性，为从源头减少需要处置的有毒、有害物质产生提供条件。

2）坚持与医疗废物处置技术相衔接的原则

不同的医疗废物处置技术具有不同的适用范围，因此医疗废物的源头分类应切实考虑后续医疗废物处置技术的优点和缺陷，确保源头分类后的医疗废物是后续处置技术能适应的。如果当地有焚烧、非焚烧、填埋等多种方式的废物处理手段，分类就显得十分重要，如来自化疗过程产生的废物、汞、挥发性和半挥发性物质、放射性物质以及其他危险性化学物质不能采用非焚烧技术进行处理，只有经过良好分类的医疗废物在采用与之相应的处理技术进行无害化处理后，方可达到效果好、费用省、环境友好的目的。

3）坚持医疗废物源头减量化原则

应正确区分医疗废物与生活垃圾，不能将本属于生活垃圾的废物混入医疗废物，也不应将医疗废物混入生活垃圾。根据世界卫生组织研究成果，医疗机构产生的废物中只有

10% ~ 25% 是医疗废物，而实际上可能存在的问题是往往将医疗卫生机构产生的所有废物理解为医疗废物，这样直接造成的结果是使需要处理处置的医疗废物量大大增加，不仅增加后续医疗废物处理处置的负担，也会造成二次污染，尤其是焚烧处置过程中更多二噁英/呋喃等污染物的产生和排放。

无害化、减量化、资源化的综合处理是一次性医疗废物的发展目标，为了推进医疗废物的源头管理，国内外专家学者开展了大量的研究工作，希望通过行政管理和技术方法相结合的方式推进医疗废物的源头管理，如层次分析法。因此，应首先

从源头入手，通过减少应用、综合利用、分类回收等措施，全面推进医疗废物的分类管理。在考虑医疗废物管理计划时，一方面要做到无害化和减量化，适当考虑资源化；另一方面也要考虑后期可处置的医疗废物类型，进行规范的分类管理。这就要求对中国医疗机构产生的医疗废物的分类进行深入细致的研究，并制定详细的医疗废物源头管理细则，推进医疗废物管理。

2．医疗废物分类减量的具体措施

（1）调整医疗用品的采购和选择政策，推进减量化

中国从 1987 年开始引进国外成功经验，在医疗机构推广使用一次性医疗用品。20 多年来，中国医疗机构和相关单位使用的一次性医疗器具品种和数量迅速增长，这种新型的医疗用品的推广，虽然为减少医院感染，预防经血传播性疾病的医源性传播做出了重要贡献，同时也带来了医疗机构产生的医疗废物种类和数量的大量增加。

随着临床医学和诊断科学的不断发展，新的医疗仪器设备，诊断用品不断更新和增加。其中，不排除生产厂家为销售产品夸大其功能，而医疗机构由于体制、观念和收费等各种原因，在已有设备和物品还能正常使用，也能满足患者需要的情况下，过早、过快、过频地采购并不十分需要的新设备、新仪器、新诊断物品，导致了医疗废物的增加。

医疗机构中使用的常见含末物品如温度计、血压计等，由于新型的同类电子仪器价格高，以及技术问题导致的产品质量稳定性差等原因，一时还无法替代。同样的问题也存在于牙科的常见补牙材料银汞合金中。

总体而论，对医疗用品的采购和选择实行最佳环境实践政策可有效减少医疗废物的产生。同时各种采购和选择方式的决定都伴随着利弊两方面的产生，这种权衡取舍需要论证和试验，因此应慎重考虑。在目前已有的知识和经验范围内，下述几个方面是医疗用品采购和选择政策应首先关注的地方：

1）无创体外检查用具可采用重复使用物品，如压舌板等。

2）无创体内检查用具在严格消毒，确保安全的前提下，可有限次数地重复使用。

3）金属类器具在严格消毒，确保安全的前提下，选择可行的种类重复使用。

4）多用纸质材料，少用高分子材料和含氯制品。

5）仅受轻微污染的物品，尽量采用可重复使用的材料制作，消毒后重复使用。

6）减少医疗仪器设备和试剂的不必要淘汰和过快的更换频率。尽量选用高效低毒、在环境中易分解的消毒剂。根据实际需要采购药品，减少不必要的囤积。

（2）制定医疗废物和生活垃圾的区分标准，推进减量化

医疗机构产生的废物进行明确分类，将生活垃圾和医疗废物科学地区分是实施医疗废物减量化的关键环节之一，也是医疗废物环境无害化处理和生活垃圾资源再生利用的前提条件。对医疗废物和生活垃圾的区分标准应从以下四个方面给予考虑：

1）废物含有的患者血液、体液、分泌液的量，在给出衡量标准后，在此量以下的废物不作为医疗废物。

2）废物含有的药物、化学品和试剂等有毒、有害物质的量，在给出衡量标准后，在此量以下的废物不作为医疗废物。为提高可操作性，可以先确定常见的，对毒性、危害性了解清楚的物品，未了解清楚的按医疗废物处理。

3）废物产生地点，普通病区产生的诸如一次性床垫、鞋套、手套等，可作为普通生活垃圾处理。

4）普通患者产生的废物，只是沾有规定标准以下的血液、体液、分泌液，均可按普通垃圾处理。传染病患者产生的废物，均按医疗废物处理。

（3）减少包装用品用量，推进减量化

根据医疗废物管理的相关法规要求，在医疗废物产生地，需用特殊颜色和规格的包装容器将其收集后，才可进行院内转运和暂储。由于中国幅员辽阔，各地经济发展水平不一，医疗废物的处理处置方法又较为单一，导致医疗机构内部医疗废物的分类和后期的处理处置出现脱节现象，由此引起医疗废物包装的不合理增加。

1）具体不良表现

①根据《医疗废物管理条例》和有关规定，医疗机构应将医疗废物按五类分类收集。在中国部分省、市医疗机构的抽样调查表明，有些医院分类增加到五类以上，而后期的处理处置定位在焚烧或填埋两种方式，使前期的有些分类归于无效，所需的包装容器却因分类的存在而无法减少。以焚烧处理为例，每家医疗机构每天如将焚烧处理的医疗废物统一包装收集，比目前的分开收集，再统一打包焚烧处理，至少可节省四分之三的包装袋，减少焚烧的处理量。

②《医疗卫生机构医疗废物管理办法》规定，医疗废物的暂存时间不得超过两天，因此收集运送人员每天必须从医疗废物产生地将废物清运送至内部暂存地。由于医疗废物包装袋的规格较为单一，绝大部分为450mm×500mm，而每个病区每天产生的各类医疗废物数量有限，未到盛放至3/4的容积时，即被清走。调查表明，大部分病区每袋的医疗废物重量不足4kg，体积不到包装袋容积的1/2，产生了明显的浪费现象。

③目前医疗机构采用的利器盒均用塑料制作，一次性使用。如果对盛放金属物

品的利器盒改用金属容器，采用非焚烧方式做无害化处理，利器盒经消毒清洗后，重复使用，其他利器采用合格的纸质利器盒盛放，一次性使用，可有效减少高分子医疗废物的排放。

2）包装容器方面减少医疗废物产生的可采取措施

①根据当地的后期处理处置方式，确定相应的分类模式，合并同类项，减少不必要的包装物。

②制作不同规格的医疗废物包装袋，使其和每天产生的医疗废物数量相匹配，减少无效体积，降低包装废物排放量。

③将塑料材质的利器盒改作金属材质和纸质利器盒。

（4）减少含氯、汞、水分及金属的材料和有机高分子材料的不适当处理处置

科学研究表明，焚烧时，氯和铜、铁、铝等金属元素的存在是二噁英等POPs生成的重要因素之一。医疗机构内部含氯元素的医疗废物主要来自聚氯乙烯PVC塑料，含氯消毒剂和含氯元素的药品，因此，实行严格的分类管理措施，将这类物品剔除在焚烧废物之外，是一件操作上可行，又能有效降低二噁英生成的减排方法。另外，从源头减少含汞医疗废物的处理量是确保这类废物对环境和人类不构成污染和伤害的重要途径之一。采用的有效措施如下：

1）在采购政策上制定减少以PVC为原料制作的医疗用品采购，含PVC的医疗废物采用非焚烧方式处理。

2）含氯消毒剂不管是过期产品还是使用后的残液，尽量不进入固体医疗废物中，可排入污水处理池处理。

3）严格实行分类收集，根据药事部门提供的含氯药品以及含汞医疗器械名单，将这类废弃的药品按非焚烧废物种类单独收集，填埋处理。

4）金属废物经压力蒸汽消毒后，循环使用、再生利用或填埋处置。

固体医疗废物中的水分，有些是医疗用品在使用过程中伴随产生的，有些是操作过程中无意识带入的，还有部分是由于医护人员和作业人员缺乏医疗废物管理知识而人为放入的。采用焚烧方式处理医疗废物，要求废物含水量低。废物的热值大于18600kJ/kg时，能维持自身的燃烧，超过6000kJ/kg时，有较高的热能回收价值，低于3000kJ/kg时，已无热能回收的价值。研究表明，中国医疗废物的综合热值，由于含水量较高，大部分低于2500kJ/kg，需要添加燃油或煤块助燃，这种情况实际上间接增加了废物的处理量，加重了二噁英排放的可能，也提高了处理成本。因此应制定有效措施，减少固体医疗废物中水分的带入。

（5）回收利用可再生资源，达到减量化

医疗废物中有潜在回收利用价值的物质见表 10-3。

**表 10-3　医疗废物中有潜在回收利用价值的物质**

| 材质 | 常见品种举例 | 占总质量百分比（%） | 潜在回收利用价值 |
|---|---|---|---|
| 高分子材料 | 输液器、注射器等 | 30 ~ 35 | 电线护套、鞋底、门帘、农用储筐等 |
| 金属材料 | 针头、刀片、瓶帽等 | 2 ~ 3 | 溶炼成金属原料 |
| 玻璃制品 | 输液瓶、药瓶等 | 7 ~ 9 | 熔炼成玻璃制品原料 |
| 生物质 | 棉球、纱布、敷料等 | 30 ~ 35 | 能量回收 |

在回收利用高分子材料、金属材料和玻璃制品之前，对这类废物必须采用非焚烧处理技术，将其无害化。处理的目标应达到以下要求：①杀菌率达到规定要求；②处理时无超标带菌的气溶胶外泄或带菌的气体排放；③无超标的挥发性有机物排放；④材料无明显的物理和化学性能变化；⑤材料可被纯化、均质化而达到再生利用的要求；⑥处理费用在可接受范围内。

医疗废物管理和处理处置采用前述方法后，有 39% ~ 47% 的废物材料是可以再生利用的，需要焚烧或其他技术进行最终处置的废物仅占 53% ~ 61%，可大大减少医疗废物的终端排放。

## 三、源头减量经济效益分析

### 1. 医疗废物减量化的预期效果

医疗废物不同组分焚烧时对二噁英产生的潜在贡献是不同的。以单位重量比较，高分子材料对二噁英的贡献最大，生物质最小。采用非焚烧技术处理医疗废物如不进行资源的回收利用，也会造成填埋地大量农田或其他土地被侵占，浪费潜在资源的现象。

医疗废物总流程中存在四个可能的减排位点，通过实施医疗废物源头分类和减量，可达到医疗废物总量减少 65% 的预期效果。四个点位医疗废物减量分析见表 10-4。

表 10-4　医疗废物源头减量分析

| 减量位点 | 减量类别 | 目前情况 | 优化措施 | 减量（%） |
|---|---|---|---|---|
| 位点一 | （1）选择处理后可重复利用的物品，减少一次性用品；<br>（2）减少在焚烧过程中容易生成二噁英的物 | 没有考虑 | 给予充分考虑 | |
| 位点二 | （1）将生活垃圾和医疗废物严格分开；<br>（2）控制液体进入固体废物中 | 分类存在不足之处 | （1）严格区分生活垃圾和医疗废物；<br>（2）液体进入污水处理系统 | 15 |
| 位点三 | （1）医疗废物包装；<br>（2）高分子废物、金属废物、玻璃废物 | 焚烧 | （1）减少无效包装；<br>（2）非焚烧处理后回收利用 | 50 |
| 位点四 | 各类适宜非焚烧处理的废物 | 焚烧 | 非焚烧处理 | |

结合表 10-4，全国医疗废物总量按 50.60 万 t 核算，位点一减排涉及生产、药学、临床、物价等多个部门，虽然是一个富有潜力的减排位点，但需要国家主管部门的多方协调，因此减量无法精确估算，预期减排目标 3%，减量 1.52 万 t。位点二减量在医疗机构内部采用 BEP 管理是可以实现的，其中生活垃圾和医疗废物严格区分可贡献减量 6.5%，液体进入污水处理系统可贡献减量 8.5%，两者合计减排 15%，减量 7.59 万 t。位点三减量需要有国家的相关政策支持，具备适宜的处理设备；如果实行，减量效果十分显著，可减排 50%，减量 25.30 万 t。根据表 10-4 所示数据，医疗废物中高分子材料、金属材料、玻璃制品在医疗废物中所占的百分比是不同的，经国内数家医院试验表明，位点四的减排效果是完全可以达到的。位点四的减量效果仅限于医疗废物焚烧比例的减少，并由此产生的二噁英排放量的降低，但未对医疗废物的总排放量产生减排影响。四个位点的减排百分比大于 65%，减量总量不低于 32.89 万 t。

2．医疗废物二噁英预期减排效果

根据全年医疗废物总量 50.600 万 t 计算，如果最终处理有 80% 采用焚烧处理，排放因子 3000μgTEQ/t，年排放量为 1214.4gTEQ。通过采用规范的医疗废物分类和减量措施可以推进实现二噁英排放减量。医疗废物二噁英预期减量效果见表 10-5。

表 10-5　医疗废物二噁英预期减量效果

| 时间 | 项目 | 数量<br>（万 t） | 排放因子<br>（μgTEQ/t） | 焚烧比例<br>（%） | 总排放量<br>（gTEQ） |
|------|------|------|------|------|------|
| 目前情况 | 2005 年医疗废物总量 | 50.600 | 3000 | 80 | 1214.400 |
| 实施减排<br>方案 | 高分子材料 | 16.698 | 3000 | 10 | 50.094 |
|  | 金属材料 | 1.265 | 无 | 10 | 0 |
|  | 玻璃材料 | 4.048 | 无 | 10 | 0 |
|  | 生物质 | 16.698 | 10 | 80 | 1.336 |
|  | 其他废物（残液） | 11.891 | 10 | 40 | 0.476 |
|  | 合计 | 50.600 |  |  | 51.906 |
| 减量 |  |  |  |  | 1162.494 |

由表 10-5 可得出，医疗废物中高分子材料占总量的 33%，为 16.698 万 t，减量贡献 450.846gTEQ；金属材料占 2.5%，为 1.265 万 t，减量贡献 37.950gTEQ；玻璃材料占 8%，为 4.048 万 t，减量贡献 121.440gTEQ；生物质占，为 16.608 万 t，研究表明焚烧时其二噁英的排放因子在相同条件下低于高分子材料 300 倍以上，为 10μgTEQ/t，年排放 1.336gTEQ；其他废物主要以残液为主要成分，大部分从污水系统排放，以 40% 进入焚烧处理计算，共有 4.乃64 万 t 需要处理，此类物质的二噁英排放因子未知，暂按燃油排放因子 10μgTEQ/t 计算，全年排放 0.476gTEQ，合计 51.906gTEQ。由此可知，采用减量方案后，在年处理量 50.600 万 t 的情况下，每年可减排 1162.494gTEQ，减排率达 95.23%，是一套科学先进的环境友好型医疗废物源头分类和减量方案。

# 第三节　医疗废物优化焚烧处置技术

## 一、医疗废物焚烧处置技术原理

1. 热解气化技术原理

医疗废物热解气化技术是一种热化学反应技术，根据医疗废物进料方式的不同，医疗废物热解气化技术可分为连续热解气化技术和间歇热解气化技术。

连续热解气化技术是指废物进料系统对所处理的物料采用一定的间隔周期、分批次地连续投入热解炉内，从而能够维持热解炉内连续、稳定的热解反应过程。在整个工作过程中，热解炉出口的热解产物产生量波动较小或基本稳定。间歇热解气化技术是指废物进料系统对所处理的物料采取一次进料方式，热解炉的进料和炉内热解过程均采用分批次、间歇的工作方式。

进料系统和热解炉按照进料热解→出灰→进料→热解→出灰的循环模式运行。在整个工作过程中，热解炉内的温度和出口的热解产物产生量均呈波浪状循环波动。热解气化的一般工艺流程如图10-4所示。

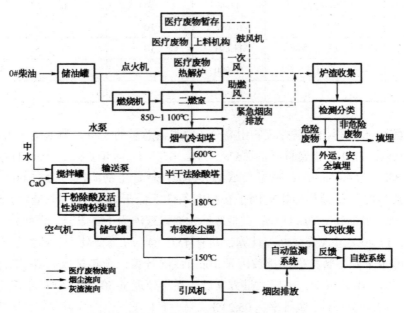

图10-4　医疗废物热解气化一般工艺流程

（1）医疗废物热解气化过程

经医疗废物上料机构将医疗废物引入热解炉，在此设备内完成热解过程，热解气化炉利用缺氧热解原理，供给不足量的助燃空气，使医疗废物在一定温度范围内进行热解，热解气化室内医疗废物在 600 ~ 900℃的缺氧条件下热解气化，医疗废物裂解成短链有机气体、甲烷、氢气、一氧化碳等可燃气体；热解气化炉也有采用A 和 B 炉交替气化、后续燃烧炉不间断的连续工作方式。

经热解气化后的可燃气体经二燃室 850 ~ 1100℃的高温焚烧达到完全燃烧状态。热解气化炉产生的裂解气体在二燃室内继续充分燃烧。二燃室安装有柴油燃烧机，燃烧机的开启幅度或关闭由设定温度自动控制。在起炉阶段，由于炉温较低，需要开启燃烧机对二燃室进行加热升温，热解气体自燃时，炉温会迅速上升并达到设定温度（850℃左右），助燃装置则自动关闭。由于二燃室内温度达到850℃以上，烟气在此温度停留2s以上，故烟气中的各种有害成分（包括二噁英）在二燃室内充分分解和消除。

在尾气净化方面，采取冷却、半干式急冷除酸、活性炭吸附、布袋除尘、灰渣处理等过程。烟气降温系统的作用是让高温烟气（二燃室出口温度高达1100℃以上）降温到后续烟气处理设备可正常工作的温度。其后的半干式法急冷除酸塔要求入塔烟气温度在600℃以下。采用半干式冷却除酸装置将烟气从600℃迅速降至180℃，在二噁英低温生成同时进行除酸，防止后续设备腐蚀。利用文丘里装置将活性炭粉均匀喷入烟气中以吸附废气中残留的二噁英。布袋除尘器将吸附有二噁英类物质的活性炭粉和残留的烟尘在滤袋的表面截留。

固体废物在热解炉燃尽后形成的炉渣因经过高温处理，经毒性浸出试验后如不属于危险废物可直接填埋。热解炉残渣和烟气净化系统收集的烟尘（飞灰）属于危险废物，平时可将其密闭收集，定期运送至危险废物处置中心统一进行固化处置。

（2）医疗废物热解气化技术主要特点

1）医疗废物首先在还原条件下分解产生可燃气体，废物中的金属没有被氧化，废物中的铜、铁等金属不易生成促进二噁英形成的催化剂。

2）热解气体燃烧时的空气系数较低，能大大降低排烟量、提高能量的利用率、降低$NO_x$的排放量、减少烟气处理设备的投资及运行费用。

3）含碳的灰渣在1000℃左右的高温状态下进行焚烧，能抑制二噁英类毒性物质的生成，并使已生成的二噁英分解，熔渣被高温消毒可实现它的再生利用，可以最大限度地实现垃圾的减量化和资源化。

2．回转窑焚烧技术原理

医疗废物回转窑焚烧技术是一种高温热化学反应技术，其焚烧系统由回转窑和二燃室组成。回转窑呈略微倾斜状，窑头略高于窑尾，回转窑内采用富氧燃烧方式，燃烧温度控制在850～1000℃，医疗废物从窑头进入窑内，随着窑体的转动，医疗废物在窑内沿着回转窑内壁向下移动，从而完成干燥、焚烧、燃尽和冷却过程，冷却后的灰渣由窑尾下发排出，沸化的蒸汽及燃烧气体进入二燃室。二燃室的温度维持在900～1200℃，烟气停留时间为2s以上，确保烟气中可燃成分达到完全燃烧状态以及二噁英高度分解。回转窑传统工艺流程如图10-5所示。

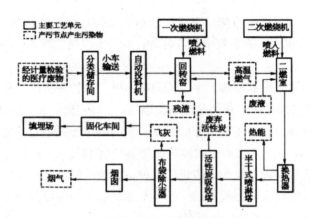

图10-5 回转窑典型工艺流程

（1）医疗废物回转窑处置过程

1）经计量并检验的医疗废物进入分类储存间，在储存间内冷藏。

2）回转窑利用补充燃料自动点火使窑体升温后，由封闭废物输送小车将医疗废物送进焚烧车间，并放入回转窑自动投料机，由自动投料机送至炉口投入溜槽进入炉体内，炉体以0.5～3r/min转速旋转（可调速），将医疗废物自动翻转搅拌，使焚烧物料缓慢向前移动，完成烘干、沸化、高温氧化、主燃、燃尽、排渣等过程，并产生挥发可燃高温气体，炉内燃烧温度可达700～850℃。（3）回转窑沸化氧化产生高温气体进入二燃室，二次燃烧系统利用补充燃料在二燃室内对烟气进一步高温焚烧，燃烧温度达850～300℃，使有机废气全部高温分解。

4）两次高温焚烧所产生的高温烟气经过换热器将烟气温度降低到600℃左右。

5）烟气再经过半干式喷淋塔进一步急速降低到200℃以下，以控制烟气在200～600℃温度区间的停留时间小于1s，除去大部分酸性有害气体的同时，也抑制二噁英的大量产生；然后进入活性炭吸收塔，利用活性炭吸附烟气中的二噁英及其他有害物质；再进入布袋涂尘器除去极微小粉尘，并对二噁英及其他有害物质进行进一步的拦截过滤；废活性炭焚晓处理，布袋飞灰固化填埋处理。

6）产生的洁净烟气由排风系统导入烟囱进行达标排放，焚烧后的灰渣由炉本体下方排出经固化后填埋处置。

（2）医疗废物回转窑焚烧技术特点

1）结构简单、控制稳定、技术成熟，对医疗废物的适应能力强，可以处理各种不同形状的固液态废物。

2）医疗废物在炉内能得到充分的搅拌、翻滚，与空气混合效果好、湍流度好，炉内不存在因分布不均匀或料层太厚而产生未烧到的死角。

3）医疗废物在窑内翻腾前进，三种传热方式（辐射、对流、传导）并存一炉，热利用率高，窑体转动速度可调节，医疗废物的停留时间可控制，回转窑以及二燃室有足够的空间使医疗废物焚烧完全。

## 二、医疗废物焚烧处置工艺流程及产污节点

无论是热解气化，还是回转窑焚烧，其工艺过程一般包括进料单元、热解单元（或一段焚烧炉）、二次燃烧单元、余热回收单元、残渣收集单元、气体净化单元、水处理单元、自动控制单元及其他辅助单元等功能单元。工艺流程及产污节点如图10-6所示。

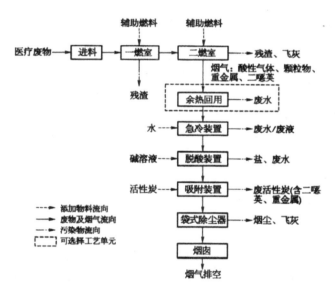

图10-6　医疗废物热解焚烧处置工艺流程及污染节点

由图10-6可以看出，医疗废物热解焚烧处置过程中会产生二次污染物，主要有烟气污染物、烟尘粉尘、二噁英、二氧化硫、氯化氢、重金属等，还有废水、噪声等。

医疗废物热解焚烧处置工艺主要物料与能源消耗为柴油、电和水，具体消耗量见表10-6。

表 10-6　物料与能源消耗情况（以 t 废物计）

| 名称 | 单位 | 消耗量 | | |
|---|---|---|---|---|
| | | 连续热解气化 | 间歇热解气化 | 回转窑焚烧 |
| 柴油 | kg | 20 ~ 50 | 16.2 ~ 23.3 | 398 ~ 520 |
| 水 | kW·h | 390 ~ 520 | 394 ~ 456.7 | 300 ~ 400 |
| 电 | t | 3.5 ~ 8 | 8 ~ 11.2 | 10 ~ 14 |

## 三、医疗废物焚烧过程污染物排放

### 1. 大气污染物排放

医疗废物热解处置所产生烟气中污染物的种类和含量均有较大的变化。通常，烟气中含有烟尘、一氧化碳、二氧化硫、氮氧化合物、氯化氢、氟化氢、重金属和二噁英类污染物，具体数值见表 10-7。

表 10-7　医疗废物热解处置大气污染物排放情况

| 污染物控制项目 | 单位 | 数值 |
|---|---|---|
| 烟尘 | $Mg/Nm^3$ | 40 ~ 120 |
| 一氧化碳 | $Mg/Nm^3$ | 40 ~ 120 |
| 二氧化硫 | $Mg/Nm^3$ | 50 ~ 300 |
| 氮氧化合物 | $Mg/Nm^3$ | 30 ~ 300 |
| 氯化氢 | $Mg/Nm^3$ | 10 ~ 105 |
| 氟化氢 | $Mg/Nm^3$ | 3.5 ~ 15 |
| 重金属 | $Mg/Nm^3$ | 0.05 ~ 0:15 |
| 二噁英 | $ngTEQ/Nm^3$ | 0.1 ~ 1.5 |

### 2. 废水污染物排放

废水为工艺工程中排放的废水和少量生活废水，主要有转运车辆消毒冲洗废水、周转箱消毒冲洗水、软化水排放废水、卸车场地暂存场所和冷藏储存间等场地冲洗废水、生活污水等，水质主要污染物具体数值见表 10-8。

表 10-8　医疗废物热解处置废水污染物排放情况

| 污染物控制项目 | 单位 | 数值 |
|---|---|---|
| pH | mg/L | 6 ~ 9 |
| BOD5 | mg/L | 10 ~ 20 |

| 污染物控制项目 | 单位 | 数值 |
|---|---|---|
| CODCr | mg/L | 30 ~ 60 |
| SS | mg/L | 15 ~ 30 |
| 氨氮 | mg/L | 5 ~ 15 |
| 大肠杆菌群数 | MPN/L | 100 |

3．固体残渣排放

固体残渣可分为焚烧渣和飞灰两大类。焚烧渣为热解焚烧炉和二段燃烧炉底部排出的炉渣，其组分主要为玻璃等无机物，焚烧渣是无害渣，可作为城市生活垃圾直接送至生活垃圾处理场进行处理。飞灰主要包括余热锅炉和袋式除尘器收集的净化渣，含有重金属和二噁英等污染物，须按危险废物进行管理和处置。

4．噪声排放

噪声主要集中在厂房和辅助车间各类机械设备和动力设施，如鼓风机、引风机、发电机组、各类泵体、空压机和锅炉安全阀等，最高可达 85dB，甚至 85dB 以上。

## 四、医疗废物热解焚烧污染控制技术分析

1．热解焚烧炉型及控制参数的选择

在各种医疗废物焚烧技术中，根据其不同的工作原理和燃烧方式可分为小型单燃烧室焚烧炉、机械炉排焚烧炉、回转窑焚烧炉、控气式焚烧炉（CAO）、两段式热解气化焚烧（批式）、立式热解气化焚烧炉、电弧炉法等，或组合技术。医疗废物焚晓炉的燃烧方式和炉型有很多种，按焚烧方式来分，有过氧燃烧方式、热解气化方式等；按炉型分有回转窑式、往复炉排炉、链条炉、立式旋转炉等。一般设置有尾气净化系统，但进料系统和监控系统较为简单。

小型单燃烧室焚烧炉由于自动化程度低，缺少完善的烟气净化系统，对环境产生二次污染，不能满足新的环保要求，从而已经不适合处理医疗废物。目前已经基本淘汰。

回转窑焚烧炉技术成熟，二次污染少，但因其一次性投资大，用于焚烧医疗废物时运行费用高，一般需要与其他焚烧用途组合，具有处理效果好、适应性强、运行稳定等特点，适合较大的城市和地区的医疗废物集中处理。

电弧炉和等离子体对处理医疗废物效果显著，其主要特点是在超高温下焚烧难降解危险废物（PCBs 等），用于医疗废物尚不能充分发挥其特点。此外高额的建设

和运营费用也阻碍了其应用于医疗废物处理处置领域。

相对而言，近年来热解技术发展较快，并在加拿大、美国、英国和墨西哥等国使用，效果很好。目前，热解焚烧技术在国外处理医疗废物等危险废物领域使用较多。

中国目前生产并投入运行的城市医疗废物焚烧炉较多地采用了热解气化焚烧技术。热解气化焚烧处理技术在处理效果和处理成本方面均有较大优点，是一种主要用于处理医疗废物等危险废物的焚烧炉。具有燃尽率高，辅助燃料消耗量小，产生的烟气量少，烟气中污染物浓度低，后处理的负荷较小，粉尘夹带很少等优点。但热解焚烧的技术设备差异较大，难以实现稳定燃烧、良好的自控，热解段、燃烧段、燃尽段相互影响，在实际运营中往往由于进料状态与设计相差太大、自控系统难以调控到理想状态、尾气系统负荷频繁变化等原因，也演变成为固定炉床的过氧燃烧，实际效果不理想，门槛较低，技术市场混乱。

炉排焚烧炉应用也较多。中国曾采用炉排焚烧炉的有广州、天津、鞍山、吉林、大连、贵阳、顺德等城市。但在实际应用中存在焚烧物燃尽率低，辅助燃料消耗量大等缺点。目前国内已经禁止仅配置单燃烧室的炉排炉应用于医疗废物的处理。

固定床焚烧炉具有投资少，操作简单，运行稳定，处理成本低等特点，但缺少完善成熟的烟气净化系统，会对周围环境产生二次污染。

在医疗废物炉型选择方面，应根据医疗废物特性和焚烧厂处理规模选择合适的焚烧炉炉型，严禁选用不能达到污染物排放标准的焚烧装置。应选择技术成熟、自动化水平高、运行稳定的焚烧炉，严禁采用单燃烧室焚烧炉、没有自控系统和尾气处理系统的焚烧装置。医疗废物焚烧炉的选择，应符合下列要求：

（1）焚烧炉结构由一燃室和二燃室组成，一燃室起燃烧或热解作用，二燃室实现完全燃烧。

（2）焚烧炉炉床设计应防止液体或未充分燃烧的废物溢漏，保证未充分燃烧的医疗废物不通过炉床遗漏进炉渣，并能使空气沿炉床底部均匀分配。供风孔应采取免清孔设计，避免因积灰或结垢而堵塞。

（3）应有适当的超负荷处理能力，废物进料量应可调节。

（4）正常运行期间，焚烧炉内应处于微负压燃烧状态。

（5）炉体可接触壳体外表温度应 ≤ 50℃。

（6）控制二燃室烟气温度 ≥ 850℃，烟气停留时间 ≥ 2.0s。

（7）设备的燃烧效率 ≥ 99.9%，焚烧残渣的热灼减率 < 5%。

（8）焚烧炉出口烟气中的氧含量应控制在 6% ~ 10%（干气）。

（9）焚烧炉可以由一个中心控制台进行操作、监控和管理，包括连续显示操作参数和条件（温度、压力、含氧量、空气量、燃料量等），并能实现反馈控制。

（10）可实现对热解和燃烧过程的控制，防止燃烧不完全或炉体烧塌；焚烧炉二燃室应设紧急排放烟囱；热解焚烧炉一燃室应设防爆门或其他防爆排压设备。

2．热解焚烧尾气控制技术

（1）脱酸技术

1）半干法脱酸控制技术

半干法脱酸原理实际上是一个喷雾干燥系统（设备通常称为喷雾干燥吸收塔），烟气从吸收塔的上部进入，下部流出。利用高效雾化器将消石灰（熟石灰）浆液（浓度为5%～10%的氢氧化钙浆液）喷淋入吸收塔中，烟气与喷淋入的浆液充分接触并发生中和作用，由于雾化效果好、接触面积大，不仅可有效降低烟气温度，中和烟气中的酸性气体，并且喷入的浆液可在吸收塔中完全蒸发。

半干法的优点是具有较高的脱酸净化效率，设备投资较湿法工艺少，不产生废水的二次污染，占地少，运行费用低；缺点是制浆设备比较复杂，喷嘴易磨损、结垢，石灰浆的输送管路容易出现故障，系统维护要求较高。该工艺对烟气在半干法塔中的停留时间、吸收浆液中的吸收剂种类、粒度及配置浓度以及喷嘴的要求都比较高。

在半干法净化工艺中，烟气有两种进料方式：一是上方进气，烟气与吸收剂浆液一起向下流动，然后进入后续的除尘设备；二是下方进气，烟气与吸收剂浆液一起向上流动，在这种方式中，吸收后的烟气通常进入旋风分离器进行固气分离，所得的部分固体分离物返回脱酸塔内，使未完全反应的吸收剂得以充分利用，提高了吸收剂使用效率，烟气在通过旋风分离器后再进入除尘设施。通常前种工艺的设备称为喷雾干燥吸收塔，后者的设备称为气态悬浮吸收塔。实际工程应用中，前种工艺应用较为普遍。

2）干法脱酸控制技术

通常采用消石灰中和剂，将消石灰喷射装置设置在急冷塔和布袋除尘器之间，通过烟道上的混合器，在压缩空气作用下，使消石灰均匀地混合于烟气中，在布袋除尘器袋壁上沉积，形成反应层，使消石灰与烟气中的气态酸性物质进行中和反应，达到去除酸性物质的目的。为了加强反应速率，实际碱性固体的用量为反应需求量的3～4倍，固体停留时间至少需1.0s以上。

消石灰主要成分是$Ca(OH)_2$，白色粉末状，微溶于水，其澄清的水溶液是无色无嗅的碱性透明液体。一般情况下，要求$Ca(OH)_2$过筛率200目超过90%。近年来，为提高干式洗气法对难以去除的一些污染物质的去除效率，用硫化钠（$Na_2S$）及活性炭粉末混合石灰粉一起喷入，可以有效地吸收气态汞及二噁英。

干式洗气塔与布袋除尘器组成工艺是焚烧厂中尾气污染控制的常用方法，优点为设备简单，维修容易，造价便宜，消石灰输送管线不易阻塞；缺点是由于固相与气相的接触时间有限且传质效果不佳，常需超量加药，药剂的消耗量大，整体去除效率比其他两种方法低，产生的反应物及未反应物量较多，需要适当最终处置。目前虽已有部分厂商运用回收系统，将由除尘器收集下来的飞灰、反应物与未反应物，按一定比例与新鲜的消石灰粉混合再利用，以期节省药剂消耗量，但其成效并不显著，且会使整个药剂准备及喷入系统变得复杂，管线系统亦因飞灰及反应物的介入而增加磨损或阻塞的频率，反而失去原系统设备操作简单、维修容易的优势。

（2）袋式除尘污染防控技术

尾气除尘对所有焚烧炉的运行来说都是非常关键的。除尘器按净化机理可分为机械式除尘器、湿式除尘器、袋式除尘器、静电除尘器。国际上各种技术都在用（最佳可行技术导则中各种技术都有），焚烧炉除尘装置应选用袋式除尘器，中国推荐采用布袋除尘器，袋式除尘器适用于清除粒径 0.1μm 以上的尘粒，除尘效率达99%。

医疗废物焚烧的除尘设备中，袋式除尘器相比其他除尘设备更具优势，特别适合于在干法或者半干法脱酸工艺中，袋式除尘器不仅作为除尘设备也作为去除烟气中其他有害物质的反应装置，是尾气处理的最关键设备之一。危险废物 / 医疗废物焚烧烟气净化应优先采用袋式除尘装置。不得使用静电除尘和机械除尘装置。若选择湿式除尘装置，必须配备完整的废水处理设施。

袋式除尘器通常由多个直径 16 ~ 20cm、长度 2 ~ 3m、由玻璃纤维材料或者PTFE 材料制成的布袋，按照序列排列组成，织物的多孔性和滤袋表面形成的滤饼形成了布袋除尘器的过滤层，可以去除 0.05 ~ 20μm 的颗粒。压力降为 1 ~ 2kPa，可以高效去除烟气中的含尘物质，还可以去除尾气中吸附在烟尘颗粒物上的重金属（特别是汞）和二噁英。除尘效率一般可达 99% 以上。

袋式除尘器根据清灰方式的不同，可分为机械振动袋式除尘器、逆气流反吹袋式除尘器和脉冲喷吹袋式除尘器等。脉冲喷吹清灰方式中，废气自滤袋外向内流动，粒状污染物积累于滤袋的外层，滤袋仅上端固定，清洗时借助由内向外的高压气体将滤袋膨胀，该法较为迅速，并可采用在线连续操作的方式。推荐优先采用脉冲喷吹清灰方式的袋式除尘器。该袋式除尘器的结构主要包括箱体、灰斗、支柱、楼梯（爬梯）、栏杆、平台、滤袋框架、滤袋、提升阀、清灰气路系统、清灰控制仪、排灰设备、卸灰装置、脉冲阀分气箱、脉冲阀、气包等。滤袋长度受制于喷入气体压力的极限，为了维护清洗效果，一般均小于5m。

由于布袋对于酸性物质比较敏感，因此通常会在其前设置脱酸装置，推荐采用前面所述的半干法脱酸工艺，一方面起到脱酸的作用，另一方面降低烟气的温度到布袋滤袋适宜的范围，起到保护滤袋的作用。另外，还需要特别注意烟气中的含水量。

布袋除尘器出口烟气中粉尘排放浓度从一定程度上可以间接反映出二噁英的排放浓度，目前国家危险废物焚烧排放标准中烟尘排放浓度为65mg/L，北京危险废物焚烧排放标准中二噁英排放浓度规定为0.1ngTEQ/$m^3$，烟囱排放浓度要求小于30mg/L。提高布袋除尘效率，降低出口烟尘排放浓度对于控制二噁英有积极的作用。

（3）二噁英类及主要重金属过程控制技术

1）烟气高温燃烧技术

医疗废物一次燃烧后产生的烟气含有大量不完全燃烧的产物，必须对烟气进行高温燃烧。一燃室产生的混合烟气进入二燃室燃烧。二燃室是一个气体燃烧室，它的主要功能是将一燃室生成的易燃热解气体燃尽，最大限度减少有害物质。从抑制二噁英产生的角度来讲，高温燃烧是非常重要的，而且也是必备的。在燃烧过程中由含氯前体物（如聚氯乙烯、氯代苯等）生成的二噁英在高温条件下大部分是可以被分解掉的。

二次燃烧是否完全，可以根据出口烟气中的一氧化碳浓度来判断，一般在燃烧完全的情况下，出口烟气中的一氧化碳浓度应在$50 \times 10^{-6}$以下。通常，可用燃烧效率这一指标进行衡量，通常要求燃烧效率在99.99%以上。

要实现充分燃烧，烟气的停留时间、焚烧温度、湍流度（简称"3T"）以及充足的空气供应是影响燃烧效率的主要指标。高温燃烧技术主要围绕这些指标进行工程设计和运行操作。

燃烧炉采用立式圆筒状结构，包括头部、直段及附属装置、柴油燃烧器固定装置、鼓风口、防爆门、紧急排放口及内衬耐火材料。

2）烟气急冷技术

许多医疗废物中含有重金属化合物和易挥发或蒸发的重金属成分，当医疗废物被焚烧处理时，这些重金属成分会随飞灰或黏附于飞灰进入烟气中，其中有一些会挥发或蒸发形成气态进入烟气，与烟气一起流出。在流动过程中随着烟气温度的变化，这些重金属气体成分会发生凝结和团聚；如果流出烟道直接进入环境，其必将引起非常大的危害。

从二燃室排出的烟气温度高达 850℃ 以上，必须先通过冷却降温才能进行烟气净化。烟气冷却降温一般分两个阶段进行：第一阶段是将烟气温度从 850℃ 降至 600℃；第二阶段是将烟气温度从 600℃ 降至 200℃ 左右。在烟气降温过程中，部分蒸发的重金属气体会重新凝结或团聚到灰尘的颗粒上，然后通过除尘器收集灰尘去除重金属，温度愈低，去除效果愈佳。

3）活性炭吸附技术

为减少二噁英的排放量，通常在布袋除尘前的烟道中喷入活性炭粉或者多孔性吸附剂（以活性炭居多），在布袋除尘器的滤袋表面上形成截留层，吸附烟气中的二噁英物质以及重金属类物质，这种技术称为活性炭喷注（ACI）吸附技术。也可在布袋除尘器后设置活性炭或者多孔性吸附剂的吸收塔（床），这种技术称为活性炭固定床（FCB）吸附技术。

活性炭是一种主要由含碳材料制成的外观呈黑色、内部孔隙结构发达、比表面积大、吸附能力强的一类微晶质碳素材料。增加活性炭的喷入量可以显著减少二噁英向大气的排放数量。系统中可以在袋式除尘器之前的烟气管路上设有石灰粉、活性炭喷射反应器，活性炭采用压缩空气输送至烟道中。布置活性炭的喷射装置。由于活性炭容易吸潮结块，传统的给料设备不可靠。可选用一台悬浮喷射式计量给料器，将活性炭人工倒入上料仓内进入气化室，气化室的顶部接入压缩空气，由压缩空气将气化室内一定浓度的活性炭粉送入烟道内。该装置克服了常规装置易堵塞、喷粉量控制差的缺点。或者采用螺旋板加料器，在螺旋挡板中加料并通过管道内的负压把活性炭吸入。

烟气通过急冷塔及半干脱酸塔后，其中的酸性物质及灰尘已经去除了绝大部分，由于烟气的成分随工况变化，脱酸后的烟气仍或多或少地有酸性物质存在，为确保烟气的净化效果，在进入布袋除尘器之前，在烟气中喷入石灰粉作为脱酸剂，和活性炭粉一同喷入袋式除尘器前烟气管道内，既可进一步脱除烟气中的酸性物质并去除大部分二噁英等有害物质，又有利于吸收烟气中的水分，保证后续操作的效果。

定量地向烟气中添加粉状活性炭，在低温（200℃）下二噁英类物质极易被活性炭吸附，活性炭喷入后在烟道中同烟气混合，进行初步吸附，然后混合均匀的烟气进入袋式除尘器，活性炭颗粒被吸附到滤袋表面，在滤袋表面继续吸附，从而提高二噁英类物质的去除效率。

另外，在烟气中添加活性炭对于去除烟气中的汞也非常有效。外购的活性炭储存在密闭的储罐中，通过小型回转给料机送入反应器和压缩空气混合，可以通过调整回转给料的转速调节活性炭喷入量。

加料储仓设在烟道上方，由连通管分别与活性炭干粉、石灰干粉管道相连，管道在烟气的顺流方向开孔，在喷干粉管道后面，烟气管道局部缩口，提高烟气流速，喷出的活性炭干粉、石灰干粉与烟气流动方向一致，这样可减少系统阻力，在烟气提速的过程中，喷出的活性炭干粉、石灰干粉与烟气混合均匀，达到吸收的目的。

4）低温等离子体分解技术

该技术由高电压冲击电流发生装置在气相中放电，在此过程中强电流在极短时间（百纳秒）向放电通道涌入，形成电子雪崩，引起电子升温（$10^4 \sim 10^5$K）。放电通道内完全由稠密的等离子体充满，且产生羟基自由基、臭氧和紫外线；同时，由于窄脉冲上升沿产生时间极短，等离子通道以 $102 \sim 10^3$m/s 向外膨胀，完成整个击穿，利用极高的电子能量对二噁英分子进行断键重组，使其直接分解成单质原子或无害分子，达到析出和去除效果，完成对二噁英的降解。

5）催化分解技术

前述三种处理技术中，急冷技术是为尽量避免二噁英生成的技术，活性炭吸附技术是将大气中的二噁英转移到固体物质去，高温燃烧技术是二噁英分解技术。本节将要讲到的催化分解技术也是对二噁英物质进行分解。与高温分解不同的是，催化分解可以在相对较低的温度下进行，从布袋除尘器后出来的烟气温度在150℃左右，该温度下利用催化剂的活性分解技术，将二噁英分解成为无机物质，从而彻底消除二噁英的存在。

（4）飞灰及残渣污染控制技术

焚烧残渣以飞灰、底灰或滤渣形式排放到环境中。对于这些形式废物的处理十分重要，例如可以进行预处理，或者在根据最佳可行技术专门设计并运行的垃圾填埋场进行填埋。密闭运输和专业填埋是管理这些焚烧残渣的常用方法。

残渣处理系统包括炉渣处理系统、飞灰处理系统。炉渣处理系统应包括除渣冷却、输送、储存、碎渣等设施。飞灰处理系统包括飞灰收集、输送、储存等设施。

布袋除尘产生的飞灰以及其他设施截留的粉尘，由于含有相当数量的二噁英和重金属，属于危险废物，应按有关规定和要求实行无害化处理。由于产生量较少，一般来说，各医疗废物集中处置设施不宜配置固化稳定化等无害化处理设施，建议安全储存，由各地危险废物集中处置单位进行收集和集中处置。

残渣处理系统应有稳定可靠的机械性能和易维护的特点。炉渣处理装置的选择应符合下列要求：①与焚烧炉衔接的除渣机应有可靠的机械性能和保证炉内密封的措施，优选带水封的链板出渣机，在水封下运行的链轮及传动件宜选用不锈钢材质；②炉渣输送设备应有足够宽度和净空高度。

炉渣和飞灰处理系统各装置应保持密闭状态。烟气净化系统采用半干法方式时，飞灰处理系统应采取机械除灰或气力除灰方式，气力除灰系统应采取防止空气进入与防止灰分结块的措施。采用湿法烟气净化方式时，应采取有效的脱水措施。

飞灰收集应采用避免飞灰散落的密封容器。收集飞灰用的储灰罐容量宜按飞灰额定产生量确定。储灰罐应设有料位指示、除尘和防止灰分板结的设施，并宜在排灰口附近设置增湿设施。

（5）系统集成及优化技术

医疗废物焚烧系统技术优化的一个重要要求就是要具备完整的自动控制系统，具备完整的工艺控制功能、安全功能，操作简便，大大简化人力操作强度。医疗废物焚烧系统采用 PC+PLC（可编程序控制器）的自动控制方式，目前 PLC 控制技术相当成熟，控制功能强，可使整个焚烧过程更加平稳、各个过程的控制变量更容易协调。焚烧厂的自动化控制系统必须适用、可靠，应根据危险废物焚烧设施的特点进行设计，并应满足设施安全、经济运行和防止对环境二次污染的要求。

焚烧厂的自动化系统应采用成熟的控制技术和可靠性高、性价比适宜的设备和元件。设计中采用的新产品、新技术应在相关领域有成功运行的经验。主要内容一般包括：

1）医疗废物焚烧线监视系统

医疗废物卸料过程的视频监控；医疗废物上料过程视频监控；窑内火焰视频监控；烟囱排烟口视频监控；每批固体进料重量及累计重量显示。

2）焚烧炉窑系统自动监控项目

热解气化出口温度；二燃室出口温度；热解气化炉空气阀开度；二燃室空气阀开度；气化炉和二燃室的负压；二燃室出口烟气中氧气检测、自动显示。

3）烟气净化及排烟系统自动监测项目

急冷塔入口和出口的烟气温度及压力；急冷器冷却水供水压力及流量；袋式除尘器入口和出口烟气温度及压力；布袋除尘器的压差；引风机进口温度及风量；输送石灰粉及活性炭粉流量及管道压力。

4）尾气在线监测系统

应对焚烧烟气中的烟尘、一氧化碳、硫氧化物、氮氧化合物、氯化氢、二氧化碳、含氧量实现自动连续在线监测，烟气黑度、氟化氢、重金属及其化合物应每季度至少采样监测 1 次。二噁英采样检测频次不少于 1 次/年。应对焚烧系统的主要工艺参数以及表征焚烧系统运行性能的指标（包括烟气中的一氧化碳、二氧化碳、氮氧化物、二氧化硫、烟尘、氧气、氯化氢浓度）实施在线监测。

5）自动联锁控制项目

热解炉进料系统上、下闸板联锁控制。热解炉的加料操作要求按顺序启停提升机、水平输送机以及上下闸板。为防止有害气体在进料过程中外泄，要求上、下闸板联锁控制，两闸板不能同时打开。

热解炉气阀和燃烧室空气阀开度与二燃室温度的联锁控制。二燃室温度控制在850～100℃，通过调节热解炉气阀和燃烧室空气阀开度使燃烧炉温度维持在设定的温度。

二次风量与二燃室出口烟气氧浓度的联锁控制。二燃室出口烟气中氧浓度控制在6%～10%，需要控制二次风量的大小，将二次风量与二燃室出口烟气氧浓度形成闭环控制。

二燃室温度与燃烧器的联锁控制。当医疗废物发热量较低，二燃室温度难以维持在850℃以上时，必须启动助燃系统。因此轻油燃烧器与二燃室温度联锁构成闭环控制。当二燃室温度低于850℃时，控制器自动启动轻油燃烧器；当二燃室温度高于900℃时，控制器自动关闭轻油燃烧器。同时在二燃室设置摄像头，可在中控室监视器上观察二燃室燃烧情况。

气化炉负压与引风机的联锁控制。气化炉负压自动控制在 –100Pa，通过变频器控制引风机转速来维持燃烧炉负压恒定。

急冷塔出口温度与冷却液喷入量的联锁控制。中和急冷塔出口温度控制在180～200℃，将急冷塔出口温度与喷水急冷塔的冷却液电动调节阀联锁闭环自动控制，即急冷塔出口温度波动时，PLC 的 PID 调节模块通过冷却液供应管道中的电动调节阀来实现冷却液供应量的控制，为后续袋滤器的正常工作提供良好的温度环境。当需人工干预（如调试、维修等情况）时，可通过中控室冷却液手操器直接调节用量。

在线监控系统的氯化氢含量与消石灰加入量的联锁控制。通过变频改变消石灰、活性炭的粉尘浓度，对消石灰及活性炭的加入量进行调整。

袋滤压差与反吹电磁阀联锁控制。随着烟尘在滤袋表面的积累，袋滤器净室和尘室的压差不断增大，阻力增大到某一定值（1500Pa）后，必然导致过滤效率降低，影响系统的总负压。因此设计袋滤压差与反吹电磁阀联锁控制，当压差到达设定的上限值时，PLC 自动启动反吹控制程序及时进行袋滤器的反吹清灰操作，依次对各组滤袋反吹清灰，当袋滤器恢复初始压力后停止反吹清灰操作，此时自动启动喷涂开关，开始对袋滤器进行喷涂操作。

紧急排放烟囱与事故或紧急情况的联动。二燃室上方设置紧急排放烟囱，设置紧急联动装置使其只有在紧急情况或者事故情况下才可打开，如停电、引风机故障、布袋进口烟气超温超过一定时间、二燃室正压等情况。

计算机监视系统。其全部测量数据、数据处理结果和设施运行状态，应能在显示器显示。

## 五、医疗废物焚烧处置技术优化

### 1. 医疗废物焚烧处置污染控制措施综合分析

医疗废物焚烧处置过程中存在的最大问题是会产生二噁英等污染问题，而二噁英的污染控制是关键，要从根本上解决二噁英污染问题，必须结合二噁英的生成过程从生成条件上寻求解决问题的途径。从焚烧过程来看，二噁英产生机制分为三个阶段，即初期生成、高温分解和后期合成三个阶段。因此，应通过采取在初期生成和后期合成两个阶段尽量避免二噁英的产生，在高温分解阶段尽量消除二噁英的产生量。如果在焚烧系统高温区物料均匀、燃烧稳定、供氧充足，并且停留时间充分，那么从头合成形成二噁英的量将达到最小化，大多数二噁英和它的前体物在焚烧炉的高温燃烧室被破坏。从二噁英的生成条件来看包括三个方面，即氯源、二噁英前体和催化剂的存在；燃烧过程中的不良燃烧组织；低温烟气阶段的存在。根据以上原理，要从根本上解决二噁英产生问题，可以采取如下措施。

（1）严格有效开展危险废物焚烧过程控制

高温分解阶段是控制二噁英产生的主要阶段。保证一个温度特别高的区域（850℃以上），在良好燃烧工况下，一方面能抑制二噁英的生成，另一方面能够保证充分的传热和传质，使二噁英有机前体在这个区域内进行充分的氧化燃烧，进一步消除二噁英的再合成。很多焚烧炉均具有后续燃烧措施（二燃室），后续燃烧的温度一般控制在950℃以上，以确保有机化合物的完全燃烧。焚烧过程中还应注意氧含量和低温区的形成。只有具有充分的氧气才能使有机污染物得到充分的氧化从而消除其毒性；而低温区是燃烧室内焚烧条件不均匀造成的，低温区（小于850℃）的存在造成有机污染物的不充分燃烧，最终导致大量二噁英的排放。因此，严格控制焚烧过程的运行参数是保证二噁英减排的有效方法。后期合成控制即为了尽可能减少二噁英的合成概率，抑制焚烧烟道气在净化过程中的再合成，一般采用控制烟气温度的方法。通常是当具有一定温度（此时温度不低于500℃为宜）的焚烧烟道气从焚烧炉排出后采取急速冷却技术使烟气在1s内急冷到200℃以下（通常为100℃左右），从而跃过二噁英的生成温度区。同时烟气净化过程中需采取一定的措施保证无二噁英生成环境的存在。下面针对过程中所涉及的关键因素进行分析。

1）焚烧温度控制

焚烧温度太低不能对废物进行充分破坏，将产生二噁英；温度太高，浪费燃料，同时促进重金属的挥发和氮氧化合物的合成。一燃室的作用是燃烧或热解，二燃室的作用是实现完全燃烧。由于其功能不同，其焚烧温度也应区别规定。焚烧温度应充分考虑二噁英、废物的着火点、氯的含量、氮氧化合物、焚毁去除率（DRE）、燃烧效率（CE）等因素。二噁英产生机制有三种，即废物本身含有二噁英、废物焚烧过程中生成二噁英（从头合成的前体物）以及相关但无毒的小分子（如氯化氢、氯气）再合成。

从目前的研究来看，对废物本身含有的二噁英，理论上破坏温度是500℃，当实际运行温度大于850℃，停留时间超过2s时，二噁英破坏率大于99.99%。实验证明，当焚烧温度在500～800℃时，会促进二噁英的产生。当温度大于900℃时，会破坏PCDD的产生，无PCDF产生，二噁英的含量急剧下降，当温度在1070℃左右，几乎无二噁英存在。从头合成的前体物在400～750℃产生。

当温度超过1200℃，会大量产生氮氧化合物，腐蚀设备，增加运行成本。当一燃室的温度超过870℃时，金属污染物会释放到二燃室，而挥发的金属污染物（如铜化合物）是二噁英的催化剂。当二燃室温度在870℃以上时，燃烧效率最高。当温度达到870℃时，可以充分燃烧所有废物。

美国、欧盟等国家或组织对一燃室、二燃室的焚烧温度都进行规定。建议一燃室的温度不低于850℃，最佳温度范围为850～870℃；二燃室的温度高于1100℃，最佳范围为1000～1200℃，但当卤化物含量超过1%（质量）时，温度要求不低于1100℃。

2）停留时间

停留时间决定了焚烧效果和炉体容积尺寸。停留时间太短，废物和烟气燃烧不充分，焚毁去除率和排放烟气不达标；停留时间过长，则炉体尺寸过大。

烟气停留时间和焚烧温度成反比。目前，美国、欧盟等国家或组织规定的烟气停留时间都大于2s，而且焚烧炉运行情况良好，说明此停留时间能够保证危险废物焚烧效果。但在焚烧系统启动阶段，焚烧不够充分的前提下，可以考虑暂时延长二燃室的烟气停留时间。

综上所述，二燃室的烟气停留时间应大于2s，同时考虑焚烧系统启动阶段，须根据实际情况延长停留时间。

（2）加强尾气净化措施

焚烧设施产生的烟道气包括含有重金属的飞灰（颗粒物）、二噁英、耐热有机化合物以及氮氧化合物、碳氧化合物和卤化氢等气体，由无控制模式（无烟道气净化）产生的烟道气浓度约为 2000ngTEQ/Nm³。因此对烟道气进行净化处理，下列烟道气净化措施必须与适当的方式联合使用，以保障最佳可行技术的应用。

1）粉尘和非挥发重金属的分离

常使用纤维滤膜、静电除尘器以及精细湿式洗刷器进行粉尘的分离；烟道气的预清洗可以使用旋风除尘，这对大粒径粒子的分离较有效。

2）氯化氢、氟化氢、二氧化硫和汞的去除

酸性组分和汞的去除可以使用干、湿吸附法（包括活性焦炭或石灰），也可以通过洗刷，一般为 1 ~ 2 个洗刷步骤可完成。

3）氮氧化合物的去除

一次措施包括低氮氧化合物焚烧炉的使用、分阶段燃烧和烟道气的回用三种；二次措施可以采用 SNCR 和 SCR 技术。实际上可将一次措施（比如限制其全过程合成，优化燃烧）和二次措施组合起来应用，如活性炭滤膜、活性炭和消石灰的喷射、催化氧化等，来减少二噁英和其他有机物的排放。

（3）避开敏感温度区间

合理的烟气净化系统是烟气达标排放的保证。该系统主要是控制二噁英、酸性物质和颗粒物。300 ~ 500℃是二噁英从头合成的最佳温度范围，其中 400℃产生速度最快，180 ~ 550℃为产生二噁英的敏感区间。研究表明，250 ~ 350℃是二噁英再合成的最佳温度范围，其中 300℃时产生量最多。

医疗废物含有的 PVC 和一些卤素酸性物质会产生氯化氢，布袋除尘器对酸性物质比较敏感，有必要采用除酸装置。焚烧会产生大量的颗粒物排放，同时颗粒物是二噁英再合成的有效载体，有必要采用高效的除尘装置。急冷装置、除酸装置和除尘装置是烟气净化系统不可少的组成部分。

为了使烟气在短时间内急剧降温，急冷设备的关键指标是烟气停留时间，以避免在 180 ~ 550℃尤其是 200 ~ 350℃停留时间过长。

对于水急冷系统，从热转化的角度考虑冷却速度在 250 ~ 500K/s，建议在 400 ~ 250℃间冷却速度在 350K/s。所以急冷设备中烟气温度从 550℃降到 180℃所需的停留时间为 0.74 ~ 1.48s。停留时间长则二噁英产生量多，但喷水量少；停留时间短则二噁英产生量少，但喷水量多。

除酸装置的关键是工艺的选择，其中可供选择的工艺有干法、半干法和湿法。从对比（表 10-9）来看，干法工艺去除效率不如后两种。虽然湿法工艺去除效率比半干法工艺好，但是耗能耗水量大，还产生废水，投资和运行成本相对昂贵。半干法工艺的处置效果良好，费用较低，是除酸工艺的最佳选择。干法、半干法和湿法工艺比较见表 10-9。

表 10-9　除酸装置的干法、半干法和湿法工艺比较　单位：（%）

| 种类 | 去除效率 | | 药剂消耗量 | 耗电量 | 耗水量 | 建造费用 | 运行费 |
|------|------|------|------|------|------|------|------|
| | 单独 | 配合布袋除尘器 | | | | | |
| 干法 | 50 | 95 | 120 | 80 | 100 | 90 | 80 |
| 半干法 | 90 | 98 | 100 | 100 | 100 | 100 | 100 |
| 湿法 | 99 | – | 100 | 150 | 150 | 150 | 150 |

除尘装置的关键有两个，即设备选择和工况设定。除尘设备包括文式洗涤器、静电除尘器（ESP）及布袋除尘器（FF）等，文式洗涤器、静电除尘器及布袋除尘器性能比较见表 10-10。

表 10-10　文式洗涤剂、静电除尘器及布袋除尘器性能比较

| 种类 | 效率（%） | 有效去除颗粒直径（μm） | 单位气体需水量（L/m³） | 体积 | 气体变化流量影响 | | 工作稳定（℃） |
|------|------|------|------|------|------|------|------|
| | | | | | 压力 | 效率 | |
| 文式洗涤器 | 90 ~ 98 | 0.5 | 0.9 ~ 1. 3 | 小 | 是 | 是 | 70 ~ 90 |
| 静电除尘器 | 90 ~ 98 | 0.25 | 0 | 大 | 否 | 是 | – |
| 布袋除尘器 | 95 ~ 99 | $0.4^a$/$0.25^b$ | 0 | 大 | 是 | 否 | 100 ~ 250 |

静电除尘器工作温度不适合，处置效果不如布袋除尘器。文式洗涤器最大的弊端就是产生废水，需要进行二次处理。布袋除尘器效率高，不产生二次污染。

布袋除尘的关键工况指标包括工作温度、活性炭吸收剂流量。Shin 和 Chang 等研究表明，即使是布袋，在高于 230℃时也会有较高的二噁英产生。Brewster 等研究表明，当仅采用布袋除尘器时，控制温度在 200℃的区域，可以控制二噁英在 $1.0ngTEQ/Nm^3$，如果控制温度低于 200℃，可以控制二噁英在 $0.1ngTEQ/Nm^3$，如果还添加活性炭吸收剂，则可维持二噁英在 0.1ngTEQ/Nm3 以下。当然，布袋除尘器的工作温度有底线，必须保证高于烟气露点温度 20 ~ 30℃。除尘装置和二噁英浓度的关系如图 10-7 所示。

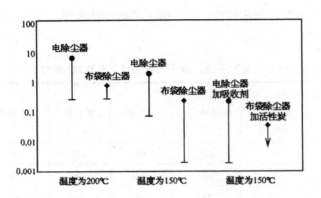

图10-7　除尘装置和二噁英/呋喃浓度的关系示意图

综上所述，急冷设备中在 180 ~ 550℃烟气停留时间可以规定为小于1s，实际当中综合考虑二噁英产生量、经济性等因素。除酸装置优先采用半干法工艺。布袋除尘器的工作温度在 200℃以下，最好在 120 ~ 150℃。活性炭（可回流）的流量在 50mg/Nm³ 左右，在上述条件下二噁英的去除率达 99.5%。

2．医疗废物焚烧处置技术优化措施

（1）医疗废物焚烧处置技术优化总体要求

采用焚烧方法处置医疗废物时，实现二噁英减排建议采取如下组合措施，分别针对现有源和新源采取相应的措施，但是最终的目标是相通的，即最终建设一套设计合理、能够满足焚烧处置过程中污染物排放要求的处置设施。

对于焚烧处置设施，无论新建设施还是现有设施改造，要实现二噁英等污染物达标排放。从技术角度来看，最根本的目标是实现系统的完备性和先进性。当然，处置设施的建设及升级改造的最终实施与否还要综合考虑地方规划、建设成本和运行成本，当然，至关重要的是可行性和必要性。但是就回转窑和热解这两种类型的处置设施而言，其具体技术要求包括如下两个方面。

（2）医疗废物热解焚烧处置技术优化

1）热解焚烧设施的设计

焚烧装置应有明确的热解区和燃尽区，残渣燃尽区提供足够的空气、燃烧温度和停留时间，尽可能实现燃尽，保证灰渣指标达标。

由于燃烧过程主要发生在二燃室，其耐温要求应在 1400℃，且容积应按照最大产气量时停留 2.6s 左右进行考虑，散热条件好。

适宜将二燃室温度变化范围控制在 ±100℃以内，能自动调节，系统设定关键参数的平衡点。

设备材质具有一定程度的适应性，能适应温度变化、酸碱变化等。要配置良好的自动控制系统。回转窑中一些技术途径和要求也适合于热解焚烧炉。

2）热解焚烧设施的烟气净化

尾气处理工艺优先考虑干法或半干法。

稳定燃烧，即物料、产气量、温度等尽可能维持在一个平衡点附近，避免较大的波动，尽可能使实际运营状态逼近设计状态。在条件可能时，尽可能实现连续热解。

产气量保持基本稳定，均匀产气，否则系统喷水急冷水量过大、过小。

热解和焚烧分离，避免相互干扰。严格控制热解区助燃空气量、热解温度及废料热解停留时间。

在运营中确保稳定进料、物料平衡，不造成较大波动，物料热值不宜太大，以免造成二燃室热负荷过大。

另外，热解焚烧技术分为竖式连续热解、间歇热解、卧式连续热解，这三类热解技术工艺差异较大，每类技术有其自身的技术参数和要求，需要加强研究、归类比较。

（3）医疗废物回转窑焚烧炉处置技术优化

1）回转窑焚烧设施的设计

焚烧炉的设计应保证其使用寿命不低于 10 年，热容强度宜控制在 $60 \times 10^4 \sim 90 \times 10^4 kJ/(m3 \cdot h)$，主材材质选择应不低于 Q235-A，最薄处壁厚不小于 16mm（20 ~ 30t/d 的炉子），传动装置优先选用大齿轮传动、三轴变速箱，调速应采用变频方式，回转窑转速 0.2 ~ 2r/rnin，应在驱动电机主功率区内。

焚烧炉所采用耐火材料的技术性能应满足焚烧炉燃烧气氛的要求，质量应满足相应的技术标准，能够承受焚烧炉工作状态的交变热应力，优先考虑高铝质耐火材料，回转窑耐火材料主要成分应包括三氧化二铝、二氧化挂、三氧化铬，其中三氧化二铝含量应不低于 70%、回转窑内不推荐使用保温砖，耐火材料使用寿命应不低于 8000h；二燃室耐火材料可考虑多层结构，应设保温层，以提高热效率，耐火材料可适当降低三氧化二铝的含量，但不应低于 40%，使用寿命不低于 36000h，二燃室金属壁厚应不小于 10mm。

应有适当的冗余处理能力，冗余能力应控制在 115% 以内，废物进料量应可调节，进料频率宜控制在 40 次 /h 左右。

焚烧炉应设置防爆门或其他防爆设施；燃烧室后应设置紧急排放烟囱，并设置联动装置使其只能在事故或紧急状态时才可启动,如停电、引风机故障、锅炉水位超高超低、布袋除尘烟气进口超温超过一定时限、二燃室正压超允许值及其他关键设备故障时。

必须配备自动控制和监测系统,在线显示运行工况(如负压、温度、液位、流量、转速、设备状态等)和尾气排放参数(烟尘、氮氧化合物、硫氧化物、一氧化碳、氯化氢、二氧化碳),并能够自动反馈,对有关主要工艺参数(二燃室出口温度、含氧量、急冷塔出口温度等)进行自动调节。

确保焚烧炉出口烟气中氧气含量达6% ~ 10%(干烟气);应设置二燃室,并保证烟气在二燃室1100℃以上停留时间大于2s,烟气量应以最大负荷工况计算。

炉渣热灼减率应小于5%;燃烧空气设施的能力应能满足炉内燃烧物完全燃烧的配风要求;可采用空气加热装置;风机台数应根据焚烧炉设置要求确定;风机的最大风量应为最大计算风量的110% ~ 120%;风量调节宜采用连续方式。启动点火及辅助燃烧设施的能力应能满足点火启动和停炉要求,并能在危险废物热值较低时助燃。辅助燃料燃烧器应有良好燃烧效率,应配置自动温控、温限装置及火焰监测、灭火保护等安全装置,其辅助燃料应根据当地燃料来源确定。

2)回转窑焚烧设施的烟气净化

半干法净化工艺包括半干式洗气塔、活性炭喷射、布袋除尘器等处理单元,应符合两个要求,即反应器内的烟气停留时间应满足烟气与中和剂充分反应的要求;反应器出口的烟气温度应在130℃以上,保证在后续管路和设备中的烟气不结露。

湿法净化工艺包括骤冷洗涤器和吸收塔(填料塔、筛板塔)等单元,应符合两个要求,即必须配备废水处理设施去除重金属和有机物等有害物质;应采取降低烟气水含量的措施后再经烟囱排放,以防止风机带水。

烟气净化装置还应符合如下几项要求:①应有可靠的防腐蚀、防磨损和防止飞灰阻塞的措施;②应对氯化氢、氟化氢和硫氧化物等酸性污染物采用适宜的碱性物质作为中和剂,在反应器内进行中和反应;③应维持除尘器内的温度高于烟气露点温度30℃以上;④袋式除尘器应注意滤袋和袋笼材质的选择,优先选用带覆膜的滤袋,但应根据烟气中腐蚀性气体组分合理选用滤袋基料,袋笼优先推荐不锈钢材质;⑤除尘器底部应配备加温装置,外部应设保温,应具有离线自动清灰功能;⑥应优先采用分离线室低压脉冲清灰的长袋除尘器,以全气计的气布比不大于 $0.8m^2/(m^3 \cdot s)$,袋滤选用覆四氟乙烯滤料,滤布具有较好的抗水解、抗氧化、耐高温、耐折断、耐酸碱性能。

焚烧医疗废物产生的高温烟气应采取急冷处理,使烟气温度在1.0s内降到

200℃以下，减少烟气在 200～600℃温区的滞留时间；急冷装置设备材质优先推荐
316L 材质，壁厚不低于 8mm，并应考虑设备内结垢清除装置和设备保温；急冷雾化
喷嘴优先选择双流体喷嘴，316L 材质，雾化液体颗粒的索特平均直径（SMD，又称
当量比表面直径）应小于 140μm，最大颗粒直径应小于 200μm。

（4）医疗废物焚烧处置技术优化

中国医疗废物管理问题的解决必须面对中国国情，如何解决现有设施的技术问
题以及规划内建设项目的技术选择问题必须有清醒的认识，一是对现有焚烧设备，
根据 BAT/BEP 导则要求，采用 BAT/BEP 来达到减排的目的。医疗废物焚烧处理处
置污染防治最佳可行技术组合方式如图 10-8 所示。

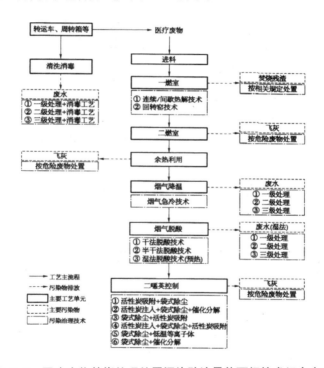

**图 10-8　医疗废物焚烧处理处置污染防治最佳可行技术组合方式**

在最佳可行工艺参数方面，采用热解焚烧技术，一燃室温度在还原吸热阶段控
制在 35～350℃，氧化放热阶段炉内温度不高于 800℃；采用回转窑焚烧技术，一
燃室温度控制在 600～900℃。

二燃室温度不低于 850℃（化学性和药物性废物，不低于 1100℃），烟气停
留时间不少于 2s。燃烧初期二燃室内压差控制在 -10mmH$_2$O，自燃期压差控制在

$-10mmH_2O$。

高温热烟气进入余热回收装置，回收大部分能量后的烟气温度降至约600℃。回收的余热可用于袋式除尘器伴热、生活采暖等方面。余热回收装置出来的高温烟气应采取急冷处置，使烟气温度在1s内降到200℃以下，减少烟气在200~500℃温度区的滞留时间。

在医疗废物焚烧处置技术经济适用性方面，医疗废物日处置规模10t以上的处置厂宜优先选用回转窑焚烧技术；日处置规模在5~10t的处置厂宜选用热解焚烧技术。焚烧技术适合中大规模的医疗废物集中处置，且对医疗废物类型的适应性较强。具体技术经济适用性分析见表10-11。

**表10-11　医疗废物焚烧处置技术经济适用性**

| 技术类型 | 处置费用 | | 技术特点及适用性 |
|---|---|---|---|
| | 运行费用（元/t） | 投资费用（设备和安装）（万元/t） | |
| 热解焚烧技术 | 1500~2500 | 100~150 | 烟气量低、热利用率高，在还原条件下反应金属不易被氧化成促进二噁英形成的金属离子催化剂；适用于规模5~10t/d所有医疗废物的处置 |
| 回转炉焚烧技术 | 2500~3500 | 150~200 | 对医疗废物的适应力强、处理量大、热利用率高、燃烧完全、技术成熟、控制稳定；适用于日处置规模10t/d以上所有医疗废物的处置 |

# 第四节　医疗废物非焚烧优化处理技术

## 一、医疗废物高温蒸汽处理污染控制技术

### 1. 技术概述

医疗废物的危害主要表现为感染致病性。将医疗废物暴露于一定温度的水蒸气中并停留一定的时间，在这期间利用水蒸气释放出的潜热，使医疗废物中的致病微生物发生蛋白质变性和凝固，致使致病微生物死亡，从而使医疗废物无害化，达到安全处置的目的。

### 2. 处理工艺

典型的高温蒸汽处理工艺流程如图10-9所示。

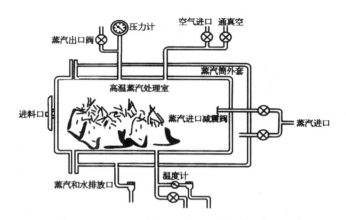

图10-9　高温蒸汽处理工艺典型流程图

蒸汽处理设备预热→装载医疗废物→处理设备内腔抽真空→通入蒸汽处理→废气排出和干燥废物→卸载医疗废物→机械处理（破碎或压缩）。

高温蒸汽处理包括蒸汽灭菌和破碎毁形，辅助工艺流程包括进料、脉动真空、干燥、压缩、废气、废液处理等环节。利用高温蒸汽杀灭医疗废物中的致病微生物，是医疗废物高温蒸汽处理过程的主要环节。出于对医疗废物管理的考虑，避免医疗废物被非法利用和回收，一般要求必须进行毁形处理，同时毁形后的医疗废物在感官上也有一定的改观。为减少高温蒸汽处理后废物外运的成本，通常还要辅以压缩措施。高温蒸汽处理系统的核心设备是高温蒸汽处理设备，包括预真空处理设备、机械破碎处理设备等。主要工艺流程类型有：①真空/蒸汽处理/压缩；②蒸汽消毒—混合—破碎/干燥/破碎；③破碎/蒸汽处理—混合/干燥/化学处理；④破碎—蒸汽处理—混合/干燥；⑤蒸汽处理—混合—破碎/干燥；⑥预破碎/蒸汽处理—混合；⑦破碎/蒸汽处理—混合—压缩。

针对废气和废液的处理主要包括两方面：①对医疗废物在加热、加湿之前部分未处理的抽出气体和渗漏液体进行消毒处理；②对有可能随着加热、加湿过程析出的VOCs和重金属类物质进行处理。

3．污染物排放

医疗废物高温蒸汽处理常采用先蒸汽处理后破碎和蒸汽处理与破碎同时进行两种工艺形式。先蒸汽处理后破碎工艺处理装置包括进料、预排气、蒸汽供给、消毒、排气泄压、干燥、破碎等工艺单元；蒸汽处理与破碎同时进行的工艺处理装置包括进料、蒸汽供给、搅拌破碎＋消毒、排气泄压、干燥等工艺单元。医疗废物高温蒸汽处理工艺在抽真空过程会产生恶臭、VOCs、病菌微生物、噪声等，蒸汽灭菌过程会产生废液，排气泄压过程会产生恶臭、VOCs 等，干燥过程会产生恶臭、VOCs 和废液等。工艺流程和产污节点如图 10-10、图 10-11 所示。

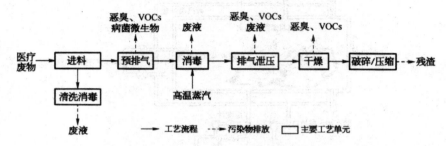

图 10-10　医疗废物高温蒸汽技术先蒸汽处理后破碎工艺流程和产污节点

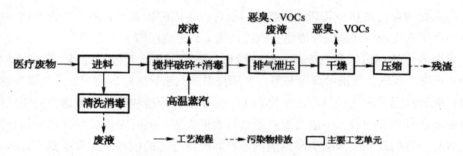

图 10-11　医疗废物高温蒸汽技术蒸汽处理与破碎同时进行工艺流程和产污节点

### 4．污染控制技术分析

为了推进该项医疗废物处置工作的开展，确保处置效果，针对管理环节需要考虑的主要因素如下：

（1）确保处理设施的各项工艺参数达到相应的标准要求，就高温蒸汽处理设施而言，其常规工艺参数为温度、压力、处理时间等，一般要求杀菌室内处理温度不低于 134℃、压力不小于 220kPa（表压），处理时间不少于 45min。

（2）加强源头医疗废物的分类管理，杜绝放射性废物、化学性废物和药物性废物混入处置，以确保医疗废物得到安全处置。

（3）定期对医疗废物的处置效果进行检测，确保芽孢的杀灭对数值满足相应标准要求。针对嗜热性脂肪肝菌芽孢的杀灭对数值应不小于 4。

（4）加强其他污染控制，如恶臭和 VOCs 等，应采取必要的尾气净化措施，以减少其对环境的污染。

## 二、医疗废物化学处理污染控制技术

### 1．技术概述

化学处理技术在消毒和灭菌方面有着较长的历史和较广泛的应用。化学法处理医疗废物通常要与机械破碎处理结合使用，一般是将破碎后的医疗废物与化学消毒剂（石灰粉、次氯酸钠、次氯酸钙、二氧化氯等）混合均匀，并停留足够的时间，在消毒过程中有机物质被分解、传染性病菌被杀灭或失活。从化学法处理医疗废物的本质上来看，消毒药剂与医疗废物的最大接触是保障处理效果的前提，通常使用旋转式破碎设备提高破碎程度，保证消毒药剂与医疗废物混合均匀；在破碎过程中还加入少量水，一方面吸收破碎产生的热量，另一方面还可作为化学反应的介质并减少粉尘的产生。另一个关键的因素是必须采用高效的化学消毒剂，并确保化学药剂的使用浓度、作用时间和作用条件（温度、湿度、pH 值等）符合规定要求。自20 世纪 80 年代中期以来，化学消毒处理技术在美国等国已有商业化设施。

### 2．处理工艺

医疗废物化学消毒处置系统设备一般包括进料单元、破碎单元、药剂供给单元、化学消毒处理单元、出料单元、自动控制单元、废气处理单元、废液处理单元及其他辅助设备。化学消毒典型工艺流程如图 10-12 所示。

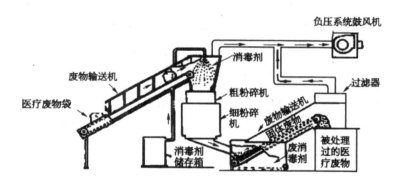

图 10-12　化学消毒典型工艺流程图

化学消毒剂对微生物灭活的效率与接触时间、温度、化学消毒剂浓度、pH 值（酸碱性环境）、杀灭的微生物的数量和类型等有关。化学消毒剂灭活效果必须保证化学消毒剂与医疗废物消毒表面有足够的反应接触时间。当杀灭细菌芽孢时反应的接触时间和温度都应有所增加，一般需要一至几个小时，通常情况下消毒的效果会随着温度的提高而增加。因此，为保证消毒效果，必须保证充分的接触反应时间和反应温度。

对干式化学消毒而言，一般具有工艺设备和操作简单；一次性投资少，运行费用低；废物的减容率高；场地选择方便，可以移动处理；运行简单方便，运行系统可以随时关停，不会产生废液或废水及废气排放，对环境污染很小等优点。但对破碎系统要求较高；对操作过程条件监测（自动化水平）要求很高。对湿式化学消毒法而言，一般具有一次性投资少，运行费用低；工艺设备和操作简单等优点。但处理过程会有废液和废气生成，大多数消毒液对人体有害，对操作人员要求高。因此，一方面要选择合适的化学消毒剂，另一方面必须做好安全防护工作。

3．污染物排放

医疗废物化学处理一般包括进料、药剂供应、化学消毒、破碎、出料等工艺单元。医疗废物化学消毒处理破碎过程中产生噪声、恶臭、粉尘等；化学消毒过程中产生恶臭、VOCs 等。工艺流程和产污节点如图 10-13 所示。

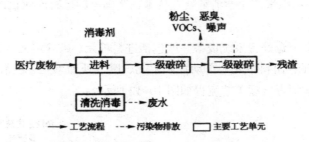

图10-13　医疗废物化学处理技术工艺流程及产污节点

4．污染控制技术分析

对化学消毒法而言，关键是必须采用高效的化学消毒剂，并要确保所选药剂的浓度以及进行检测的细菌、病毒、真菌含量保持正常水平，以达到要求的消毒效果。化学消毒法适用于处理《医疗废物分类目录》（卫生部和国家环保总局发布 2003 第 287 号）中的感染性废物、损伤性废物和病理性废物，不适用于处理药物性和化学性医疗废物，不宜处理病理性废物中的人体器官和传染性的动物尸体等。一定要保证处理后的医疗废物不具有危险废物特性，即 pH 值应小于 12.5，否则将成为危险废物。因此，应严格控制好工艺过程，严格做好处理效果检测工作，确保处置后产生的残渣在安全无风险的情况下同生活垃圾共同处置。对于该技术而言，除了上述问题需要注意外，重中之重是如何确保医疗废物化学消毒处理后的实际效果。另外，化学消毒处理技术应用过程中也会产生恶臭、总挥发性有机化合物（TVOCs）和粉尘等大气污染物。

### 三、医疗废物微波处理污染控制技术

1．技术概述

微波处理系统是在控制条件下浸湿并将废物破碎之后，放置于一个槽中，用微波对废物消毒，废物体积减小60%～90%，处理过的废物与其他废物没有区别。通过杆菌微生物芽孢试验，显示采用该种方法处理医疗废物能够实现无害化。如同高温蒸汽处理方法一样，这种方法也并未被推荐用于病理废物的处理，该技术应用过程中可能存在微波泄漏等原因，存在潜在的职业风险。该技术在运行和投资费用方面可能比高温蒸汽和化学处理法要高一些，但比焚烧法要低。

2．微波处理工艺和消毒机理

微波是波长1～1000mm的电磁波，频率在数百兆赫至3000MHz之间。用于消毒的微波频率一般为（2450±50）MHz与（915±25）MHz两种。微波在介质中通过时被介质吸收而产生热，该类介质被称为微波的吸收介质，水是微波的强吸收介质之一。当微波能在介质中通过且不易被介质吸收时，该类介质为微波的良导体，在这种介质中产生的热效应很低。热能的产生是通过物质分子以每秒几十亿次振动、摩擦而产生热量，从而达到高热消毒的作用；同时微波还具有电磁场效应、量子效应、超电导作用等，影响微生物生长与代谢。一般含水的物质对微波有明显的吸收作用，升温迅速，消毒效果好。

（1）医疗废物微波处理工艺的主要环节

1）将废物装入进料设备，传送至破碎单元。

2）开启破碎设备，将废物粉碎成碎片。

3）将破碎后的废物转移至已配备微波发生器的反应室，注入蒸汽，充分搅拌。

4）开启微波发生源，对废物进行照射，完成消毒过程。同时对整个处理过程产生的废气、废液（几乎没有）进行收集、处理。

5）将废物送至专用容器内进行压缩（若微波处理厂与最终处置场所距离较近，可省略此步骤）。

6）将压缩后的废物送去最终处置（填埋、焚烧等）。医疗废物微波消毒处理典型工艺如图10-14所示。

（2）微波可能的消毒机理

1）热效应

微波照射热效应的产生是由分子内部激烈运动所致。极性物质（如水）的分子两端分别带有正负电，形成偶极矩，此种分子称为偶极子。当置于电场中时，偶极子即沿外加电场的方向排列，在高频电场中，物质内偶极子的高速运动引起分子相

互摩擦，从而使温度迅速升高。因此微波加热与其他加热方式不同，不是使热从外到内传热，微波加热时产热均匀，微波能达到的地方，吸收介质均能吸收微波并很快将微波转化为热能，使微生物死亡。

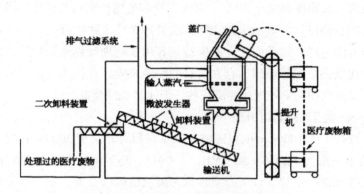

图10-14 微波消毒处理典型工艺流程图

2）非热效应

微波的振荡改变了细胞胶体的电动势，改变细胞膜的通透性，因而影响细胞及组织器官的某些功能。微波照射后，由于细胞核内物质吸收微波能量的系数不同，致使细胞核内物质受热不均匀，影响细胞的遗传与生殖。谐振吸收，微波中的频率较接近于有机分子的固有振荡频率，当细胞受到微波照射时，细胞中的蛋白质特别是以氨基酸、肽等成分可选择性地吸收微波的能量，改变了分子结构或个别部分的结构，破坏生物酶的活性，因而影响细胞的生化反应，影响微生物的生长代谢。

3）综合效应

经过分析研究结果发现，单纯热效应或非热效应都不能解释微波的消毒特性，微波快速广谱的消毒作用是复杂的综合因素作用的结果。正确认识微波消毒机理，应从如下几方面解释：

微波快速穿透作用和直接使分子内部摩擦产热显示出良好的热效应作用。消毒废物采用防热扩散密封包装有助于包内热量积累充分发挥热效应。

生物体处于微波场中时，细胞受到冲击和震荡，破坏细胞外层结构，使细胞通透性增加，破坏了细胞内外物质平衡，进而导致细胞质崩解融合致细胞死亡。

量子效应。微波场中量子效应波主要是激发水分子产生 $H_2O_2$ 和其他自由基，形成细胞毒作用。这种作用可使细胞内各种蛋白质、酶、核酸等受到破坏。另外，光子可以增加分子动能，促进热反应。

微波以外的因素。在充分保证微波能量和作用时间的条件下，消毒废物的包装、合适的含水量、负载量以及废物的性质等都是改变微波消毒效果的重要因素。

### 3. 污染物排放

医疗废物微波处理技术一般包括进料、破碎、微波消毒、脱水等工艺单元。医疗废物破碎过程中会产生恶臭、病菌微生物、粉尘及噪声等，微波消毒过程会产生恶臭、VOCs 等，运输车辆和周转容器的清洗消毒以及脱水过程会产生废水。具体排污节点如图 10-15 所示。

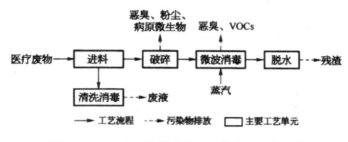

**图 10-15 医疗废物微波处理工艺流程和产污节点**

### 4. 污染控制技术分析

通过验证发现，为了保证医疗废物的处理效果，自动控制单元应能实现废物供给设施自动启停。应能实现破碎、干燥、废气和废水处理等工艺过程以及微波输出功率、温度、时间、含湿率等工况的自动控制。自动控制单元应能实时显示当前运行所处的状态，并能读取、存储微波输出功率、消毒时间、物料温度、湿度、压力、电磁福射漏失率等工艺参数。自动控制单元应设置权限，对微波输出功率、处理时间、温度、压力等参数的修改进行限制，禁止将处理参数降低到标准规定的参数以下实施医疗废物消毒处理。自动控制单元应具备安全互锁功能，确保进料室在与外界隔绝之前粉碎窗口不能打开。确保进料口关闭情况下，消毒室所有操作参数达到设定值才能将出料舱门打开。另外，自动控制单元的所具备自动记录和打印功能，能够自动记录和打印操作员号、处理工艺参数以及设施运行过程中的其他主要参数。自动控制单元应当具有自我检测功能，异常情况（微波泄漏、主要设备工艺参数和正常值偏离、电源气源等主要辅助装置故障等）紧急停车，并能实现操作完成时消毒单元舱门闭锁功能。自动控制单元应具备在设备出现异常条件下的自动报警功能，并能实现报警后适（延）时联锁停车功能。自动控制单元应具备远程监控功能，并实现相应的工况参数与当地环保部门联网显示。

就该技术而言，因涉及微波技术应用问题，该设备采用特殊的消毒室设计，可有效防止微波泄漏和医疗废物中金属碎片引起的放电现象。进料、破碎、输送等关键处理环节均采用负压安全工艺，不会给环境和操作带来二次污染。但是，应引起重点关注的是该技术不能处理医疗废物中的化学性废物、药物性废物以及放射性废物。因此，如能针对该技术不能处理的废物具有特定的鉴别和报警装置就更加科学了，该类工作的完善随着科学技术的进步而获得实际应用。

## 四、医疗废物高温干热处理技术

### 1．技术概述

医疗废物高温干热处理技术是将医疗废物经过高强度碾磨后，暴露在负压高温环境下并停留一定的时间，利用精准的传导程序使热量高效传导至待处理的医疗废物中，使其所带致病微生物发生蛋白质变性和凝固，进而导致医疗废物中的致病微生物死亡，使医疗废物无害化，达到安全处置的目的。

### 2．处理工艺

高温干热工艺流程分为医疗废物处理系统、抽气＋气体净化系统、加热系统及自控系统。医疗废物处理流程包括装料、碾磨、消毒剂、出料等过程。将装有医疗废物的一次性纸箱或包装袋放置升降机上。医疗废物升至顶端，自动顶开设备进料口仓门，之后仓门自动密闭。医疗废物落入碾磨器进行碾磨。经过碾磨，医疗废物被碾磨成 $1cm^3$ 大小碎片，使医疗废物体积减小 80%，实现毁形的目的。碾磨 300kg 需 7 ~ 10min。此时，抽气装置对消毒器进行抽气，使消毒器内的环境接近真空。来自导热油的热量可使消毒器内温度升至 180℃，压强为 40000 ~ 70000Pa，保证经过加热后医疗废物完全脱水。通过 20min 的灭菌，特别是对医疗废物的粉碎，使之更大程度穿透废物进行灭菌，保证灭菌效果。消毒结束后，消毒器抽气阀门自动关闭，卸料仓门开启，卸料至传送带，收集后可送填埋场填埋。

抽气＋气体净化流程包括抽气及气体净化过程。抽气设备的功能是将医疗废物处理过程中产生的废气抽出，输送至尾气净化系统中，抽气设备共有三个泵：两个液体环绕式真空泵，一个电动水泵。此真空组套具有制冷功能，主要是保证抽气机组能够正常工作的需要，额定功率 20kW。尾气净化系统作用包括三部分：①灭菌。由抽气设备抽出的气体先经过一个装有消毒液的过滤装置，在装置中对气体进行初步灭菌，之后气体进入静电净化器，在静电净化器中进行进一步灭菌，最后气体经过活性炭纤维过滤实现彻底灭菌。②吸附颗粒。由于静电净化器中持续释放高压静电，使灰尘和颗粒都带上正电荷随即被负电极板全部吸附。③吸附化学气体。设备顶端设置高效滤网，能瞬间吸附化学异味及不同种类有害气体。

加热系统以柴油为燃料，以导热油为介质，功率为60000kcal/h（1kcal=4.1840kJ）。配备容量为100L的膨胀水箱（内为导热油）。锅炉废气经排气筒排放。

医疗废物高温干热处理典型工艺流程如图10-16所示。

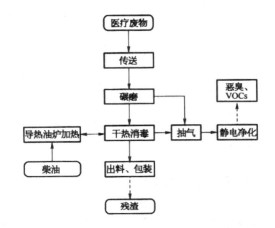

**图10-16　医疗废物高温干热处理典型工艺流程图**

3. 污染物排放

医疗废物高温干热处理技术一般包括进料、抽真空、碾磨、干热灭菌、静电净化等工艺单元。医疗废物高温干热工艺在抽真空时会产生恶臭、VOCs、病菌微生物、噪声等。具体排污节点如图10-17所示。

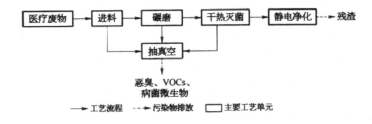

**图10-17　医疗废物高温干热处理工艺流程和排污节点图**

4. 污染控制技术分析

医疗废物高温干热处理过程的污染控制应紧密结合该类处置设施的特点进行，就污染物排放而言，该技术具有良好的比较优势，产生的VOCs、恶臭相对较少，但是如何确保消毒效果是关键。

　　高温干热处理要求医疗废物在一定的温度下接触充足的时间以达到一定的微生物灭活效率。为了提高微生物灭活效率，需要提高热量向物料内部传递的效率，为了保证灭菌高效和安全，高温干热设施运行应满足如下要求：

　　（1）预破碎。为提高热量向物料内部传递的效率，使其受热更均匀并使医疗废物不可辨认，在高温干热灭菌前，先进行破碎毁形。

　　（2）设备一体化。破碎设备和高温干热灭菌室为一体机，从而保证破碎时含病原体的破碎扬尘泄漏到空气中，避免操作人员受到危害。

　　（3）抽真空。由三个泵组成的抽气组套，医疗废物处理全过程在负压环境下进行，进一步保证了破碎和灭菌时病原体不会泄漏，并让热能更快速地到达医疗废物。

　　（4）搅拌灭菌。在干热灭菌过程中，通过搅拌翻动医疗废物可使医疗废物受热更均匀，从而提高高温干热灭菌效果。

## 五、医疗废物非焚烧处理技术优化

1. 医疗废物非焚烧处理污染控制措施综合分析

　　高温蒸汽、微波和化学消毒作为目前国际上应用最为广泛的处置技术，其处置过程的污染控制应考虑的问题包括处置对象的适用范围问题，医疗废物的处置效果问题，处理过程中产生的废气、废水的污染控制问题，以及环境安全管理问题等。

　　为了推进对不同类型的非焚烧处理技术的污染防治以及安全防护，应从以下几个方面考虑其运行安全问题。

　　（1）控制工况参数

　　不同的处置技术都有一定的工况参数，包括温度、压力、消毒时间等。另外，不同的工艺还包括不同的控制要求。

　　（2）污染物排放控制

　　就非焚晓处酿术而言，其污染控制的核心内容实际包括以下三个方面。

　　1）残渣的感染性问题，即消毒效果检测问题。就消毒效果检测而言，目前国内还没有专门针对非焚烧技术处置医疗废物的处置效果检测标准和方法，但是，处置后残渣中含有的微生物量是进行消毒效果检测的根本渠道，因此应采用适当的指示菌种对残渣中的微生物含量进行检测，以便确定最终的消毒效果。指示菌的选择必须确保医疗废物安全处置，即处理效果应该是使最难处理的微生物菌种得到杀灭。基于枯草杆菌黑色变种芽孢和嗜热脂肪杆菌芽孢分别对化学物质和热的抗性，国际上通常选择这两个菌种作为指示菌种，国内也采用这两个菌种进行消毒处理效果指示菌。其中化学消毒处理因主要适宜化学抗性，建议采用对化学抗性最强的枯草杆菌黑色变种芽孢作为指示菌，以热为主的高温蒸汽处理效果检测采用抗热性最强的嗜热脂肪杆菌芽孢作为指示菌。而微波处理技术则可以采用枯草杆菌黑色变种芽孢或嗜热脂肪杆菌芽孢作为指示菌。高温干热处理技术可以采用枯草杆菌黑色变种芽孢。

在医疗废物非焚烧处理的杀灭标准方面，STAATT 在第一次会议中对微生物的杀灭水平做了如下定义。

第一级：对繁殖体细菌、真菌和亲脂性病毒的灭菌率达到 6log 10 或更高。

第二级：对繁殖体细菌、真菌、亲脂性 / 亲水性病毒、寄生虫和分枝杆菌的灭菌率达到 6log 10 或更高。

第三级：对繁殖体细菌、真菌、亲脂性 / 亲水性病毒、寄生虫和分枝杆菌的灭菌率达到 61og 10 以上。对嗜热脂肪杆菌芽孢或枯草杆菌黑色变种芽孢的杀灭率达到 4log10 以上。

第四级：对繁殖体细菌、真菌、亲脂性 / 亲水性病毒、寄生虫、分枝杆菌和嗜热脂肪杆菌芽孢的杀灭率达到 61og 10 以上。

就中国而言，虽然还没有颁布强制性的国家标准，但是采用第三级标准也是中国在非焚烧处理技术应用方面的基本出发点。考虑到中国目前的检测能力和水平，可以不考虑对繁殖体细菌、真菌、亲脂性 / 亲水性病毒、寄生虫和分枝杆菌的灭菌率要求，而仅考虑对嗜热脂肪杆菌芽孢或枯草杆菌黑色变种芽孢的杀灭率达到 4log 10 以上。

2）处置过程中的大气污染物控制问题。废气主要产生于高温蒸汽处理过程中重力排空、预真空，产生于卸料前往消毒器内通风，含有少量微生物、硫化氢、硫醇、氨、胺、挥发性和半挥发性的有机物，如乙醇、酚类、醛类等（源于医院消毒剂）。废气中以 TVOCs、臭气浓度和粉尘作为排放因子。在大气污染控制方面，所有采用非焚烧技术处置医疗废物的工艺流程均应设置废气净化装置，该装置应能有效去除废气中的微生物、VOCs、粉尘等污染物，并根据实际需求设置除臭装置。基于医疗废物高温蒸汽处理技术在中国应用尚属探索阶段，其 VOCs 排放量要远低于工业排放量，具体成分也有差异，但仍是应用过程中需要重视和解决的问题，以确保处理厂操作环境的安全。废气净化装置过滤器的过滤尺寸不应大于 0.2μm，耐温不低于140℃。过滤器应设置进出气阀、压力表和排水阀，设计流量应与处置规模相适应，过滤效率应在 99.999% 以上。废气净化装置的过滤材料因使用寿命或其他原因不能使用时应按未处置医疗废物进行处置。另外，医疗废物处置应在封闭的系统中操作，或者是消毒系统处于负压状态，并使排出的气体通过废气净化装置净化后达标排放。

3）处置过程的安全防护问题。几种不同的非焚烧处理技术在安全防护方面体现出不同的特点，其中高温蒸汽处理主要是压力蒸汽可能对操作人员的影响，微波处理主要是要防止医疗废物处置过程中微波辐射对操作人员的影响，化学消毒处理主要是要防止化学消毒药剂对操作人员的影响，高温干热主要是防止热接触对操作人员带来的灼伤风险。相关的防护措施包括职业病防护设备、防护用品并辅以相应的管理措施而实现。

2．医疗废物非焚烧处理技术优化

（1）非焚烧处理技术优化总体要求

医疗废物非焚烧技术适用于日处理规模为 10t 以下的处理厂，可处理感染性和损伤性医疗废物，主要污染物为 VOCs 和恶臭，不产生二噁英类污染物。非焚烧处理设施投资成本低，适合医疗废物收集量少、分类较好、经济欠发达的地区。具体技术经济适用性分析见表 10-12。

表 10-12　医疗废物非焚烧处理技术经济适用性

| 处置技术 | 处置费用 | | 经济适应性 |
| --- | --- | --- | --- |
| | 运行费用（元 /t） | 投资费用（设备和安装）（万元 /t） | |
| 高温蒸汽处理 | 1800 ~ 2300 | 60 ~ 80 | 可有效消毒，并无酸性气体、重金属、二噁英等有毒有害物质产生，且造价较低、运行维护简单；适用于日处置规模 10t 以下感染性和损伤性医疗废物的处置 |
| 化学处理 | 1500 ~ 2000 | 45 ~ 55 | 投资少、运行费用低、操作简单，环境污染小；适用于日处置规模 10t 以下感染性和损伤性医疗废物的处置 |
| 微波处理 | 1200 ~ 1500 | 50 ~ 60 | 杀菌谱广、无残留物、除臭效果好、清洁卫生；适用于日处置规模 10t 以下感染性和损伤性医疗废物的处置 |
| 高温干热 | 1000 ~ 1200 | 60 ~ 70 | 投资少、运行费用低、操作简单，环境污染小；适用于日处置规模 10t 以下感染性和损伤性医疗废物的处置 |

非焚烧处理技术优化的核心环节包括两个方面，即工况参数控制和污染物排放控制。其优化问题要严格围绕这两方面内容展开，下面结合三种典型的非焚烧处理技术对其处置技术优化问题进行论述。

（2）高温蒸汽处理技术

高温蒸汽处理要求医疗废物在一定的温度下接触充足的时间以达到一定的微生物灭活效率。医疗废物高温蒸汽处理最佳可行技术流程如图 10-18 所示。

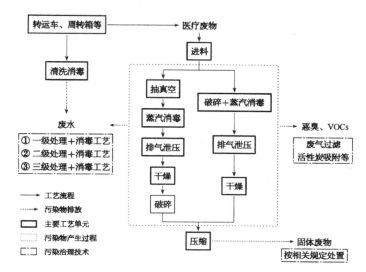

图 10-18　医疗废物高温蒸汽处理污染防治最佳可行工艺流程

为了确保高温蒸汽处理的安全性，应确保工艺参数实现如下要求：

1）杀菌室内处理温度不小于 134℃、压力不小于 220kPa（表压）、处理时间不少于 45min。如选用 115℃ 处理 90min、121℃ 处理 60min 等作为替代处理工况时，应由具有法定检测资质的单位进行性能检测，确保消毒效果合格后方可应用。

2）所需蒸汽源压力为 0.3 ~ 0.6MPa，蒸汽压波动量不宜大于 10%。

3）高温蒸汽处理设备应具有干燥功能，物料干燥后含水量不应大于总重的 20%。

4）蒸汽应为饱和蒸汽，其所含的非可凝性气体不应超过 5%（体积分数），过热不超过 2℃；废气净化装置过滤器的过滤尺寸不大于 0.2μm，耐温不低于 140℃。过滤器应设置进出气阀、压力表和排水阀，设计流量应与处理规模相适应，过滤效率应大于 99.999%。废气处理单元也可采用其他切实可行的消毒处理方式。

5）破碎设备应能同时破碎硬质物料和软质物料，物料破碎后粒径一般不应大于 5cm，如一级破碎不能满足要求，应设置二级破碎。

（3）化学消毒处理技术优化

化学法处理医疗废物通常要与机械破碎处理结合使用，化学消毒剂对微生物灭活的效率与接触时间、温度、化学消毒剂浓度、pH 值（酸碱性环境）、杀灭微生物的数量和类型等有关。化学消毒剂灭活效果必须保证化学消毒剂与医疗废物消毒表面有足够的反应接触时间，美国环保局规定对繁殖体细菌、真菌和分枝杆菌杀灭的测试程序应要求在20℃反应温度下接触时间为10min。当杀灭细菌芽孢时反应的接触时间和温度都应有所增加，一般需要一至几个小时，通常情况下消毒的效果会随着温度的提高而增加。因此，为了保证消毒处理效果，必须保证充分的接触反应时间和反应温度。

在化学消毒工艺中，以石灰为主的干法消毒技术是美国最新的对环境最为友好的医疗废物处置技术，没有湿法消毒通常伴随产生的废液排放问题。是目前国内仅有的化学消毒处理技术。

医疗废物化学处理最佳可行技术流程如图10-19所示。

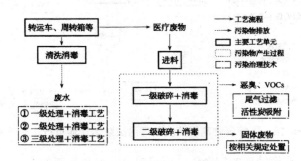

图10-19 医疗废物化学消毒处理最佳可行技术组合

化学消毒处理技术应用的关键是必须保证药剂有效浓度和相应的接触反应时间，以及药剂的投加量，确保相应的参数要求，禁止采用超过有效期的化学消毒剂。另外，也要禁止使用对人体有害的其他种类的消毒剂实施医疗废物处置。

（4）微波消毒处理技术优化

1）医疗废物微波处理工艺主要环节

将废物装入进料设备，传送至破碎单元；开启破碎设备，将废物粉碎成碎片。

将破碎后的废物转移至微波发生器反应室，注入蒸汽，充分搅拌。

开启微波发生源，对废物进行照射，完成消毒过程。同时对整个处理过程产生的废气、废液（几乎没有）进行收集、处理。

将废物送至专用容器内进行压缩（若微波处理厂与最终处置场所距离较近，可省略此步骤）。将压缩后的废物送去最终处置（填埋、焚烧等）。

2）确保微波处理安全性工艺参数要求

微波消毒频率应采用（915±25）MHz或（2450±50）MHz。影响因素可分为两类：

微波本身固有特性的影响，如微波的频率、波长、输出功率、微波照射时间、微波电场均匀性等；被消毒物品的因素，如物品的性质、温度、负载量、灭菌包装材料、含湿量、物体大小、协同剂等。微波消毒处理的温度应不低于95℃，作用时间不少于45min。若加压，应使微波处理的物料温度低于170℃，以避免医疗废物中的塑料等含氯化合物发生分解造成二次污染。

3）避免微波处理设施运行辐射所采取的措施

由于多种原因，微波会从加热器中或多或少泄漏出来并向空间辐射，这种辐射能量的泄漏称为漏能。对于这种漏能，只要懂得保护知识，采取有效的防护措施并遵守操作规程，完全可以避免。为了确保微波处理设施运行过程中不会因为辐射而造成对操作人员的损害，需要采取如下措施。

严格设计加热器，减少辐射漏出。为减少微波源漏能辐射，可将微波源装置装在箱内，利用波导或同轴线，将微波能送到加热器，以减少微波阴极和灯丝出现的能量泄漏。对于微波管的阴极和灯丝部分可采用专门屏蔽。

设置屏蔽，阻挡微波扩散。目前用于屏蔽的材料有反射性和吸收性材料两大类。屏蔽可用反射性的，如用金属纤维与合成纤维混合编制而成的屏蔽；亦可用吸收性的，如木板、有机桂橡胶、含碳基铁填料的聚氯乙烯树脂等制成的屏蔽。亦可将两种性质的屏蔽合用。

提供防护装备，加强个人防护。工作人员进入微波场区时，必须穿戴由金属丝织成的屏蔽防护服、帽、手套等，并佩戴涂有二氧化铅层的防护眼镜。

4）医疗废物微波处理最佳可行技术流程

医疗废物微波处理最佳可行技术流程如图10-20所示。

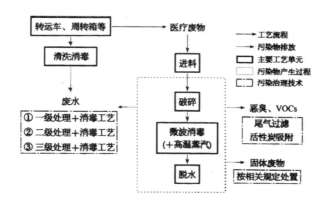

图10-20 医疗废物微波消毒处理最佳可行工艺流程

5）微波消毒处理最佳可行工艺参数

微波发生源频率应采用（915±25）MHz 或（2450±50）MHz。

微波处理的温度应不低于 95℃，作用时间不少于 45min。若采用加压消毒，微波处理的物料温度应低于 170℃，以避免医疗废物中的塑料等含氯化合物发生分解造成二次污染。

在蒸汽和微波的共同作用下，温度不小于 135℃时，作用时间不小于 5min。

（5）高温干热处理技术优化

1）医疗废物高温干热处理技术工艺流程

将装有医疗废物的一次性纸箱或包装袋放置在升降机上。医疗废物升至顶端，自动顶开设备进料口仓门，之后仓门自动密闭。

医疗废物落入碾磨器进行碾磨，经过碾磨使医疗废物缩减 80%，实现毁形的目的，碾磨 300kg 需 7 ~ 10min。

抽气装置对消毒器进行抽气，消毒器内压强为 300Pa，接近真空。抽气 + 气体净化流程包括抽气及气体净化过程。抽气设备共有三个泵，即两个液体环绕式真空泵和一个电动水泵。此真空组套具有制冷功能，主要保证抽气机组能够正常工作的需要，额定功率 20kW。

来自导热油的热量可使消毒器内温度升至 180 ~ 200℃。经过加热使医疗废物完全脱水。通过一定时间（欧美一些国家灭菌 20min）的灭菌，特别是对医疗废物的粉碎，使之更大程度地穿透废物进行灭菌，保证灭菌效果。

消毒结束后，消毒器抽气阀门自动关闭，卸料仓门开启，卸料至传送带，收集后可送填埋场填埋。

2）气体净化系统和加热系统

气体净化系统的作用包括三方面：①灭菌，抽出气体经静电净化器处理后排放，经静电净化器 48000V 的强静电场放电产生的电离辐射，实现灭菌；②吸附颗粒，设备持续释放高压静电，使灰尘和颗粒都带上正电荷随即被负电极板全部吸附；③吸附化学气体，设备顶端设置高效滤网，能瞬间吸附化学异味及不同种类有害气体。

加热系统以柴油为燃料，以导热油为介质，功率为 251.04MJ/h。配备容量为 100L 的膨胀水箱（内为导热油）。锅炉废气经排气筒排放。自控系统包括一个对消毒过程的各个程序的测控体系，一个记录控制仪——可以存储多达 5 年的关于消毒时间和温度的数据。

3）高温干热处理单元基本要求

高温干热处理单元应设计合理、处理过程规范、耐久可靠、便于操作和维护。

其基本要求如下：

医疗废物高温干热处理设备杀菌室外壁应紧贴外部加热层，保证杀菌室内温度均匀。

设备内腔及门应采用耐腐蚀的材料，一般宜使用不锈钢材质。设备进料口和出料口的门应能够满足设备工作压力对密封性能的要求。

应设置联锁装置，在门未锁紧时，高温干热处理设备不能升温、降压，在干热处理周期结束前，门不能被打开，在设备进料、出料和维护时应能正常处于开启状态。

设备必须安装安全阀，安全阀开启压力不应大于设备安全设计压力，并在达到设定压力时或在设备工作过程中出现故障时应能自动打开进行泄压。

设备管道各焊接处和接头的密闭性应能满足设备加压和抽真空的要求。

高温干热处理设备应具有干燥功能，物料干燥后含水量不应大于总重的20%。

处理设备外表面应采取隔热措施，操作人员可能接触的设备外表面，温度不宜超过40℃。对于输送超过60℃的导热管道，以及输送热消毒液的管道，都应实施保温处理。

在高温干热处理单元进行灭菌处理的时候，机械搅拌装置需以不低于30r/min的速度进行搅拌。

4）高温干热处理最佳工艺参数

医疗废物高温干热处理过程要求在杀菌室内处理温度不小于180℃、压力不高于1000Pa（表压）的条件下进行，相应处理时间不少于20min。

5）医疗废物高温干热处理最佳可行技术流程

医疗废物高温干热处理最佳可行技术流程如图10-21所示。

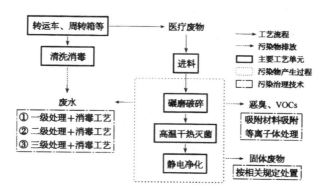

图10-21 医疗废物高温干热处理最佳可行技术流程

3．医疗废物非焚烧处理技术优化措施

针对医疗废物而言，可采用高温蒸汽处理技术、化学消毒处理技术、微波消毒处理技术、高温干热等。但非焚烧处理技术一般只能处理感染性和损伤性的废物，对于病理性、药物性、化学性的废物还需有相应的处理设施配套，对于最终处理后的医疗废物还要达到相应的标准要求，并还需较大容量的填埋场来容纳处理后的废物。结合发达国家医疗废物管理实践，并结合中国国情，针对医疗废物非焚烧处理技术的应用提出如下措施。

（1）进一步健全医疗废物非焚烧处理技术应用的管理体系建设

目前中国虽然颁布了医疗废物化学消毒、微波和高温蒸汽三项非焚烧处理技术工程承建设技术规范，但是，还缺乏相应的支撑体系来推动非焚烧处理技术的广泛应用。因此，应根据需要，建立和完善医疗废物非焚烧处理技术的技术评估认证体系、处理效果检测体系、监督管理体系以及技术培训体系，推进该领域全过程管理体系的建立。

（2）进一步加强非焚烧处理技术研发工作，推进非焚烧处理技术国产化

可通过加强国际交流与合作，加强对欧美等发达国家和地区在医疗废物非焚烧处理技术的管理模式、处理设施建设状况、管理及设施建设经验等方面的认识与了解，为非焚烧处理技术在中国的应用提供借鉴。在充分吸收和借鉴发达国家在非焚烧处理技术和设备先进经验的基础上，进一步结合现有资源，推进非焚烧处理技术和设备的研发和推广工作，实现非焚烧处理设备国产化和本土化。

（3）积极推进医疗废物分类收集与医疗废物非焚烧处理过程的有效衔接

医疗废物非焚烧处理技术的应用存在的最大问题是其适用范围。因此，非焚烧处理技术的应用必须建立在一个有效的废物分类的基础上，而目前的医疗机构的医疗废物分类和管理系统从医疗废物的分类，到医疗废物的收集、交接、院内转运与暂存，及与医疗废物集中处理中心的交接等环节是一个复杂的系统工程，需要有严格的管理制度、专人从事该项工作，但是现有的医疗机构由于人员或经费的缺乏，没有配备专人从事医疗废物的收集、转运和暂存，使医疗废物管理环节中出现漏洞，尤其对非焚烧处理技术，其对废物的分类比较严格，只有这样才能消除医疗废物的环境风险，这是非焚烧处理技术应用的一个必须解决的问题。

（4）加大力度研究和推进医疗废物处理效果检测以及主要污染物的监测和监督管理工作

在医疗废物处理效果检测方法方面，目前国内还没有专门针对医疗废物非焚烧处理技术应用所涉及的检测方法相对应的标准和方法，因此需继续研究和制定相应

的标准和方法推进该工作的开展。另一方面，医疗废物非焚烧处理过程中还会产生恶臭和 VOCs 等二次污染物，针对这些污染物，国家缺乏相应的标准和切实可行的检测方法，因此无法确保对这些污染物进行有效的监督和管理，成为对人体健康和环境危害的另一来源。监督管理是非焚烧处理技术应用的前提和基础，应进一步加强监督管理能力，从确保该类技术应用的环境安全角度出发，全面提高执法水平，确保非焚烧处理设施规范化运行和管理。

（5）积极推进医疗废物的协同处置，促进非焚烧技术和焚烧技术优势互补

焚烧技术和非焚烧技术都具有一定的适用范围，而又具有各自所不容替代的优点。就焚烧技术而言，其最大的特点是适用范围广，对各类医疗废物都具有适用性，但是其处理设施建设成本和处理成本高，而且会产生二噁英和重金属等污染物。就非焚烧处理技术而言，其处理设施建设成本和运行成本要低得多，而且不产生二噁英和重金属等污染物，较为清洁，无国际公约要求。因此，可以在同一处置点建设两套处置设施，一套焚烧设施和一套非焚烧处理设施，实现两者的优势互补。这一点对于处置能力不足的焚烧处置设施的技术改造尤其具有现实意义。另外，也可在城市与城市之间推进技术优势互补管理，推进城市之间的医疗废物管理和处置工作的协调发展，建立市际间的协作，推进省级危险废物处理中心的作用，推进医疗废物的协同处置。

# 第十一章　电子废弃物处理技术研究

## 第一节　电子废弃物的资源利用与管理

### 一、电子废弃物的资源利用

目前，部分电子废弃物的处理处置方式是随着其他普通生活垃圾进行填埋或者焚烧处理。即使有关部门努力通过回收处理把电子废弃物从填埋中分离出来，但电子废弃物的处理仍然是个问题。电子废弃物回收处理中常出现简单拆卸、粉碎等不规范行为，而且时有二次污染产生。即使在较好的条件下，对有害废弃物的回收处理也只是简单地将有毒物质转移到二级产品中。除非政府强制使用无害原料重新设计和生产产品，否则现在的所谓"回收处理"根本就不是出路，而现有的市场条件、制造方法，并不是鼓励实施环保的电子回收，被"回收处理"的绝大部分电子废弃物实际上都用来出口、拆卸或粉碎。

电子废弃物的合理处置途径应该是充分实现其资源化利用，使废弃物重新进入人类工业系统内部的体系——能量循环体系，减少焚烧、弃置、填埋等增加生态环境负担的处理方式。其理想状况应该包括以下两个方面：①就废弃物处理本身而言，应当尽最大可能实现废弃物的本地循环利用。循环利用包括两层含义：一是重新使用，就是通过出售、转让和捐献等方式使用户淘汰下来但是仍可以使用的电子产品能延长其使用寿命；二是循环再生，是指废弃的电子产品经过拆解、分选、处理，获得塑料、玻璃、金属等再生原材料，重新用来生产新的产品，而强调本地化循环利用则是为了减少废弃物长途运输造成的生态负担。本地循环利用涉及从产品的销售及售后服务、消费者购买使用，到废弃物处理者收集处理的众多环节，因此是一个非常复杂的过程。②从根本上讲，必须迫使生产者从产品设计和生产阶段就考虑到拆解和循环利用的过程，减少有毒有害物质的使用，方便废弃物的处理和再利用。

据调查，目前我国城市中大量的电子废弃物出路有三个：一是翻新改装后进入二手市场；二是简单拆解、低水平再利用；三是与生活垃圾一起填埋。废旧电子产品处理不当会对环境造成危害，如果能采用先进工艺进行处理，大部分元件和高含量的贵重金属将成为工业产品和电子产品的原材料，这样电子废弃物不但不会危害环境，而且还会产生良好的经济效益和社会效益。

正规的电子废弃物加工处理企业既要采用先进的工艺、设备，又要考虑环保问题，投资回收周期长。目前大多数规模化企业处于"无米"下锅状态，就连大企业也面临开工不足，产能大量闲置的问题。

## 二、电子废弃物的全过程管理

电子废弃物的全过程管理涉及电子废弃物的源头减量、收集、运输、储存、处理、处置各环节。是建立在对于电子产品的生命周期评价基础上的，是实行电子产品的生命周期管理的重要环节。生命周期评价是一种面向产品的环境管理方式，是对产品及其包装物、生产工艺、原材料、能源或其他相关行为的全过程进行资源和环境影响分析与评价的一种研究方法。电子产品的生命周期框图见图11-1。

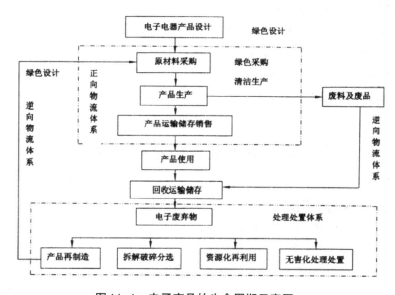

**图11-1　电子产品的生命周期示意图**

依据电子废弃物管理的污染预防原则，电子废弃物的源头减量管理是电子废弃物管理的优先管理环节。电子废弃物的源头减量从具体的实施来讲，可以分为两步。首先，要求电子产品在生产设计环节将生态设计的理念贯穿于其中，考虑电子废弃物的源头减量化管理，实施生态设计和清洁生产计划，也就是电子产品生命周期正向物流中的原料加工、产品制造部分；其次，是在废弃物产生后，要尽可能通过废弃物的交换体系和资源综合利用等手段来延长电子产品的使用寿命，减少最终处置于环境中的量。要对电子产品进行源头控制，关键也是要推行生态设计和清洁生产，应采取的措施：在污染物生产之前最大限度地减少或降低污染物产生的量和毒性；再就是在生产现场对能源、原材料和水资源等进行循环回收和重复利用。对于已经生产的和即将生产的电子废弃物，也应该采取措施，促进其循环利用，延长其生命周期，减少排放到环境中的量，即促进电子产品的逆向物流循环。电子产品行业逆向物流的驱动因素主要有三个方面：环境保护、经济效益和社会效益。

电子废弃物一旦产生，就需要对其实施全过程管理。即从废弃物的收集、运输、处理、处置各环节控制可能的环境污染。收集是废弃物生产后对其实施管理的第一个环节，直接影响管理的全过程，因此需要建立合理的收集体系。收集体系的形式有：由政府或机关性质的机构承担，成立独立的第三方机构和由单独的或者联合的生产者组建自己的回收系统。电子废弃物的原料组成包括有毒有害的危险废弃物和无毒无害的物质，在其运输过程中应遵循国家有关危险物运输的法律法规，主要包括危险废弃物许可证制度和转移联单制度等。此外，电子废弃物的收集、运输过程中不得进行拆卸、拆解或破碎，以防止电子废弃物中可能含有有毒有害成分的泄露。运输破碎的电子废弃物，应采取防止污染环境的措施。如果破碎物中含有易燃、反应性危害物质，其运输要求应遵守国家有关危险货物运输的管理规定。

# 第二节　电子废弃物处理处置方案

## 一、基本依据和原则

电子废弃物处理处置方案设计的主要法律依据包括《中华人民共和国固体废物污染环境防治法》《电子废弃物污染环境防治管理办法》《电子信息产品污染控制管理办法》和《废弃电器电子产品回收处理管理条例》。

基本原则有五条：①减量化、资源化和无害化原则。这一原则是固体废弃物和危险废弃物管理的基本原则，电子废弃物处理处置方案设计也应遵循这一原则。首先，设计方案是"资源－产品－再生资源"的循环经济模式中的一个重要环节，通过这个环节，实现废弃物的减量化、资源化和无害化，使资源得到最大限度利用，这就是政府和循环经济的"3R"原则。其次，减少电子废弃物中可能造成污染风险的有害元素，减少电子废弃物的生产量，从源头上减少和控制污染。对已产生的电子废弃物中，通过处理方案的设计，实现资源再利用。无法再利用的电子废弃物，在保证环境安全的条件下实现其无害化处理处置。②分类收集和管理原则。综合国内外的经验，现在的电子废弃物收集可采取如下原则：废弃物处理公司建立电子废弃物收集场、自行运输及处理；地方政府通过管辖的收集站点，由废弃物处理公司提供运输服务，或当地政府将站点内收集的电子废弃物直接送往电子废弃物处理部门；根据相关的法律法规，家电经销商或售后服务机构有义务对旧家电进行回收的电子废弃物直接交由资源的企业处理。③统一规划、全程控制原则，避免二次污染和污染转移原则。循环经济模式要求生产者从产品的设计到废弃处置的全过程负责，及对产品的整个生产生命周期进行管理，循环经济模式也必然提高对固体废弃物的管理等级。按照可持续发展战略，建设规范化、市场化经营的集中处理和处置设施，从电子废弃物的生产，到收集、运输、利用、存储、处理，环环紧扣，即"从摇篮到坟墓"的全过程控制。整个过程要以"保证人体健康和环境安全"为指导思想。电子废弃物的最终处置必须有足够的符合环境保护要求的集中处理处置设施，才能确定其无害于环境，重点是要建设一批高标准、规模化的处理处置设施，并要打破区域限制，统一规划，实现跨行政区域建设，做到责任共担，资源共享。对其他类固体废弃物主要采取综合利用等多种形式进行处理。例如，北京市将建设行业废弃物、包装物废弃物及家电、汽车、电子类废弃物三大类再生资源产业基地。④产业化原则。⑤国家与社会管理相结合的原则等。

## 二、电子废弃物处理处置方案设计的技术依据

电子废弃物经拆解、破碎、研磨、分选等几道工序之后，便可以分解成金属富集体、玻璃纤维粉末、塑胶粉末等。利用机械过程或者冶金过程富集有利用价值的成分，为精炼过程准备原料。对金属富集体进一步处理还可以得到各种金属、贵重金属原料，使这些原料重新进入它们的生命周期。每一道工序，都是专业性很强、技术含量很高的工作，加快对这些工序的关键技术研究，尤其是分选技术的关键技术研究，对于降低处理电子废弃物的成本，加快电子废弃物的产业化进程大有裨益。

电子废弃物的综合利用技术主要涉及金属分选、机械处理、湿法冶金、火法冶金以及最近兴起的生物方法等。由于机械处理方法具有污染小、可以进行资源综合回收的优点，目前得到了广泛的应用。

重选分离技术和浮选技术也可以从电子废弃物中分选出多种不同的金属。中国台湾的一些企业利用水力摇床与浮选相结合的方法从废弃印刷电路板或废板边料回收金属，其回收处理流程如图11-2。

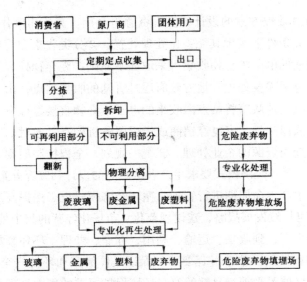

图11-2　美国电子废弃物产业化管理流程

### 三、电子废弃物处理处置的方案选择

#### 1.电子废弃物回收系统

目前，我国已成为世界上最大的机电产品加工制造基地，同时也是电子和信息产品的消费大国，加工制造和生活消费两个环节每年生产的电子废弃物数量也是巨大的。我国电子废弃物处理的途径主要有：①捐赠给经济欠发达地区，实际上是污染的转移。②处理给二手货市场，修理再利用或对有价值部分拆解利用。③放在仓库或家中未做任何处理。④采取焚烧、填埋等简单处理方式。

几乎没有人和单位把整件产品当作垃圾扔掉，只有二手货市场的废件和维修后换下来的废件才当作垃圾抛弃。整体来看，我国的电子废弃物处理已经形成了一个低水平的"产业链"。有人在大规模批发售出，有人进行粗糙低水平的提炼，整体来看我国仍然处于简单粗放方式的电子废弃物回收模式。因此，建立以产品的全生命周期为基础有效电子废弃物回收—处理—利用的途径及废旧电子电器产品回收与利用标准体系，是目前我国亟待解决的问题。例如政府招标建立专门回收中心、强制性回收市民无偿缴纳、市场开放由企业自主经营、强制由制造厂商回收处理等。

消费者如要废弃家电，应同销售商或厂家指定的回收企业联系，并送到生产厂家指定的地点，消费者还必须为此承担相关费用。另外，建立有效的电子废弃物回收体系，实现电子废弃物的"减量化、资源化、无害化"，突破处理关键技术是提升产业素质的"瓶颈"。例如以下面技术。

（1）拆卸技术。拆卸是处理电子废弃物的第一步，也是能否将电子废弃物处理规模化、产业化的关键一步，拆卸分离效果对进一步回收稀有金属非常重要。

（2）塑料回收利用技术。当前塑料主要处理方式是填埋、物理再生、焚烧。由于塑料组成复杂，识别分离困难，各种材料杂质混在一起，造成物理熔融获得的材料性能明显下降。另一方面，电子废弃物中塑料普遍含有卤素阻燃剂，再生处理过程中阻燃剂扩散，溴化烃、多溴芳烃、呋喃类化合物的形成大大增加了上述处理的环境风险。废塑料的热解油化技术已经获得了商业应用。以废塑料为骨架原料，可以制造成防火的装饰板，还可以制成各种防水材料。

（3）线路板的回收处理技术。既有重要的回收价值也是一个技术难点。目前拆解的方法有烧板和机械自动拆解技术。烧板的目的是把焊锡熔化，然后把上面的元件分离下来。而机械处理包括破碎、筛分和分选等技术。

（4）后处理回收主要包括金属冶炼、塑料回收利用、填埋、焚烧等。

2．绿色产品管理解决方案

从多个方面进行绿色产品管理：绿色采购、绿色供应商、由采购供应商成为伙伴关系等。

# 第三节　电子废弃物的火法冶金技术

## 一、电子废弃物焚烧法

电子废弃物中大约含有 15% ～ 30% 的塑料和 1% 的木材，其平均热值与煤（29000kJ/kg）相当，一些常见的电子塑料的热值见表 11-1。由于其具有较高的热值，电子废弃物中的塑料成分单独在焚烧中就能很好地燃烧，燃烧温度高、燃烧速度快。焚烧法处理电子废弃物正是利用了这一特点。焚烧法处理电子废弃物的原理是：废板经机械破碎后焚烧，其中的树脂分解，剩余的裸露金属及玻璃纤维残渣经破碎后送往金属冶金厂作为阳极精炼或烧结工序的原料，以火法冶金回收其中的金属。焚烧法可以分为普通焚烧法、防氧化焙烧法和微波焚烧法。

表 11-1　常见电子塑料的热值　　　　单位：$10^6$J/kg

| 材料 | PMMA | PU | PVC | PET | PP | PE | PS | PA | ABS | 电路板 | 燃料油 | 煤 | 一般复合材料 |
|------|------|-----|------|-----|----|----|----|----|-----|--------|--------|-----|--------------|
| 热值 | 25 | 25 | 18.4 | 22 | 44 | 46 | 41 | 32 | 35 | 11 | 44 | 29 | 7.5 |

如废干电池可采用焚烧的方法处理：废干电池进入焚烧炉高温焚烧后，干电池中的汞气化后进入烟道。一部分汞蒸气被除尘器收集，另一部分被实施处理的装置吸收，经过处理，废干电池中的汞得到回收。

焚烧是目前比较经济的解决电子废弃物的方法之一，而且随着技术的发展，可再生塑料在电子产品中占有的比重将逐渐增加，重金属等的使用量将减少，导致塑料在产品成本中的比例上升，回收塑料技术方面将会受到推动而有较快的发展。

电子废弃物产品废弃物与普通塑料废弃物不同的是，其中常含有无机填料、阻燃剂以及增强材料等，这些成分对废弃物的燃烧状况有较大影响。为了防火的需要，电子电气塑料中普通添加有高浓度的阻燃剂，其中大部分为卤系阻燃剂，含卤塑料的燃烧除了产生强腐蚀的卤化氢外，还会形成剧毒的二噁英、呋喃类化合物，如果燃烧不完全，卤代烃、多环芳烃的排放也会成倍增加。因此普通城市垃圾系统不适于直接处理电子废弃物，采用经过适当改进的专用塑料焚烧炉焚烧电子废弃物在技术上应用应该是可行的。但要保证电子塑料废弃物的安全有效处理，还必须考虑以下问题。

电子塑料废弃物中卤素的含量比普通塑料要高很多，因此首先要解决的是如何控制二噁英类的物质和卤代烃的形成与排放。采用高温燃烧可以减少二噁英的形成，燃烧的完全程度与卤代烃的生成也有关，一般要求燃烧室出口温度控制在 850 ~ 950℃，二噁英的浓度可以满足排放标准。减少二噁英类物质和卤代烃的另一办法就是对烟道进行高温分解处理，二次燃烧技术也适用于电子废弃物的安全燃烧，为了确保卤代烃的分解，二次燃烧室的温度最好能控制在 1000℃以上，停留时间不少于 1s。无论采用哪种处理方式，最终排出的废气必须采用急冷方式快速冷却到 250℃以下避免有害物质的重新形成。

焚烧电子废弃物要注意的另外一个问题是有害金属的排放和扩散。金属的挥发性取决于金属本身的性质和燃烧温度，WEEE 中含有铅、汞、铜、锡、锌、锡、铬等重金属的浓度比通常的市政垃圾高很多，并且电子塑料含有高浓度的卤素。研究表明，燃烧过程中形成的金属溴代物比金属、金属氧化物及其氯化物的挥发性都要高，在计算机部件焚烧产生的烟气中发现异常高浓度的铜、铅、锡等重金属。溴不但有更高的浓度而且回收价值也大很多，因此在烟气处理上除了要解决金属的脱除，还应该兼顾溴的回收利用。

1. 普通焚烧法

普通焚烧通常使用旋转窑式焚烧炉，这种焚烧炉的作用是将电子废弃物中的含碳组分移除，以利于后续的冶金工艺，也可使用等离子电弧炉等组装进行焚烧处理。

这种处理方法一般采用两段式焚烧：第一个阶段包括热解和有机组分的挥发；第二个阶段，有时也称为二燃室，在二燃室中提供足够的停留时间，燃烧温度在1000℃以上，在这种高氧化条件下来确保电子废弃物中所有的有机组分达到完全燃烧，这种有机组分最终的产物为二氧化碳和水。

普通焚烧法处理之后的成品主要是裸露的金属及玻璃纤维，经粉碎后可以送至金属冶炼厂进行金属回收。图11-3是普通焚烧法回收处理流程。

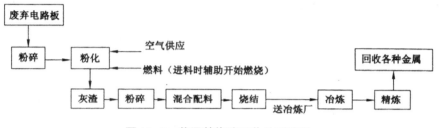

图11-3　普通焚烧法回收处理流程

普通焚烧法的特点是：焚烧灰渣产品金属含量高，尤其含铜丰富，产品的铜品位可以达到10% ~ 20%，比一般粗铜矿（2.17%左右）高。但该法工艺流程较复杂，焚烧过程可能产生有害的含溴废气，因此对空气污染防治设施的规范要求较严；由于金属和玻璃纤维已非黏结状态，湿法或火法冶金均可实现对金属的回收。

2．防氧化焙烧法

这种方法的思路是：将废弃的印刷电路板（电路板除去安装在其上面的插件）紧密地叠加起来，使得电路板之间不留空隙，然后在高温下进行焙烧。控制焙烧的温度（大于800℃）和时间，使得电路板中的树脂成分燃烧碳化，而电路板中的铜却基本未被氧化。然后进行筛分，筛上物即为铜集体。

3．微波焚烧法

微波焚烧回收法是美国的科学家研发的，主要也是用来处理废弃的印刷电路板。

这一方法的处理流程是：在实验室处理中，废电路板被压碎，然后放入一个硅石熔融坩埚中，在一个内壁衬有耐火材料的微波炉中加热30 ~ 60min。其中的有机物，如苯和苯乙烯等先挥发出来，被一个压缩空气载气带出第一个微波炉。余下的废料在1000℃以下被烧焦处理。然后将微波炉功率升高，余下的物料（绝大多数为玻璃和金属）在1400℃高温下熔化，形成一种玻璃化物质。在冷却这种物质后，金、银和其他金属就以小珠的形式分离出来，可回收重新冶炼。余下的玻璃质物质则可回收做建筑材料。在第一级微波炉处理步骤中产生的有机挥发物和可燃性气体被载气带入第二级微波炉后，在通过微波加热下红热的碳化硅床时被分解。排出气体中有机物种类在经过第二级微波炉后可下降 1 ～ 2 个数量级，有时可能下降 3 个数量级。根据研究结果表明：微波处理工艺更简单、更清洁、更易于操作、更有效，而且能显著降低处理成本。

因为所有这些处理均在一个单元装置中进行，微波可直接解热废弃物料，而无需使用庞大的焚烧炉和耐火材料。微波处置技术还有其他的经济之处：它可将废弃物体积减少一半；最终的玻璃化产物（由于未使用任何添加剂，不会造成二次污染）可将有害成分固定化，能够很好地符合环境排放标准；由于其中的贵金属可回收并销售，因此微波处置技术有其他处理技术无法比拟的显著的投资回报率。该项研究尚处于实验研究阶段。

## 二、固体废弃物热解法

热解是在无氧的条件下加热将高分子复合物材料转化为低分子化合物，以燃料或化工原料的方式获得回收利用，同时使聚合物与金属、填料得到分离。以热分解废弃物生产燃料回收热能的方式，能量利用效率比直接燃烧高很多，回收成本也更低，热裂解所消耗的能量也较少，一般占废弃物总能量的 10% 左右。目前，废旧聚乙烯、聚丙烯、轮胎的热解回收取得了广泛的工业应用，已成为一种重要的塑料废弃物回收手段。电子废弃物的热解主要是分解其中的塑料部分，回收原理与其他塑料并无原则的区别，因此可以利用现有的塑料热解回收工艺处理电子塑料废弃物。

热解在工业上也称干馏，是将有机物质在隔绝空气的条件下加热，或者在少量空气存在的条件下部分燃烧，使之转化为有用的燃料或者化工原料的基本热化学过程。有机物的热解反应可以用下列通式来表示：

有机物 + 热→ gG（气体）+lL（液体）+sS（固体）

在热解过程中，将发生下列反应：①解聚，产生单体。②分子链断裂，产生低分子质量的材料。③不饱和化合物产生，聚合物交链，碳形成。有机物热解的主要产物为：

（1）以低分碳氢化合物为主的可燃性气体。

（2）在常温下为液态的包括乙酸、丙酮、甲醇等化合物在内的液体混合物。

（3）纯碳与固体残留物。

上述反应产物的产率取决于原料的化学结构、物理形态和热解的温度及速率。热解产物和下列因素有关：原料种类、入料方式、停留时间、温度、反应器形式和凝结过程。有关高分子聚合物废弃物的热解试验多在试管、流化床、回转窑等装置上进行。

在电子废弃物热解过程中，大分子有机组分在高温下降解为挥发性组分，如烃类化合物和气体等，可用作燃料或化工原料；而金属、无机填料等物质通常不会发生变化。但是，由于电子废弃物中的塑料多含有溴化阻燃剂等在热解过程中会产生挥发性卤化物的成分，这些挥发性卤化物在电子废弃物热解后的气体或油状物中是不可忽视的组分，会对环境产生危害。因此，用电子废弃物的热解处理法实现商业化的一个关键问题就是热解产物的脱卤。

在选用电子废弃物热解方式时，要结合电子废弃物自身的特点，无填料或含很少填充物的热塑性塑料可选用槽式、釜式或管式反应器；分解温度相对较低的热塑性塑料，如聚烯烃，也可以采用挤出机反应器。螺旋式、皮带式和转炉式反应器更适合于较高浓度填充物和黏合有金属杂质的废电子塑料的热解；热固性废弃物流化床热解模式比较好。热解炉的加热有直接加热和间接加热两种模式。间接加热一般采用电加热或燃烧炉加热，使用燃烧炉加热可直接使用热解所得的液体和气体产品作为燃料，这一方面省去了外购燃料费用，另一方面解决了热解气体储运销售困难，还可降低处理成本。间接加热工艺简单，但塑料导热性能差，热效率不高，而且反应器容易结焦。使用直接加热可以避免这些问题，常用的加热介质有熔融盐、重油、高温水蒸气等，在流化床热解器中还使用砂粒、金属颗粒或过热气体作为热源，由于载热介质与废弃物直接接触，大大提高了传热效率，结焦现象也达到了一定程度的抑制。但直接加热必须增加传热介质的分离措施，因而工艺更复杂，尤其当电子废弃物中含有较多的填料、金属时，载热介质分离会更加困难。除了上面的加热方式外，还有微波、辐射等新型加热技术，这些技术的优点是显而易见的，但目前还处于研究阶段，远没到工业应用的地步。

### 三、固体废弃物气化法

气化法是对塑料废弃物中的碳氢化合物进行氧化，生产出具有高价值的合成气体。气化技术同时结合了热解和焚烧技术的特点，在过程中引入氧化加速分解，并起到了避免碳化结焦的效果。废塑料气化过程克服了热裂解反应速度慢、残渣多、易结焦碳化、传热性能差的特点。与燃烧不同的是，气化过程是使用纯氧，汽化的产物为 $H_2$ 和 $CO_3$，不是 $CO_2$。气化温度一般为 1300～1500℃，因此反应过程中不产生二噁英、芳香族化合物与卤代烃类有毒物质，对环境影响比焚烧和热解要小得多。从其化过程中回收的所有产品（气体、金属、填充物等）都能直接利用，无需进一步处理，这一点明显优于热解过程。不利的是气化需要非常高的温度和非常好的耐高温材料。

根据气化工艺过程的不同，有直接气化法和间接气化法。前者是直接将废弃物送入气化炉中，在高温下进行有氧分解，直接气化技术适合液体废弃物的处理，固体废弃物由于不能连续、稳定的加料，使得气化过程不易控制。间接气化过程首先将废弃物塑料和氧在 400 ~ 600℃下分解成油气引入高温气化室进一步有氧气化，这样可以保证气化过程的稳定性。现有的塑料气化工艺都是以间接气化技术为基础改进和发展起来的。Texaco 气化技术是将废弃物在 350℃下熔融、分解，使其成为黏度较低的液体（塑料油），然后与热解产生的气体一起加压注入高温气化釜，其特点是通过与氨水中和气化反应中产生的氯化氢，并回收氯化铵产品，很好地解决了脱氯问题，非常适合于含氯的热塑性电子废弃物的回收。

为了处理高金属含量的废弃物，意大利的 Kiss Gunter H 等人研发了选择性气化工艺，这种工艺也可以用于各种电子电器废弃物的处理。处理的过程是：首先对废弃物进行压缩脱气，在保持一定压力的条件下，经过一条水平加热管加热到 800℃以上并同时发生分解反应，加热管另一端开口通往竖立放置高温汽化室的中部，废弃物进入气化室后迅速气化，1200℃的气体从气化室上部排除，金属和不能气化的无机废弃物落入气化室下部，在超过 2000℃的高温下进行冶炼，得到金属和无机矿物产品。

对于电子废弃物中的热固性纤维（如碳纤维和玻璃纤维）复合材料可以利用反相气化技术处理，废弃物与氧气从气化器顶部进入，在气化器中部是反相高温热化学反应区，纤维材料和燃气从气化器底部出来。这种气化技术除了能回收合成气，还可以获得高质量非常清洁的纤维产品。由美国圣路易斯大学开发的这项技术已经成功地用于从环氧树脂中回收碳纤维和玻璃纤维。采用等离子加热气化电子废弃物是最近开发的先进气化技术，等离子气化温度最高可达到 20000℃，分解速度快，不仅能气化有机物，还能气化金属组分。在高温无氧的条件下，电子废弃物在等离子炉内被快速分解成气体、玻璃体和金属三部分，然后分别回收。

熔融盐气化技术是高温熔盐法的一种，通过高温热稳定性的熔盐作为反应介质和环境，使得固体废弃物在盐浴内得到裂解和部分氧化，利用熔融盐对有机物的强氧化性和高热传导率，将有机物固体废弃物转变成低热值可燃气。利用熔融盐气化技术处理电子废弃物，电子废弃物中的毒性物质包括有机阻燃剂、聚氯联苯以及各种重金属，能在处理过程中被熔融盐所滞留，反应后通过一定的方法可以回收重金属。熔融盐气化技术可以在能源化利用电子废弃物中树脂成分的同时回收电路板中的重金属，而且其对环境影响较小，是一种非常有效的电子废弃物的处理技术。

　　废旧塑料在粉碎后和空气在一定温度下，连续引进含碳酸盐的熔融盐表面的下方，利用添加废弃物和空气的方式迫使燃烧过程产生的任何气体都穿过熔融盐。热和酸性气体，如 $H_2S$（从有机硫化物中产生）和 HCl（从氯化有机化合物中产生），被碱性碳酸盐中和吸收。随着废弃物中一起进入的灰分也留在熔融盐内，由于塑料的灰分较少，对熔融盐影响不大。

　　如果物料在熔融盐中停留时间过长，使得碳在熔融盐中与空气接触，则任何碳都会在熔融盐中消耗掉。同时，气化温度控制在 1000℃ 以下，则空气中的 $N_2$ 不会在熔融盐中固定成为 NOx 废弃物的气化通过控制空气量实现，当空气量少于完全氧化的理论空气量时，废弃物在熔融盐内的反应为部分氧化和完全气化，可得到低热值可燃气体。

　　熔融盐气化技术处理电子废弃物有以下几个优点：

　　（1）熔融盐具有高温稳定性、较宽范围内的低蒸气压、高热容量、低黏度等，是一种很好的蓄热介质。

　　（2）高温下塑料释放出的 HCl、$H_2S$ 等能被熔融盐介质吸收。

　　（3）气化过程比较安全，焦油和残炭量少。

　　（4）$Na_2S$ 等可以催化加速固定碳在熔融盐中的气化反应。

　　（5）操作温度相对较低；可以将有害重金属固化，通过对熔融盐的处理回收重金属。

## 四、电子废弃物直接冶炼法

　　直接冶炼法处理电子废弃物具有技术性较高与复杂的特点，目前这种方法还不太普及。直接冶炼法的原理是采用高温（200℃以上）的活法冶炼，将未经焚烧处理的废板直接作为焙烧的原料，经焙烧处理后即可送到烧结工序进行处理，从中冶炼出多种金属合金，然后再分别提取各种金属元素。通常，此类冶炼厂为综合性废五金再生冶炼厂，其工艺流程复杂，包括预处理、冶炼、精炼。直接冶炼法得到的成品是各类贵金属及重金属，可直接供应金属原料市场。

　　直接冶炼可分为常压冶金法和真空冶金法两类。常压冶金法的所有作法均在大气中进行，空气参与作业，与湿法冶金方法同样有流程长、污染重、能源和原料的消耗及生产成本高等特点。图 11-4 为常压冶金法处理废干电池的工艺流程。

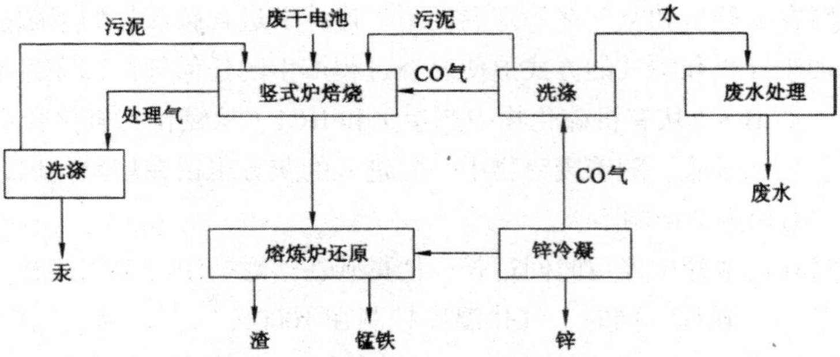

图11-4　常压冶金法处理废干电池的工艺流程

真空法是基于组成电子废弃物各组分在同一温度下具有不同的蒸气压，在真空中通过蒸发与冷凝，使其分子在不同的温度下相互分离，从而实现综合回收利用的方法。蒸发时，蒸气高压的组分进入蒸气，蒸气压低的组分则留在残液或残渣内；冷凝时蒸气在温度较低处凝结为液体或固体。电子废弃物中除了金、银、钯、铜等有价金属外，还有多种有毒有害金属组分，主要有铅、汞、铬、镉、锑、铍等，它们一般存在于阴极射线管、电路板、各电子元件以及电池中，这些金属物质虽然含量不高，但危害大、污染强，而且分散在塑料、半导体和金属材料中，因而难以分离。采用真空熔炼，高温下首先将其中的有机部分气化，然后根据金属的挥发性不同依次蒸发、冷凝，可获得比较纯的金属，留下的残渣形成玻璃体。

德国 Accurec 公司采用真空熔炼技术处理废电池获得了很好的效果。在真空高温状态下汞、铅、镉等能依次挥发，通过对烟气的冷凝处理不但能获得这些有毒金属成分的提纯物质，还可以做到烟气达标排放，虽然真空（约 10kPa）可以将熔炼温度从常压的 800℃降到 648℃，但蒸发这些金属仍然需要耗费较长的时间（20h 以上）。瑞士里系泰克公司开发的真空熔炼 – 电解回收金属专利技术，由于只需要热解其中的有机部分，熔炼温度只需要 550℃左右，熔炼压力为 2666 ~ 6666Pa，热解气体先冷凝分离其中的大部分金属成分，再用电解液氟硼酸洗涤，然后洗液与残渣一起进行电解。由于采用电解分离提纯金属组分，因而能缩短熔炼时间，该技术适合于电路板、电子器件及电池混合的处理。真空熔炼过程清洁、安全、环保，是从电子废弃物中分离提取金属物质的理想技术。

# 第十二章 工业固体废弃物处理技术研究

## 第一节 工业固体废弃物

### 一、工业固体废弃物概况

工业固体废弃物是指在工业生产活动中产生的固体废弃物，是我国固体废弃物管理的重要对象。随着我国经济的高速发展，快速的城镇化过程和社会生活水平的提高，以及工业化进程的不断加快，工业固体废弃物也呈现出迅速增加的趋势。工业固体废弃物的污染具有隐蔽性、滞后性和持续性，给环境和人类健康带来巨大危害。对工业固体废弃物的妥善处置已成为不可回避的重要环境问题之一。

固体废弃物特别是有害固体废弃物在环境中长期存在，处理不当，会造成侵占土地，污染土壤、水体、大气，影响环境卫生等诸多危害。我国固体废弃物来源广泛，包含工业固体废弃物、城市生活垃圾、农业生产垃圾等方面。随着我国经济的高速发展，工业固体废弃物总固废产生量的一半以上。传统的预处理、填埋、焚烧、热解受到多方面因素如占地、高耗能的限制，对工业固体废弃物综合利用的研究显得尤为重要。

固体废弃物的全过程管理可以归纳为三个层次，首先是防止或尽量减少固体废弃物的产生，其次是将已产生的废弃物进行回收再循环利用，第三是将暂时不能回收或再利用的废弃物进行无害化处置。固体废弃物综合利用中第二层次的回收利用，属于资源的内涵性利用，将废弃物中的资源由一次利用变为多项利用，循环利用，变废为宝提高资源的利用效率，为开发资源利用的潜力提供了新的方法和手段。开发利用工业固体废弃物是实现我国工业可持续发展的重要措施，已成为建设节约型社会的重点和难点工作之一。努力做好工业固体废弃物的综合利用，可以充分利用资源、节能、利废和环保，有着广阔的发展空间，对促进当地社会经济发展和实现我国发展战略规划，具有十分重要的意义，同时也会产生十分显著的经济和社会效益。

我国将废弃电器电子产品、可用作原料的进口废弃物、大宗工业固体废弃物等统一归属为"资源类物",主要的大宗工业固体废弃物有尾矿、粉煤灰、煤矸石、冶炼废渣、炉渣、脱硫石膏等,利用一定手段技术都可以得到回收利用。

## 二、工业固体废弃物类型

工业固体废弃物是指在工业生产活动中产生的固体废弃物。随着工业生产的发展,工业固体废弃物数量日益增加。尤其是冶金、火力发电等工业固体废弃物排放量最大。工业固体废弃物来源多样,主要包括化学工业、石油化工工业、有色金属工业、交通运输、机械工业、轻工业、建筑材料工业、纺织工业、食品加工工业、电力工业等产生的废弃物。主要工业类型以及产生的固体废弃物种类见表12-1。工业废弃物数量庞大,种类繁多,成分复杂,处理起来相当困难。如今只是有限的几种工业废弃物得到利用,如日本、丹麦等国利用了粉煤灰和煤渣,美国、瑞典等国利用了钢铁渣。其他工业废弃物仍以消极堆存为主,部分有害的工业固体废弃物采用填埋、焚烧、化学转化、微生物处理等方法进行处置。

表12-1　工业固体废弃物类型

| 工业类型 | 主要固体废弃物种类 |
|---|---|
| 化学工业 | 金属填埋、陶瓷、浙青、化学药剂、油毡、石棉、烟道灰、涂料等 |
| 石油化工 | 催化剂、沥青、还原剂、橡胶、炼制渣、塑料、纤维素等 |
| 有色金属 | 化学药剂、废渣、赤泥、尾矿、炉渣、烟道灰、金属等 |
| 交通运输、机械 | 涂料、木料、金属、橡胶、轮胎、塑料、陶瓷、边角料等 |
| 建筑材料 | 金属、陶瓷、塑料、橡胶、石膏、石棉、纤维素等 |
| 纺织工业 | 棉、毛、纤维、塑料、橡胶、纺纱、金属等 |
| 轻工业 | 木质素、木料、金属、化学药剂、纸类、塑料橡胶等 |
| 电力工业 | 炉渣、粉煤灰、烟灰 |
| 食品加工 | 油脂、果蔬、五谷、金属、塑料、玻璃、纸类、烟草等 |

## 三、工业固体废弃物的处理和处置以及资源化利用

工业固体废弃物的处理和处置基本方法主要包括化学处理、物理处理、生物处理、填埋以及焚烧等。

(1)化学处理。主要用来处理一些无机废弃物,例如酸、碱、氰化物、乳化油以及重金属废液等,常会使用焚烧、化学中和、浸出溶剂以及氧化/还原的方式进

行处理。

（2）物理处理。主要包含有重选、拣选、摩擦、磁选、浮选以及弹跳分选等各种分离和固化的技术对固体废弃物进行处理。

（3）生物处理。生物处理中的堆肥法以及厌氧发酵法适用于有机废弃物，而细菌冶金法则适用于提炼铜、铀等金属，活性污泥法则适用于有机废液。此方法还能够对遭到生物污染的土壤进行修复。

（4）填埋。工业废弃物填埋的方法就是对危险废弃物进行固化处理，常见的固化方法有水泥固化、石灰固化和沥青固化，将固化后的固化体进行安全填埋。

（5）焚烧。目前工业废弃物最主要的处理方法就是焚烧，焚烧可以有效破坏废弃物中的有毒、有害、有机废弃物，是实现工业废弃物减量化、无害化、资源化最有效的技术，它适用于不能回收利用其有用组分，并具有一定热值的工业废弃物。

工业固体废弃物的资源化利用：①生产建材；②回收或利用其中的有用组分，开发新产品，取代某些工业原料；③筑路、筑坝与回填；④生产农肥和土壤改良。

### 四、工业固体废弃物资源综合利用的基本现状

尽管我国的科技水平以及发展速度有了进一步提升，在综合利用固体废弃物方面取得的成效十分的显著，但工业固体废弃物资源综合利用中依旧还存在着许多的问题，主要体现在以下几点。

（1）综合利用的区域发展水平失衡。在经济方面，我国的东部经济发展要比西部经济发展快速，但在工业固体废弃物上，西部的工业固体废弃物的生产总量要高出东部很多，这也是导致我国在利用工业固体废弃物方面存在不平衡的主要原因所在。

（2）从事工业固体废弃物资源综合利用的企业规模过小。如今，我国专门从事工业固体废弃物相关的企业业务规模比较小，究其原因主要有两点：①我国相关企业和产生工业固体废弃物的上游企业之间缺乏相应的联系；②生产工艺固体废弃物的企业未对综合利用工业固体废弃物予以重视，未能够为工业固体废弃物的综合利用提供更好的计划，严重降低了市场竞争力。我国要积极发展并培养一些具有较高竞争力的大型综合利用工业废弃物的企业。

（3）工业固体废弃物资源的综合利用技术能力较低。尽管我国对于工业固体废弃物的综合利用技术研究越来越深入且成绩显著，但还缺乏相应的支撑，相关企业未能够高度重视工业固体废弃物综合利用技术的研究，导致重大设备以及相关技术未能够有所增加，企业使用的设备较为落后，极大降低了工业固体废弃物的综合利

用效率。

## 五、我国工业固体废弃物治理的对策建议

（1）发展循环经济，促进工业固体废弃物的减量化、资源化和无害化

目前，我国解决环境问题的重要方式仍然是末端治理。这种治理方式由于投资大、费用高、建设周期长、经济效益低，企业缺乏积极性，难以从根本上缓解环境压力。固体废弃物污染的大量存在，与资源利用水平和粗放型经济增长方式密切相关。如我国矿产资源总回收率为30%，比国外先进水平低约20个百分点。在已经探明的矿产储量中，共生、伴生矿产比重为80%左右，具有很高的综合利用价值。

大力发展循环经济，推行清洁生产，可将经济社会活动对自然资源的需求和生态环境的影响降低到最低程度，从根本上解决经济发展与环境保护之间的矛盾。因此，发展循环经济是从根本上减轻环境污染的有效途径。

（2）加强能力建设，夯实固体废弃物管理的基础性工作

加强环保行政管理部门的固体废弃物管理和各级固体废弃物管理中心建设；增强执法监管能力，充实人员并加强业务，建立并强化应急和预警机制，尽快实现对危险废弃物的全过程管理，形成比较完善的固体废弃物监督管理体系。针对固体废弃物管理起步较晚、基础工作薄弱的现状，增加科技投入，进一步加强固体废弃物管理、处理利用技术和相关问题的研究；利用环境统计体系，对全国工业固体废弃物综合利用行业和地区，进行全面深入调查研究，建立重点区域、重点行业综合利用数据库，为加强固体废弃物综合利用管理提供基础性支持。

（3）完善配套法律法规和管理制度

依据《中华人民共和国固体废物污染环境防治法》，进一步完善配套的各项法规、标准和规范，将防治法中所明确的对固体废弃物管理、危险废弃物全过程管理信息公开、地方政府负责和生产责任以及加强环境监督管理的各项制度逐项细化。

（4）扩大固体废弃物管理的国际交流与合作

履行国际公约不仅是国家承诺履约本身的需要，也是保障我国人民生命健康和环境安全的需要。因此要加快建立履约机制，提高履约能力，同时结合国际履约和展开对外合作项目，借鉴和利用国外先进经验，缩小差距，促进管理。

# 第二节　煤系固体废弃物

## 一、煤炭固体废弃物的概念、来源与分类

### 1. 煤炭固体废弃物的概念

煤炭固体废弃物是指煤炭在生产、加工和消费过程中产生的不需要或暂时没有利用价值而被遗弃的固体或半固体物质。煤炭固体废弃物是排放量最大的工业固体废弃物，具有排放量大、分布广、呆滞性大，对环境污染种类多、面广、持续时间长的特点。主要体现在煤炭固体废弃物生产方式和储存方式两个方面。煤炭固体废弃物在整个生产过程中是连续产生的。固体废弃物连续不断地产生出来，通过输送泵、管道和传送带排出，在生产过程中，煤炭固体废弃物物理性质相对稳定，化学性质有时呈现周期性变化。排放的废弃物通常采用储存方式，形成一个散状堆积废弃物场。

### 2. 煤炭固体废弃物的来源与分类

在煤炭固体废弃物中，煤炭行业的煤矸石和燃煤电厂的煤灰渣是排放量最大最集中的固体废弃物。煤炭固体废弃物主要有煤矸石、露天矿剥离物、煤泥、粉煤灰和灰渣等。

（1）煤矸石

煤矸石是煤炭生产、加工过程中产生的岩石的统称。煤矸石主要由各种砂岩、泥质岩及石灰岩组成，有些矿区还包括火成岩，各地矸石的成分和性质变化很大。

就其来源可分为：煤矿建井时期排放出的煤矸石、煤采出过程中排出的煤矸石、原煤洗选过程中排放的煤矸石。它们或来自所采煤层的顶板、底板与夹层，或来自运输大巷、主井、副井和风井所凿穿的岩层，即主要来源于相关的煤系地层中的层积岩层。在我国，煤矸石大部分采用自然堆积储存的方式，堆放于农田、山沟、坡地，且多位于煤矿工业广场附近。受地形限制堆积形状复杂，多近似呈圆锥体，堆积高度从几十米至一百多米，俗称矸石堆或矸石山。

由于各产地的煤层形成地质环境、赋存地质条件、开采技术条件及所采用的开采方法差别较大，各地煤矸石的排出率也不相同。一般认为，煤矸石综合排放量约占原煤产量的15%，全国每年除综合利用煤矸石约6000万t外，其余部分作为工业固体废弃物混杂堆积。煤矸石是目前我国最大的固体废弃源，占全国工业固体废弃

物的 20% 以上。随着社会的发展，既要逐渐增加煤炭产量、提高煤的质量，同时又必须达到空气洁净要求的标准，这将导致今后煤矸石的排出率将会越来越高。

（2）露天矿剥离物

露天矿剥离物是指煤炭露天开采时，为揭露所采煤层而剥离覆盖在煤层之上的表土、岩石和不可开采矿体的总称。覆盖岩石一般包括黏土泥质岩、砂岩以及石灰岩，其中主要是泥质岩。剥离物的排放量与露天矿所在的地理位置、剥离深度有关。

（3）煤泥

煤泥是指在湿法选煤的过程中产生的粒度在 0.5mm 以下的含水泥状物质，它是一种复杂的分散体，由各种不同形状、不同粒度和不同岩相成分的颗粒以不同的比例构成。煤泥一般呈塑性体和松散体。粒度大于 0.045 ~ 0.5mm 的为粗粒煤泥，粒度小于 0.045mm 的为细粒煤泥。煤泥的产生是由于煤在开采、运输、分选等过程中被破碎、粉碎和磨碎以及在水中泥化等所致，煤泥的形成还与煤炭及煤矸石的性质以及所采用的选煤工艺和煤泥的处理系统有关。煤泥有一定量的有机物质和矿物质。煤泥对环境的影响主要体现在占有耕地，影响景观；干煤泥遇风起尘，污染大气环境；湿煤泥中含有有害的有机浮选药剂，渗入土壤会危害植物生长，随雨水流入江湖会造成河道淤塞，污染水质。

（4）粉煤灰和灰渣

粉煤灰是指火电厂发电时从烟道气体中收集的粉末，是一种黏土类火山灰质材料。燃煤电厂一般使用煤粉炉为燃烧装置，资源综合利用电厂则是以煤矸石、煤泥为燃料，使用沸腾炉、流化床锅炉为燃烧装置。粉煤灰的化学成分和矿物组成与燃料成分、粒度、锅炉形式、燃烧情况以及收集方式有关。粉煤灰堆放对环境的危害主要是占地及随风飞扬、污染大气和周围环境。

发电过程中，将煤磨细，用预热空气喷入炉膛悬浮燃烧，产生高温烟气，烟气中带出的粉状残留物，经除尘器捕集而得粉末（也成飞灰）；部分逃逸的细灰从烟囱直接逸入大气，称为飘灰；少量煤粉粒子在燃烧过程中，由于熔融碰撞，黏结成块，沉在炉底，称为底灰（也成炉渣）。由于炉型、燃煤品种及破坏程度等影响因素，灰和渣的比例也有所变化。目前世界各国使用煤粉炉为燃烧装置，粉煤灰占灰渣总量的 80% ~ 90%，炉渣占 10% ~ 20%，平均每发 1kW·h 电产生灰渣 0·1584kg。

我国煤炭工业、电力工业是固体废弃物的主要发生源，是市城乡环境的主要污染源。煤矸石、粉煤灰是两种排放量较大的工业固体废弃物，它们有多种化学成分及有机物，处理处置不当会形成污染，通过不同途径危害人体健康。煤炭固体废弃物污染致病的途径主要有三个方面：土壤、大气以及水体，见图 12-1。危害主要是侵占土地；污染大气，主要是煤矸石和粉尘污染 r 污染水体及土壤；危害公共安全等。

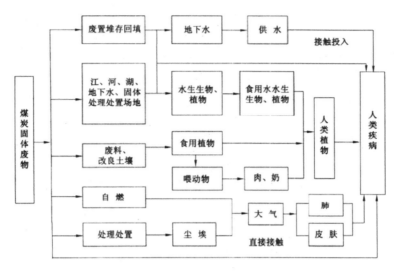

图12-1　煤炭固体废弃物污染致病途径

## 二、煤炭固体废弃物的形成

煤炭固体废弃物是煤炭开采、加工、燃烧等过程产生的副产品，煤炭固体废弃物的物化性能在相当程度上受控于煤的物质组成和性能。煤是由植物转变而成的，从植物死亡、堆积到转变为煤所经历的一系列演变过程称为成煤作用。成煤作用大致可以分为两个阶段：第一阶段是泥炭化阶段，以生物化学为主；第二阶段是煤化阶段，以物理化学为主。

由于成煤的原生物物质和成煤条件的地质地理条件不同，不同地区各种煤的组成和性质有很大的差别。煤是非均质体，由有机物和无机物质部分组成，有机物质是煤的主体，是煤炭加工利用的对象，煤的许多用途主要是由煤中有机质的性质决定的。有机物质可以燃烧，所以也称可燃体。无机物质主要是各种矿物质杂质，通常不能燃烧。

（1）煤的化学组成

煤是由植物遗体转变而成的有机矿物质，它的化学组成十分复杂，但归纳起来可分为有机质和无机质两大类。煤种的有机质主要由 C、H、O、N、S、P 等 6 种元素组成，其中又以 C、O 为主，其总和占有机质的 95% 以上。无机质包括矿物质及水分，当然其中也含有少量的 C、H、O、S 等元素，它们绝大多数是煤中有害成分，对煤的加工利用有一定的影响。碳和氢是煤中有机质的组要成分，在燃烧过程中能放出大量的热量。氧是煤中不可燃的元素，但可以助燃。氮在煤中的含量比较少，它主要来自成煤植物中的蛋白质，也有一部分可能是成煤过程中细菌活动的产物。煤中的硫分为无机硫和有机硫，有时也有微量元素硫。煤中还含有氯、磷、砷、铅，稀有元素锗、镓和放射性元素铀等。在燃烧或炼焦过程中，有的会腐蚀炉壁和管道，有的会增加产品的毒性，有的会影响产品的质量，有的则可以回收利用。

（2）煤的矿物组成

一般认为除煤中的水以及直接与有机物结合的元素外，其他所有无机物都是煤中的矿物质。煤中的矿物质一般有三个来源：原生矿物质、次生矿物质和外来矿物质。原生矿物质只存在于成煤植物中的矿物质，主要是碱金属和碱土金属的盐类。次生矿物质是指成煤过程中，由外界混入煤层中的矿物质，以多种形态镶嵌布于煤中，如煤中的高岭土、方解石、黄铁矿、石黄、长石、云母等。外来矿物质指在采煤过程中混入煤中的顶、底板和夹矸层中的矸石，其主要成分是 $SiO_2$、$Al_2O_3$、$CaCO_3$、$CaSO_4$ 和 $FeS$ 等。

（3）煤的工业分析

煤的工业分析是评价煤质的主要依据。包括测定煤的水分（M）、灰分（A）、挥发分（V）和固定碳（FC）等四项。根据煤的水分和灰分可以大致了解煤中有机物质或可燃物质的百分含量。如煤的水分和灰分高，则有机质含量就少，因而发热量低、经济价值小；从煤的挥发分可以大致了解到煤中有机物质的性质、煤化程度的高低、黏结性的强弱和发热量的高低。从煤的固定碳含量可以大致判断其煤化程度，评价其经济价值。

## 三、粉煤灰的形成过程及分类

作为锅炉燃煤副产物，粉煤灰与人类生产、生活用煤消费水平量密切相关，粉煤灰的物化性能已产生量主要受煤种、燃烧装置及制度、收灰方式等的影响。

目前电厂常采用的锅炉类型有四种：煤粉炉、流化床锅炉、旋风炉和层燃炉。在煤粉炉中，燃料与空气的接触面积大，燃烧速度快，燃烧效率高，灰的含碳量较低。从炉膛排出的灰，85%～90% 随烟气道排入除尘器，其中大部分收集下来，即粉煤灰，其余的形成渣从炉底排出。流化床锅炉的燃烧粒度一般小于 10mm，原煤经过破碎筛分即可燃烧。燃料经充分燃烧后，产生的细粉由烟气带出进入除尘器，除下的灰为细灰，炉底排出的较大颗粒为粗渣。在选粉锅炉中，空气和燃料沿切线方向进入选粉燃烧室，锅炉排出的渣为液态渣，燃料也是煤粉。层燃炉的优点是燃料层保持相当大的热量，燃烧比较稳定，不容易灭火，同时新进入的燃料能与已经着火的燃料充分接触和受到烘烤，燃烧条件好；但是层燃炉容量比较小，只能燃烧块状燃料，混合条件比较差；燃料的力度大小不等以及空气与燃料表面接触状态不佳等原因，燃料的燃尽程度较低，灰渣中含碳量一般都在 10% 左右，有的甚至更高，煤中的灰分 90% 以上以渣的形式从炉底排出。

（1）粉煤灰的收集

粉煤灰的收集也称为除尘，关键是对烟道气中粉煤灰的收集，粉煤灰收集后通过一定的方式输送出现场。目前在大中型粉煤灰或流化床炉电厂中应用较为广泛的是电除尘器、袋式除尘器和文丘里除尘器三种。电除尘器能够有效捕集粒径大于 0.1um 的粉尘，烟气流速可达 1.0 ~ 1.5m/s，它是一种高效干式除尘器，处理烟气量大。袋式除尘器是利用棉、毛或人造纤维等加工制成滤袋除尘。文丘里除尘器是一种高效湿式除尘器，可以捕集粒径大于 5.0um 的粉尘，也可以用于气体的吸收。

（2）粉煤灰的运输及贮存

除尘器收集下来的粉煤灰通过管道排到灰场，或输送到储存点。粉煤灰的输送分为干、湿两种方式，湿法除尘的粉煤灰采用水力输送方式排放。湿法排放分为灰渣分排和混排两种，分排是粉煤灰和炉底灰分别排放，这有利于综合利用；混排是粉煤灰和炉底灰混合排放。湿法排放是以水为介质输送的，由于没有考虑综合利用，其系统由排渣、冲灰、碎渣、输送等设备以及管道组成。干法输灰是以空气为运输介质和动力，是通过压送或抽吸设备以管道输送粉煤灰的一种干式送灰方式，适用于中短路距离定点输送，既保持了灰的活性，又没有会水污染等问题。

（3）粉煤灰的分类

粉煤灰的形成受多种因素的影响，不同粉煤灰性质差异很大，无论是从粉煤灰的利用还是从环境保护的角度考虑，都非常有必要对粉煤灰进行科学分类。目前对粉煤灰分类的方法比较多，在此主要依据粉煤灰的物理化学性质进行分类。

1）按照燃烧种类分类可以分为 F 类和 C 类，F 类粉煤灰是指有无烟煤或烟煤锻烧收集的粉煤灰；C 类粉煤灰是指由褐煤或次烟煤锻烧收集的粉煤灰，其氧化钙含量一般大于 10%。

2）按照粉煤灰的细度和烧失量分类。Ⅰ级粉煤灰：0.045mm 方孔筛余 ≤ 12%，需水比 ≤ 95%，烧失量 ≤ 5%；Ⅱ级粉煤灰：0.045mm 方孔筛余Ⅱ 25%，需水比 Ⅱ 105%，烧失量Ⅱ 8%；Ⅲ级粉煤灰 :0.045mm 方孔筛余Ⅲ 45%，需水比Ⅲ 115%，烧失量Ⅲ 15%。

3）按粉煤灰的状态分类可分为改性粉煤灰（也称调湿灰）和陈灰。

4）按照粉煤灰的收集方式分类。收集方式主要取决于采用的设备，有电除尘器、布袋除尘器和湿式除尘器等。对于静电除尘器，还可以根据电场的不同，将粉煤灰分为三个等级的粉煤灰，三级电场收集的粉煤灰颗粒最细。

5）按照粉煤灰的化学成分含量和性能分类。从化学成分含量和性能上分，粉煤灰一般分为两类。一类是含有大量的硅（$SiO_2$）和铝（$Al_2O_3$），较少量的铁（$Fe_2O_3$），以及少量石灰（$CaO$）和硫（$SO_3$），称为硅铝型粉煤灰。其 $CaO$ 和 $Mg$ 含量低，自身不具有胶凝性，属于低钙灰范围。但当其粒度较细并在有水条件时可与碱金属或碱土金属反应生成胶凝性产物。另一类粉煤灰硅铝含量少，石灰和硫的含量较高，属高钙灰范畴，称作硫钙型粉煤灰，具有自硬性。

## 四、煤矸石的形成与分类

煤矸石主要来源于开采煤层内部结核、夹石层以及煤层的顶底、板，因此煤矸石的性质与煤矸石形成的地质环境有很大关系，而煤矸石形成的地质环境完全取决于煤系地层，特别是煤层及其紧邻的顶、底板岩层的形成地质环境。煤矸石虽然属于传统意义上的固体废渣，但是在现代科学技术条件下可以作为资源使用，具有明显的资源特性，比如将煤矸石作为重要的低热值能源，煤矸石是某些金属或金属矿产资源的重要来源，利用煤矸石可以提取某些高价值稀有分散元素，利用煤矸石生产建筑材料以及作为重要化工原料等。

煤矸石类型以煤矸石的生产方式作为划分的主要依据，并采用煤矿生产中的一些习惯，将煤矸石分为 6 大类：煤巷石、井岩巷石、自燃矸（也称过火矸）、洗选矸、手选矸和剥离矸。

煤巷石是指煤矿在巷道掘进过程中，煤层掘进工程所排出的矸石，统称为煤巷矸。其特点是排矸量大，主要由采动煤层、夹矸与部分顶、底板岩石组成，常有较高的含碳量和热值。

凡是不沿煤层掘进的工程所排出的矸石，统称为井岩巷石。这类矸石的特点是岩石种类复杂、排量集中、含碳量低或者根本不含碳。

凡是堆积在矸石山上经过自燃的矸石，统称自燃矸。这类矸石一般呈灰白色、灰黄色、红褐色等色彩，原岩以粉砂质泥岩、泥岩与碳质泥岩居多，其烧失量低，具有一定的火山灰活性。

洗选矸是从原煤洗选过程中排出的尾矿。其特点是排量集中，粒度较细，含碳、硫及铁的量一般高于其他各类矸石。

手选矸是混在原煤中产出，在矿进口或选煤厂由人工拣出。手选矸石具有一定的粒度，排量较少，岩石类型主要是采动的煤层的夹矸，具有一定的热值。此外，在手选矸石的同时，一些与煤矸伴生的有益矿产往往一同被选出。

煤矿在露天开采时，煤系上覆岩层因被剥离而排出的矸石，称为剥离矸。特点是岩石类杂、一般无热值，目前主要是用作采空区的回填或填沟造地，有些剥离矸石还含有共、伴生矿产。

# 第三节　煤炭固体废弃物在工业中的应用

## 一、煤炭固体废弃物在水泥工业中的应用

### 1. 粉煤灰水泥的一般要求

粉煤灰水泥定义为：凡有硅酸盐水泥和粉煤灰、适量石膏磨细制成的水硬性胶凝材料称为粉煤灰硅酸盐水泥（简称粉煤灰水泥）代号 P·F。粉煤灰水泥强度等级分为 32.5、32.5R、42.5、42.5R、52.5、52.5R。国标中规定，水泥中粉煤灰掺加量按重量百分比计为 20% ~ 40%，同时规定了粉煤灰水泥的以下技术性能指标：

氧化镁：熟料中氧化镁的含量不宜超过 5.0%，如水泥经压蒸安定性试验合格，则熟料中氧化镁的含量允许放宽到 6.0%。熟料中氧化镁的含量为 5.0% ~ 6.0% 时，粉煤灰掺量大于 30% 制成的水泥可不做压蒸试验。

三氧化硫：粉煤灰水泥中三氧化硫含量不得超过 3.5%。

细度：80um 方孔筛余不得超过 10.0%。

凝结时间：初凝不得早于 45min，终凝不得迟于 10h。

安定性：用煮沸法检验必须合格。

强度：各强度等级的水泥的各龄期强度不得低于相关规定中的数值。

粉煤灰水泥的强度（特别是早期强度）随粉煤灰的掺入量增加而下降。当粉煤灰加入量小于 25% 时，强度下降幅度较小；当加入量超过 30% 时，强度下降幅度增大。

### 2. 原材料及技术要求

粉煤灰水泥生产所用原料有主要原料和辅助原料两大类。主要原料是石灰质原料和粉煤灰，这两种原料占水泥总料的 92% ~ 95%；辅助材料有铁粉、石膏、萤石等，占总料的 5% ~ 8%。辅助材料虽数量少，但所起作用不小。

### 3. 熟料的矿物组成与率值选择

以粉煤灰带黏土配料并使用石膏、萤石复合矿化剂及烧成的水泥熟料，矿物组成是很复杂的，是一种多矿物及玻璃体组成的集合体。在水化过程中，各种矿物彼此会相互影响，而某些含量少的矿物，有些在一定条件下影响却很大。粉煤灰硅酸盐水泥熟料有几种矿物：硅酸三钙和 A 矿（阿利特），硅酸二钙与 B 矿（贝利特），铁铝酸钙与 C 矿（才利特），氯酸钙，硫铝酸钙与氟氯酸钙，熟料中的有害成分及其他物质。

硅酸盐水泥熟料中各种氧化物并不是以单独的状态存在，而是以两种或两种以上的氧化物结合成化合物（通常称为矿物）存在。因此在粉煤灰水泥生产过程中控制各氧化物之间的比例，控制各氧化物的含量更为重要，更能表示出水泥的性质及对锻烧的影响。率值就是用来表示水泥熟料中各氧化物之间相对含量的系数。通常生产中控制熟料化学成分所采用的率值有石灰饱和系数、硅率及铁率。

### 4. 影响粉煤灰水泥强度的因素

对粉煤灰强度的影响因素主要有粉煤灰掺量、粉煤灰细度和熟料细度等。

（1）粉煤灰掺量

水泥中掺混合材一般使强度有所下降。为充分发挥水泥熟料的活性，要正确选择混合材的品种，并确定其掺量是改善水泥安定性，提高水泥强度的重要措施。生产的粉煤灰水泥所用掺和材料主要是平煤集团坑口电厂的粉煤灰，经过多次检测，基本满足国标所规定的要求（级别为 II 级），用于生产粉煤灰水泥可行。

（2）粉煤灰细度

众所周知，提高粉煤灰细度能够提高其活性，从而改善粉煤灰水泥的强度，尤其是早期强度，也可以提高粉煤灰的掺加量，但当粉煤灰的掺量较高时则强度上与普通硅酸盐水泥的差别较大。

粉煤灰的主要成分为玻璃体，玻璃体由硅–铝氧化物组成，其外层均有一层不同厚度的坚硬玻璃质外壳包裹，从而阻碍了粉煤灰的火山灰效应的产生。随着分散程度增加，及比表面积的增加，活性硅、铝较多地暴露在界面上，其活性指标高，胶砂强度也高。

因此早在 20 世纪 50 年代就提出提高粉煤灰细度来改善粉煤灰的活性。研究表明：细末粉煤灰影响强度的机理有两个方面。

1）主要的物理作用在于减少需水量而降低混合物的工作度，并能使水化产物和未水化的粒子更加紧密。

2）有双重的化学作用，包括延缓了 C3A 和 C4AF 的水化，其结果有益于降低水化热，更重要的在于延缓了铝酸盐的水化过程，相反，增加了硅酸钙水花的可能性，无疑将使最低强度增高；火山灰反应本质是由粉煤灰中的可溶性氧化硅和铝与水泥水化生成的氢氧化钙之间进行的。火山灰细度提高，出现火山灰反应时间能够提前。

混合水泥的强度发展不能单用细末粉煤灰的化学活性来解释，还与这些物质中未反应颗粒具有的细微结构的影响有关。即粉煤灰水泥的机理是物理化学作用相结合的机理。

（3）熟料的细度

经过试验验证，随着熟料细度的增加，3d、7d 和 28d 的抗折抗压强度均有不同程度的增加，初期的变化即强度的增加相对要快，随细度的增加，则强度的增加放慢。当熟料细度达到一定数值后，强度的增加随之放慢。所以对于每一种粉煤灰和熟料生产粉煤灰水泥，应寻找强度较好而能量消耗不大的最佳熟料细度。

5．粉煤灰水泥的粉磨工艺流程的种类

在粉煤灰水泥的生产中，粉煤灰水泥的粉磨工艺流程有下面几种。

（1）共同粉磨

共同粉磨是将熟料、石膏、粉煤灰同时喂入磨机中，见图 12-2，其流程有开流和全流两种，而开流又有普通开流磨和高细开流磨之分。

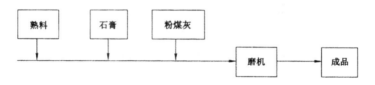

图12-2　共同粉磨流程

（2）分别粉磨

分别粉磨是将熟料和石膏用一台磨机（开流或圈流）粉磨至成品细度，粉煤灰用另一台磨机（可用开流高细磨）粉磨至成品细度，然后将磨细的产品进行配比混合，见图 12-3。

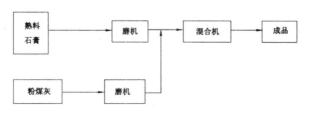

图12-3　分别粉磨流程

（3）两级混磨

两级混磨是将熟料和石膏在一级磨机内（开流）首先进行粗磨，然后将粗磨的水泥和粉煤灰在二级磨内（开流式圈流）共同粉磨至成品，流程见图12-4。

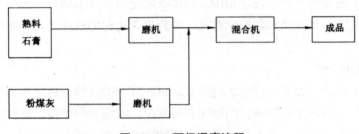

图12-4　两级混磨流程

另外，目前国内外水泥行业粉煤灰水泥的粉磨方式还有：辊压机与粉磨，辊压机联合粉磨工艺系统。粉煤灰直接喂料入选粉机中，将粉煤灰喂入磨机最后一仓等几种方式。

6．煤矸石在水泥行业的应用

煤矸石在水泥行业的应用主要有两个方面：一是煤矸石的化学成分中 $SiO_2$、$Al_2O_3$ 的含量高，且残存有部分的煤，因此利用煤矸石可以代替生产水泥的黏土类原料，和煤配制生料，达到提高高熟料产量和降低熟料煤耗的效果。二是自燃和煅烧的煤矸石可以作为活性混合材使用。用煤矸石生产水泥，节约生产成本，节能降耗，变废为宝，符合国家环保要求，达到了环境效益、社会效益和经济效益的统一。

煤矸石不是火山灰质混合材料，未自燃的煤矸石自身几乎没有水硬性胶凝材料，因而需要在一定的物理化学激发下，改变煤矸石的化学组成和内部结构，从而改善其物理化学性能，使其转化为活性混合材。

磨制水泥时要掺入大量的混合材。其中活性混合材中的经自然或煅烧过的炭质泥岩和泥岩，即可由自燃煤矸石获得，实际上经自然或锻烧的其他岩石也具有一定活性。此外，还可按标准要求掺入砂岩和石灰岩，这两种岩石都有可从混合煤矸石中得到，但要注意选用质较纯（CaO 含量大于 70%）的石灰岩，不能使用泥质含量高的泥灰岩，这样其中的 $Al_2O_3$ 含量有可能超过标准控制值的 2.5%。总之，自燃或煅烧的煤矸石及煤矸石可提供种类多、数量大、质量优的水泥混合材。

## 二、煤炭固体废弃物在混凝土中的应用

混凝土是由水泥、石灰、石膏等无机胶结料和水，或沥青、树脂等有机胶结料

的胶状物与集料按一定比例配合、搅拌，并在一定温度湿度条件下养护硬化而成一种复合材料。混凝土的种类很多，其分类方法各不相同。一般可按其所用胶结料、集料品种和施工工艺、配筋方式及其用途分类，比如根据胶结料分成无机胶结料和有机胶结料，在无机胶结料中可进一步分为水泥、石灰、石膏、水玻璃等混凝土，而有机胶结料则可分为沥青、聚合物水泥、树脂等混凝土。如果按混凝土的性能进行分类，则可分为：高强混凝土、早强混凝土、无收缩混凝土、导电混凝土、膨胀混凝土和高性能混凝土等。这些混凝土主要是通过胶结料、外加剂、掺合料的选择，或特殊工艺处理等使混凝土具有上述特性。

实践证明，粉煤灰的应用范围很广，在混凝土中用粉煤灰替代部分水泥是其重要的应用之一。在混凝土中采用粉煤灰益处很多：可节约水泥降低工程成本，可提高混凝土的后期强度及抗渗性和抗化学腐蚀的能力，可改善混凝土的和易性便于泵送、浇筑和振捣，可抑制碱骨料的不良影响，可降低水泥水化热抑制温度裂纹的发生与发展；还可与水泥中的游离氧化钙相化合提高水泥的安定性等。在肯定粉煤灰用于混凝土的诸多益处的同时也必须注意到由于粉煤灰的掺入而带来的一些不利影响，主要是粉煤灰早期强度偏低，这不利于混凝土的冬季施工，不利于模板的周旋和预制场地的利用；再如粉煤灰的掺入会导致混凝土的碱度降低而影响其抗碳化性能等。

大体积混凝土是指混凝土结构无实体最小尺寸等于或大于 1m，或预计会因为水泥化热引起混凝土内外温差过大而导致裂缝的混凝土。建筑上多用于高耸建筑物的基础底板，大型设备基础，大型柱及其基础，机场跑道等。大体积混凝土是由集料、水泥和水，通过水泥水化反应生成水泥石，水泥石是将集料与空气空隙黏连为一体的三项混合物。粉煤灰大体积混凝土利用粉煤灰量大，技术高。

### 三、粉煤灰在环境保护中的应用

1. 粉煤灰用于处理废水

粉煤灰处理废水的机理是其有吸附作用、接触凝聚作用和沉淀作用、过滤作用以及储灰场的自然净化作用等。

（1）吸附作用

粉煤灰的吸附作用主要有物理吸附和化学吸附两种。前者粉煤灰与吸附质间通过分子间引力产生吸附，这一作用由粉煤灰的多孔性及比表面积决定。其特征主要是吸附时粉煤灰颗粒表面能降低、放热，故在低温下可自发进行；其次是无选择性，对各种污染都有一定吸附去除能力。化学吸附是指粉煤灰表面 Si—O—Si 和 Al—O—

Al 键与具有一定极性的分子产生偶极—偶极键吸附，或是阴离子与粉煤灰中次生的带正电荷的硅酸铝、硅酸钙、硅酸之间形成离子交换或离子对吸附。化学吸附选择性强，不可逆。

在通常情况下，物理吸附和化学吸附作用相同存在，但在不同条件下（pH 值、温度等）体现出的优势不同，导致粉煤灰吸附性能的变化。

（2）凝聚作用

粉煤灰的凝聚作用是指粉煤灰中含量约 30% 的 $Al_2O_3$ 和 10% 的 $Fe_2O_3$ 在酸性条件下，其中的铝和铁离解成为无机混凝剂。它与污水混合时，铝和铁粒子将污水中的悬浮粒子絮凝，相互捕获而共同沉淀，完成污染物、悬浮物与水的分离。

（3）过滤作用

过滤作用是指废水和粉煤灰混合后，粉煤灰及其所吸附的污染物在重力的作用下迅速沉降，使绝大部分污染物和悬浮物被除掉，但此时的水中含有较细的粉煤灰颗粒，需要进一步的澄清和自净。

2．粉煤灰用于废气治理

（1）粉煤灰脱硫的原理

当粉煤灰化学成分中的碱性物质 CaO 含量为 10% ~ 20% 时，可用来烟气脱硫。在干式除硫时，CaO 能够与烟道气中的硫发生反应：

$$CaO + SO_2 + \frac{1}{2}O_2 \rightarrow CaSO_4$$
$$CaO + SO_3 \rightarrow CaSO_4$$

在湿式处理的条件下，总的化学反应式为：

$$CaO + SO_2 + 2H_2O \rightarrow CaSO_4 \cdot 2H_2O$$

此外，煤炭（煤粉）在燃烧中由于气体的挥发和化学反应，形成表面多孔、形状复杂的胶状颗粒，比表面积在 8000 ~ 24000cm³/g。其中大部分是玻璃球体，其余是结晶物质和未燃尽颗粒，成为一种空心颗粒与实心颗粒、多孔颗粒与规则颗粒、有机物和无机物质相互混合的特殊粉体。该粉体对各种气体在固体表面的吸附研究表明，吸附只在粉体表面发生，这是由于固体表面存在剩余的吸附引力，而粉煤灰具有较好的饱和吸附量，因而具有较好的吸附性能。因此，粉煤灰具有一定的脱硫能力。

（2）粉煤灰脱硫的利用

1）直接利用。粉煤灰的比表面积较大，具有一定的活性基团。其溶出液呈碱性，能够吸收溶于水中的 $SO_2$，同时水和 $SO_2$ 电离出的氢离子又能中和浸出液中的氢氧根离子，使吸收剂的 pH 值降低，利于重金属的溶出。伴随着金属离子的溶出，氢氧根离子又在溶液中形成。溶液中的 $Fe^{3+}$、$Mn^{2+}$ 等金属离子能在酸性条件下对溶液中硫的氧化起催化作用，溶液中的 $Ca^{2+}$、$Mg^{2+}$ 能与 $SO_4^{2+}$ 形成沉淀物与失效的粉煤灰一起排出。

程水源等采用干法除尘的冲灰水和输灰水（pH=10.0 ~ 10.5）处理烟气中的 $SO_2$，并与相同 pH 的 NaOH、$Ca(OH)_2$ 吸收液的脱硫效果进行对比试验，结果表明，三者在相同的 pH 值条件下，粉煤灰脱硫效果最好，脱硫后灰水的 pH 值为 6.2 ~ 7.5，既解决了灰水的 pH 超标污染，又节约了大量的吸收剂。

2）改性应用。改性粉煤灰做吸收材料主要是使其中的硅和铝生成硅铝凝胶和沸石分子筛。粉状火山灰能与碱金属和碱土金属发生"凝硬反应"，此种反应是粉煤灰循环利用中提高吸收剂利用率的依据。粉煤灰的活化从玻璃相的义 $SiO_2$ 和 $AlO_3$ 被减水消化开始，形成了水和硅酸钙和氯酸钙并沉积在灰的表面，生成的水合硅酸钙除了促进气、固扩散和增大比表面积外，还具有高持水性，能保持钙基吸收剂表面润湿。水合硅酸单钙和水合硅酸双钙均具有大的比表面积，活性很高。水合铝酸钙也是脱硫活性物质，当加入 $CaSO_4$ 或 $CaSO_3$ 时，还能生成含有大量洁净水的钙矾石，具有较大的比表面积。此外，由于吸收剂的含湿量增加，又促进了 $SO_2$ 与 $Ca(OH)_2$ 的反应。

粉煤灰改性分为火法和湿法两类。火法是将粉煤灰与碱性溶剂（$Na_2CO_3$）按一定的比例混合，于 800 ~ 900℃ 熔融后加入盐酸，一方面是铝溶出，另一方面是硅变成具有晶格骨架的多孔易反应的二氧化硅。最后对熔融物酸解后的溶液和沉淀进行处理，便制得混凝土沸石等吸附材料。湿法分为酸法和碱法。采用碱法时，先对粉煤灰进行高温处理，采用酸法时不需要高温处理。

# 第十三章 塑料废弃物处理技术研究

## 第一节 料废弃物的分选分离

塑料废弃物的来源复杂，通常夹杂着金属、橡胶、织物、玻璃、纸和泥沙等，并且存在着不同类型的塑料如聚乙烯、聚氯乙烯、聚丙烯等混合在一起的现象，不仅给回收利用带来困难，而且使采用废料生产的制品质量大大下降。因此，在塑料废弃物的回收利用中，首先把不同品种的塑料分类，然后再进行杂质分离。

目前，以回收原料为目的的回收工艺流程为：收集→预分选→分选→破碎→分离污物→湿磨碎→冲洗及脱水→干燥→造粒。分选和分离是回收过程中的两道重要工序。

（1）城市垃圾中塑料废弃物的分选

虽然塑料废弃物仅占城市垃圾中的很小一部分（占总量的 4% ~ 10%），但其绝对数量却相当可观。现在大多数分选工厂采用使废弃物的尺寸变小后，再进行分选的工艺。

（2）尺寸的减小

尺寸的减小主要是采用压碎机、磨碎机、剪切机、切碎机、粉碎机、搅拌机和锤磨机等，将塑料废弃物的尺寸减小。

（3）分选方法

固体废弃物的分选可按其物理性能的差异进行分选。

1）密度法

密度法按照不同材料密度不同的原理进行分选。此法适用于含有铝箔的塑料或密度差较大的废料。这种方法易受粒径、形状、表面污浊程度及改性填充等因素的影响。密度分选设备常包括震动台、冲击分选器及用于除去沙砾或其他密度比塑料大的固体物的倾斜式输送器和流化床分选器。

2）浮选法

浮选法是利用塑料的密度差异，按需要调整液体介质的体积密度分选塑料的方法。从理论上讲，此法不受形状和大小的影响，尤其适用于分选破碎不匀的塑料。在用水作分选液时，因塑料是疏水、形状多种多样的，有时浮在水面上，会影响分选效果，为避免这种情况，需事先用表面活性剂预进行处理，使之充分润湿。浮选法适用于分选密度差较小的塑料，利用不同的密度，可将混合物分选。

3）空气分选法

空气分选法适用于密度有明显差异的物质。分选装置有立式和卧式两种，流动空气作用于分选的物料，不同的物质按其密度的大小分别降落在处于不同位置的装有锯齿形隔板的矩形箱内。空气分选的效果与混合物的形状大小是否均匀有密切关系。空气分选是使用最广泛的固体废料分选方法。

4）磁分选法

磁分选法用于除去金属铁的系统。通常采用具有磁性的皮带轮或交叉型皮带进行分选。

5）静电分选法

静电分选法是将粉碎的塑料废弃物加上高电压使之带电，再使其通过电极之间的电场进行分选。由于湿度对筛选效果有影响，所以需要干燥工序。静电分选的关键是使不同种类的塑料携带极性相反的电荷。

6）光学分选法

光学分选法利用 X 射线探知聚氯乙烯中的氯原子以分辨是否有聚氯乙烯材料，利用不同材料对近红外线的吸收率的差别区分其类别。

7）低温分选法

塑料在低温下发生脆化而容易粉碎，利用各种塑料脆化温度不同的特点，分阶段改变其温度，就可以有选择地粉碎，同时达到分选的目的。以分选聚氯乙烯和聚乙烯为例，将混合料投入预冷器后，冷却到 −50℃，聚氯乙烯（脆化温度为 −41℃）即可在粉碎机内粉碎，因聚乙烯的脆化温度为 −100℃ 以下，故不能粉碎，因而可分选聚乙烯和聚氯乙烯。

8）旋液分选法

旋液分选法是将粉碎后的塑料粉末倒入旋液分选器的蓄水池中，然后进行搅动，使形成均匀的悬浮液。通常旋转分选器的外形为圆台形，沿其切线方向将悬浮液（含有塑料粉末）送入旋液分选器中，在旋液分选器高速转动时产生的离心力作用下，较重的粒子移向分选器的内壁，而较轻的粒子则移到旋液分选器的中心。伴随重粒子的涡流（称之为初级涡流）运动而成为底流，与重粒子一起从旋液分选器底部排出。伴随轻粒子的涡流（称之为二次涡流）形成溢流，从旋液分选器上部与大多数水分一起排出。这样可将密度不同的粉末塑料分选开来。

# 第二节　废聚氯乙烯塑料的回收与利用技术

## 一、废聚乙烯塑料的来源

废聚氯乙烯塑料包括废树脂和废塑料，来源于各工业部门产生的工业废料（如下脚料、边角料和废塑料制品）和消费者使用消费后丢弃在固体垃圾中的废塑料。

（1）树脂生产中产生的废料

在树脂生产过程中产生的废料包括不合格的产品、反应釜中形成的附壁物（俗称"锅巴"）、成品装运和储存过程中产生的落地料等。废料的数量与聚合过程的复杂程度、制造工序、生产设备以及操作正常与否等有关。各种树脂生产中废料所占的比例也各不相同。聚乙烯树脂生产中产生的废料最少，而聚氯乙烯树脂生产中产生的废料最多。

（2）树脂加工中产生的废料

在塑料的各种成型加工中均会产生废品和边角料。例如，在注塑成型加工中产生的注道残料和流道冷料，挤塑成型加工中产生的清机料、修边料、从最终产品切割下来的料，中空吹塑成型中产生的飞边料，压延成型中的切边料，注塑成型中在模具分离线上的毛刺等。成型加工中产生的废料量取决于成型加工参数、模具和成型设备等。

（3）树脂再加工中产生的废料

这部分废料占总废料量的比例很小，且大部分废料属边角料一类。由于清洗混料设备和操作不慎产生的废料约占废料总量的10%。

（4）二次加工中产生的废料

二次加工厂通常从加工厂购买塑料半制成品，通过二次加工（如转印膜、封口袋、热成型等）制成产品，在此过程中产生的废料比加工厂产生的边角料更难以再加工。比较清洁和均匀的边角料（如热成型件的毛边）可以返回到加工厂再粉碎并添加到新树脂中。另一些边角料（如装饰的废料等）可以作为二级树脂出售或再造粒，这部分废料的50%是适合于再加工的。

（5）包装、装配和销售过程中产生的废料

这部分废料的性能受到非塑料物质的污染，因此是不适合于再加工的，必须经过处理后才能使用。

## 二、废聚乙烯塑料的处理流程

废塑料物的处理一直是塑料加工界难以解决的困难问题之一，塑料废弃物的回收利用已成为重点，包括四个主要部分。

（1）收集：在塑料制品上注明各类标记，促使收集工作顺利完成。

（2）处理：为了提高废弃塑料的质量、价格，降低运输费用，往往就地将废弃塑料压碎加工、分类。

（3）加工成产品：再次分选，洗涤并加工成薄膜、粉末、颗粒或其他形式的最终产品。

（4）有用产品的销售：将加工成的符合使用要求的产品销售，在经济上获得一定的效益。

废弃塑料的来源复杂，通常是两种或多种废塑料和其他物质的混合物，如其中混有金属、橡胶、织物、玻璃、纸、泥沙等各种杂质，而且聚氯乙烯、聚乙烯、聚丙烯等不同品种塑料经常混杂在一起。这既给回收利用带来困难，又使采用废弃塑料生产的制品质量大大降低。因此，在废弃塑料的回收利用中必须消除其中的杂质，并把不同品种的塑料分开，才能得到优质的再生制品。一般废弃物不容易分离筛选，所以分离工作是废弃塑料回收利用的重要工艺过程。

## 三、废硬聚氯乙烯塑料制品的回收利用

（1）塑料瓶

随弃式聚氯乙烯塑料瓶由于它具有质量轻、卫生性好、价格低廉等特点，使用范围不断扩大，不仅用于装油，而且用于装矿泉水和其他不充气的饮料。与所有随弃式包装一样，聚氯乙烯塑料瓶也成为废料问题。首先是体积问题，增加了城市垃圾（倒垃圾的场地有限，建造1台焚烧炉的费用又很昂贵）。为此，家庭废料的体积必须减少，通过将这些易识别的塑料进行分类回收，可以有效地解决这个问题。聚氯乙烯塑料瓶一般都是和各种垃圾混在一起的，目前采用手工挑选，但由于卫生方面的原因，应尽量避免采用这种方法挑选。

我国聚氯乙烯塑料瓶的产量在千吨级范围内，20世纪80年代以来，各地引进了先进的注拉吹和挤拉吹生产线，使我国聚氯乙烯塑料瓶的生产进入一个新阶段，

产品的产量、质量、品种规格和应用领域都有很大发展。各地引进的设备主要是德国巴登费尔德公司和日本日精公司的注拉吹或挤拉吹制版机。我国聚氯乙烯塑料瓶主要用于食醋、食油、矿泉水、洗发水、防晒液、护肤膏、家用清洁剂等的包装。目前主要是废品收购站回收，出售给废塑料加工厂。

（2）压延片材

虽然聚氯乙烯大量用作包装膜，但增长最快的是硬压延片材、挤出泡罩片材和食品包装片材。生产泡罩片材时，从大的片材上切割下来，用剩下的毛边或残料或落地料生产出洁净的高冲击材料，这已是几年来边角料市场上的大宗产品。压延片材回收料的典型用途是，将这些废料挤塑成下水管或装饰模制品以及压延成用于冷却塔或净化水装置的板材。

（3）建筑产品

在美国回收这种类型的材料（管、壁板和窗型材）几乎没有得到应有的重视，但在欧洲已引起关注。尽管这些产品的使用寿命长达25年以上，但仍需要在聚氯乙烯使用寿命之后，提出有关处理酸氯乙烯方法对环境影响的调查报告。在德国一些城市，政府宣布了在新建筑中使用聚氯乙烯产品的免税范围，直至能提出合理的处理方法为止。而长寿命产品的合理处理绝非聚氯乙烯工业的独有任务。管、壁板和窗型材等切割后余下大量的聚氯乙烯塑料边角料，但收集量小、分散量大是目前存在的一个大问题。

## 四、废软聚氯乙烯塑料制品的回收利用

### 1. 汽车废弃物

聚氯乙烯汽车产品通过非城市固体垃圾而成为废弃物。聚氯乙烯内装潢、缓冲垫、门板、车身侧面板和电线绝缘编织层作为汽车碎片废弃物（称作无价值）的一部分，在压碎和切割汽车之后，金属组分已被利用，余下的废弃物中还含有玻璃、纤维、塑料和污物，其中塑料（包括热固性、热塑性及泡沫塑料）占有很大的比例。

以前，汽车废弃物采用掩埋的方法处理，但存在掩埋费用高、占用的土地面积大以及潜在的危险性等问题，迫使有关部门和人员探索更好的解决办法。这种兼有热固性和热塑性塑料的混合材料是特别难以回收的。

### 2. 电线和电缆护套

美国每年大约有0.07Mt聚氯乙烯进入电线和电线绝缘市场，由于拆毁、重建和改造电气和通信设备，每年有好几万吨到使用期限的电线和电缆废料进入非城市固体垃圾。除剖开取出铜和铝芯外，还剩下聚氯乙烯绝缘编织层和交联高密度聚乙烯、

纸、织物和金属的混合物，其隐患是作为热稳定剂的含铅化合物。铅稳定剂用于电线和电线的绝缘层，因为在加工时，它提供极佳的抗热降解保护作用而不产生盐，但会降低缘线层的介电性能。铅是一种有毒金属，原因是已发现它对地下水有污染，因此严格禁止填埋。焚烧也是被限制的，因为在空气中可能散发出含铅化合物，在灰分中也含有铅。

由于电线、电线废料经处理能除去金属和高密度聚乙烯，在美国专门有公司购买这类废料在离岸不远处回收处理后制成鞋底。虽然这不是最后的处理的结果，因为鞋底使用后也将进入城市固体垃圾中，且无疑地将被填埋或焚烧，然而无论哪一种方法均可认为是能被接受的。目前有四种可能的处理方法：

（1）像电线护套那样重新使用；

（2）溶剂回收聚合物，采用过滤方法回收不溶解的铅；

（3）在可以回收铅的特殊装置中焚烧；

（4）挤出加工成一种合乎填埋面积、体积比小的制品。

3．包装薄膜

软聚氯乙烯包装薄膜包括半硬破损明显的薄膜以及肉类或消费品的包缠膜。回收这些薄膜废料要看它们是否包括在路边收集计划中，从整个废料中是否机械分选，或者是否在混合薄膜方面掺混成功。

4．农用薄膜

在废农用聚氯乙烯塑料薄膜的回收与利用方面，很多国家（如日本、德国）都很重视。我国在塑料废弃物的回收与利用中，农用废塑料薄膜占了很大比例。农用聚氯乙烯薄膜通常用于塑料园艺房，聚乙烯薄膜则多用作塑料棚。聚氯乙烯薄膜的透光性、保温性和耐久性均比聚乙烯薄膜好，但在使用过程中，由于增塑剂的挥发、逸散和黏附沙土等，降低了薄膜的强度及透光性而需要按时更换。通常将废农用聚氯乙烯薄膜撕碎，经水洗和干燥制成碎片，然后再制成各种制品。这是有效利用废农用聚氯乙烯薄膜，广泛采用的处理方法。但在制取碎片前，首先要解决农用薄膜的收集和筛选问题。

我国在回收废农用聚氯乙烯薄膜方面起步较晚，目前尚未完善。废农用薄膜回收技术的复杂性在于，收购来的废农用薄膜往往夹带大量泥沙、土、石和草根、铁钉、铁丝等，给清洗、分离和粉碎带来了较大的困难。近年来，由于推广了地膜和大棚膜使农业生产达到了增产的目的，但由于土地中废农用薄膜的未清除干净而导致植物根系生长受阻，已引起我国政府特别是农业部门对废农用薄膜回收利用的重视。目前我国主要采用的是熔融回收技术。对废农用聚氯乙烯薄膜的回收处理方法是：

（1）将分选出的废农用聚氯乙烯薄膜经破碎、水洗和干燥等工序制成碎片或粒料；

（2）用废农用聚氯乙烯薄膜直接生产塑料制品；

（3）用溶剂萃取出增塑剂并生产硬质聚氯乙烯制品。

# 第三节　废工程塑料的回收与利用技术、

## 一、废工程塑料的来源

废工程塑料主要有两大来源：一是工业废料，即工程塑料生产中产生的废料，包括树脂生产中产生的废料、塑料制品生产中产生的废料；二是消费后的工程塑料。除聚酯饮料瓶外，大多数工程塑料并不存在于城市固体垃圾中，而主要存在于各种消费后的电器、电子产品、汽车、办公用品和办公设备、机器设备等中。

1．工业废料

（1）树脂生产过程中的废料

树脂生产过程中的废料包括不合格的树脂、反应釜中形成的附壁物等。这些废料视其质量而采取不同的处理方法，如焦料等只能作填埋处理，技术指标略低的可降级使用。

（2）塑料制品加工中的废料

塑料制品加工中会有不合格产品和边角料产生，这些废料中杂质少，大多数由生产车间回收，将其粉碎后直接加到原料中使用，有的也可以由回收厂回收，回收成本低。

（3）二次加工中的废料

二次加工中的废料主要是半成品再加工中产生的下脚料等，这些废料可以返回到加工厂，粉碎后直接加到原料中使用。

2．有价值塑料的回收利用

民用消费品中的废工程塑料主要有 PC、PET 饮料瓶等，其中 PET 饮料瓶已开始大量回收。与通用塑料相比，电子工业、通信业、交通运输业、机械工业和其他耐用品工业中工程塑料的回收几乎是零。当然原因是多方面的，但主要原因是没有收集系统以及不同组分的塑料件分布太广。

"白色消费品"，如冰箱、洗衣机、微波炉、加湿器等的塑料回收目前基本上也是零。有些部门已开始研究冰箱内衬板 ABS 的回收，有的冰箱厂、洗衣机厂也开展了以旧换新业务，回收已淘汰的或不用的冰箱、洗衣机，将其上有价值的零件拆卸下来，进行回收利用。

3. 消费后工程塑料的回收利用技术

消费后工程塑料的回收与利用技术包括以下几个方面：一是收集、拆卸、分类；二是清洗、干燥；三是加工处理技术；四是利用技术。

工程塑料的收集主要集中在某些特定产品的回收，如废汽车上的塑料件等。这些塑料件收集时的一个主要问题是如何拆卸。现在人们正在从塑料件的设计出发，采取措施，方便其拆卸。另一个问题是分类，不过现在人们已达成共识，即在塑料件及有关产品上标明塑料件所用材料，这样就可以方便地对其进行分类。

回收件清洗的难易与工艺取决于消费后塑料件的污染程度。汽车上一些工程塑料件如受污染的水箱、齿轮等的清洗就是其回收利用的关键。而保险杠、高密度唱盘等塑料上涂料的清除则成为其再生制品性能好坏的关键。

清洗、干燥后的塑料件的技术主要有机械回收（包括破碎、造粒）和化学回收如水解、溶解等。机械回收成本低，相对来说比较容易；而化学回收的设备和工艺复杂，成本高，但是再生制品的附加值高。

## 二、废汽车上塑料件的回收利用技术

由于汽车塑料件所用树脂种类多，回收时有诸多工序，费用高，人们难以接受。行之有效的方法是使汽车用树脂品种单一化。树脂品种单一化，一方面可降低塑料回收费，另一方面可提高回收料性能。减少树脂品种，可以简化回收工作，现在材料选择上已开始出现这种趋势，尤其是一些大型件如仪表板、保险杠等，减少聚氯乙烯的使用，用单一树脂生产多种构件，优先选用可回收的树脂，是提高汽车塑料件可回收性的最优方案。目前汽车塑料件所用树脂品种多达 20 种，估计可减至 4～ 种，其中聚丙烯占主要部分。聚丙烯的回收已商业化，回收问题不大，而且其配方设计灵活，可用作特殊汽车塑料件。

但是，聚丙烯并不能代替汽车上的全部塑料件，因此提高树脂的相容性可以简化回收工作。如通用电器塑料公司正在试制一种仪表板，使用改性聚苯醚和相容性高聚物的共混物，其目的是取消仪表板上一小部分零件用的 POM 和 PA 这类材料，使这一小部分零件用树脂与仪表板上的大部分零件用树脂相容；否则，在回收之前必须将不相容的塑料件拆除，降低了回收效率，增加了拆卸费用和回收成本。为此而采取的另一个重要措施是，美国汽车制造商及全世界的同行都一致同意建立一套标码系统，对汽车塑料件进行分类，在质量超过 8.5g 的塑料件上模塑出或做出永久性标记来区别多达 120 种热塑性和热固性塑料，并说明标记所标示的塑料件的长期使用性能。

为彻底解决汽车塑料件的回收问题，汽车设计师一致同意设计时应遵守以下设计准则：

设计的零件要便于拆卸；所用塑料可以回收；减少汽车塑料件所用树脂种类；采用统一标码系统，以简化分选；采用高强度塑料件以保证塑料件的拆卸；在组合件中采用相容性树脂。

### 三、废工程塑料回收利用技术

（1）废汽车上塑料的回收利用

目前汽车上的塑料件的拆除主要是人工借助于有效的工具来完成的。最近研制出一种新型的拆卸方法——应力开裂拆卸法，其原理是将废汽车放在输送带上，在输送带的一定区域内喷射腐蚀塑料保持架的强溶剂，使塑料件发生毁灭性的应力开裂，脱落下来。根据保持架中塑料件的种类、保持架材料的种类和不同敏感性的溶剂，传送带经过不同的喷射区，每个区域内脱落一种材料的塑料件，这样就形成了一套自动分类拆卸的装置。

上面已经提到，现在全球范围内的汽车设计师都愿意在塑料件设计时采用标码系统并采用标准的设计形式，这样塑料件的分类就简化多了。

随着汽车设计原则的实施、相容性材料的使用、回收设备的不断发展和人们对塑料回收的不断努力，会有更多的回收料与原料级树脂进行竞争，开辟新的应用领域。

（2）废 PET 塑料的回收利用技术

废 PET 塑料的来源主要有工业皮料和消费后塑料。工业废料主要是树脂生产中的废料、加工中的边角料、不合格品等。消费后塑料有 PET 工程塑料利民用消费品如 PET 饮料瓶、薄膜、包装材料等。工业废料相对集中且清洁，其回收比较容易，一般在生产车间即可回收。而消费后 PET 废料的收集和回收难得多，也是现在人们关注的热点。

由于环境保护的要求、公众环境保护意识的增强、能源危机资源利用的迫切需要和土地资源的减少，PET 的回收已成为其应用时必须解决的问题。

国外 PET 瓶的回收技术已达到相当高的水平，回收技术主要有机械回收法和化学回收法，其中机械回收法有重力分选、清洗、干燥、造粒等工艺，化学回收法是在机械回收的基础上将干净的 PET 分解、醇解、水解等。

PET 回收中的一个主要问题是要清除其中的杂质，以防止其加速 PET 的水解。毫无疑问，在清洗时也应该避免使用碱性清洗剂。水解的催化剂是酸或碱，酸或碱提高了水解的温度，一旦发生水解，反应就是自催化的。PET 水解形成小分子聚合物，这些聚合物是以羧酸为端基的，进一步加速了水解。

难除去的是 PET 中的黏合剂，其水解产物会加速 PET 的水解，而且这些黏合剂在挤出 PET 的高温下会变黑，使回收的 PET 脱色。

为便于 PET 瓶的回收，减少其中的杂质，保证回收料的质量，对制瓶提出了以下基本要求：

用 100% 的 PET 材料，透明、不涂漆、颜色自然；用高密度聚乙烯作瓶盖，最好用白色的且不印刷，用可溶性标签，无密封内嵌物；用纸标签，用可溶性聚乙烯胶或聚乙烯、聚丙烯型标签；瓶底座用 100% 的透明 PET，最好是可回收的，用水溶性胶或 PET 基热溶胶。

# 第四节　废热固性塑料的回收与利用技术

## 一、废热固性塑料的来源

（1）聚氨酯

聚氨酯是由异氰酸酯和多元醇在催化剂作用下合成的，自 1937 年以来，得到了广泛的应用，特别是 20 世纪 80 年代以来，在消费、品种、工艺技术等方面均取得了长足进步，其消费量仅次于聚乙烯、聚氯乙烯、聚丙烯、聚苯乙烯。聚氨酯一直被称作"万用材料"，其产品有多种，如软质泡沫塑料、吸能泡沫、硬质泡沫塑料、热固性和热塑性弹性体、黏合剂、涂料、纤维和薄膜等。

目前大量的聚氨酯废料来自聚氨酯软质泡沫塑料和聚氨酯硬质泡沫塑料。软质泡沫塑料主要有床垫、汽车坐垫、防护材料等。硬质泡沫塑料主要来自绝热材料，如建筑用板材、冰箱和冷库用绝热材料、包装材料等。另外，汽车工业所用的聚氨酯弹性体（如仪表板、保险杠等），体育用品也是聚氨酯废料的一个主要来源。工业废料，如聚氨酯生产中高达 10% 左右的废品，泡沫二次加工产生的大量边角料，反应注射成型（RIM）生产中的飞边等也是废料的来源。

（2）酚醛树脂

酚醛树脂是苯酚和甲醛在催化剂作用下的缩聚产物。酚醛树脂成本低，但强度高，在很宽的温度范围内机械性能保持率高，使其成为第二大热固性塑料，仅次于聚氨酯。酚醛树脂主要作黏合剂使用。另外，由于其耐磨性好，在很多情况下能代替高锡青铜、木材层压板等材料。木材层压板的物理性能优于天然木材和胶合板，用于制作螺旋桨、轴套、轴瓦等制品。酚醛模塑复合物广泛用于家电手柄和电子、汽车零件及日用品等。酚醛泡沫的绝热性好，耐火性好，燃烧时烟少，可作屋顶材料。

（3）不饱和聚酯

不饱和聚酯通常由不饱和二元羧酸混以一定比例的饱和二元羧酸和二元醇，在引发剂作用下反应制得，在其分子中有不饱和的乙烯基团存在，如用活泼的乙烯单体与之共聚，则交联固化而成为体型结构的高分子化合物。

不饱和聚酯主要用于玻璃纤维增强和作高填充材料，其在零件中的含量小于30%。其主要制品有增强板、玻璃缸等。此外，不饱和聚酯还可以作涂料、浇铸塑料等。

（4）环氧树脂

环氧树脂是一类分子结构中含有环氧基的树脂由多酚类（如双酚A）与环氧氯丙烷缩聚而成。

保护性涂料是环氧树脂的最大用途，其次是增强材料，如层压印刷电路板、雷达安装用复合材料、商用设备和飞机、汽车等所用的复合材料等。由于其强度高、尺寸稳定性好，还可用于机床工业如铸造和模塑等。电子零件的绝热材料、黏合剂等也是其主要应用。

## 二、废热固性塑料的回收利用技术

热固性塑料的回收技术有机械回收（如将其粉碎后作热塑性或热固性塑料的填充剂）和化学回收（如水解/醇解回收原材料）等。

1. 机械回收

（1）酚醛树脂

废旧酚醛树脂主要是用作填充剂，酚醛树脂中加入回收料后，混合物整体性能下降。下降最大的是无缺口冲击强度（为35%），即使回收料含量仅为5%时也是如此；但用细的回收料后，性能有少许提高。令人感兴趣的是，含有回收料时，材料的缺口冲击强度反而有所提高，弯曲强度不受回收料量和颗粒尺寸的影响。另一方面拉伸强度值较低，即使在回收料含量较低时也是如此（在回收料颗粒较粗时尤为严重）。介电强度、吸水率和热变形温度基本上不受回收料含量和颗粒大小的影响。

使用时应慎重，掌握混合物性能的变化。

（2）环氧树脂

将环氧树脂回收料加到环氧树脂配方中后，混合物的黏度增加，加工难度增大，强度和冲击性能下降。混合工艺有两种：一种是在固化前将回收料粉与环氧树脂干混；另一种是在固化前将回收料在体系中于 90℃下浸泡 1h，然后在室温下浸泡 4d。回收料增加了混合物的硬度，但降低了其他大部分性能。含有浸泡过的回收料的多胺固化试样的落锤冲击强度和热变形温度提高。对于多胺固化试样，加入干回收料后弯曲强度只有少许下降，体积电阻增加。在酸酐固化配方中，加入浸泡过的回收料后环氧树脂与铝的黏结力大大增加。

（3）不饱和聚酯

不饱和聚酯片状模塑料（SMC）的回收利用主要是作填充剂。如将 SMC 粉碎，作块状模塑料的填充剂。含粗的 SMC 回收料的 BMC 的拉伸强度、模量和冲击强度等均下降，而含细的 SMC 回收料的性能下降相对较小。

SMC 回收料除可以用于 BMC 中外，还可以将其与聚乙烯、聚丙烯共混，混合比例可分别为 15%、30%、50%。工艺如下：将 SMC 磨碎，与热塑性塑料干混，在挤出机上挤出圆条。在加料时应避免出现架桥现象，尤其是超细 SMC 回收料时。从圆条上截取一块料用快速液压机在冷模具内将其压制成试样。测试结果表明，粗 SMC 回收料填充的试样缺口冲击强度和热变形温度提高，当 SMC 含量为 50% 时，热变形温度由 63℃升至 94℃。总的来说，SMC 起到了填充剂的作用而非增强剂的作用。

SMC 的另一个用途是将其磨碎至 200 目，代替碳酸钙作 SMC 的填充剂，如每 100 份 SMC 用 88 份 SMC 回收料，黏度的限制妨碍了更多回收料的使用。结果表明，回收料含量较低时，对 SMC 的性能影响不大，含量较高时，制品性能尤其是表面质量下降较大，但不会严重影响材料的使用性能。

SMC 除用作填充剂外，还可以回收其中的纤维。工艺如下：将 SMC 加热至 350 ~ 00℃，并将其压碎、切断，用盐酸处理残留物，回收 SMC 中的玻璃纤维，用熔融的聚氯乙烯或聚乙烯处理回收的玻璃纤维。

2. 化学回收

热固性塑料的化学回收方法有水解、醇解和热分解，只有含有羧基官能团的聚合物（如聚氨酯）水解或醇解，才可得到其合成单体。而热分解可回收各种材料。

（1）聚氨酯水解/醇解

聚氨酯的水解与 PET 的水解不同，不是其聚合的逆反应，水解得到的是其合成组分之一——二异氰酸酯与水的反应产物——二胺和多元醇，同时还得到二氧化碳。

二胺可以转化为二异氰酸酯。聚氨酯水解之所以得到二胺，是因为其中含有的官能团，如软质泡沫塑料中的脲官能团、硬质泡沫塑料中的异氰酸酯官能团，水解成二胺和二氧化碳。

聚氨酯水解，尤其是含有氨基甲酯和／或脲或异氰酸酯键的聚氨酯水解的特点是可以将其中的所有材料都转化为二胺或多胺和多元醇。聚氨酯水解的主要缺点是二胺和多元醇在再利用之前需分离。

聚氨酯醇解可以将其中所有材料都转化为聚羟基化合物，使用前不必分离。

1）蒸汽水解

软质聚氨酯泡沫塑料在高压蒸汽作用下，可以水解为二胺、多元醇和二氧化碳。例如，在 232 ～ 316℃下，高压蒸汽迅速将软质聚氨酯泡沫塑料水解为二胺和多元醇，从蒸汽中回收二胺，从水解残留物中回收多元醇。水解温度是决定聚氨酯水解产物质量和产量的关键参数。实验证明，聚氨酯水解得到多元醇并保证其质量的最佳水解温度为 288℃。回收的多元醇可用于软质聚氨酯泡沫塑料的生产。当回收多元醇含量为 5% 时，软质聚氨酯泡沫塑料性能最佳。

水解软质聚氨酯泡沫塑料可在立式反应器中连续进行，也可在双螺杆挤出机中进行。288℃水解 10 ～ 20min 时，得到的反应产物中多元醇的含量为 60% ～ 80%。

用乙二醇作溶剂可降低聚氨酯蒸汽水解的温度，达到合理的水解速率的温度为190 ～ 220℃。此外，少量（乙二醇量的 0.2%）的氢氧化锂可加速水解，在 170 ～ 190℃时仅需几分钟即水解完全。上述两种情况均得到甲苯二胺，但用乙二醇作溶剂增加了产品与混合物的分离难度。用正十六烷萃取多元醇，正十六烷汽化后可得到高质量多元醇，这种多元醇可代替软质泡沫塑料配方中 50% 的多元醇。

2）醇解

各种聚氨酯泡沫塑料均可用二醇醇解，得到多元醇。反应原理是：由短链二醇对聚氨酯长分子链进行化学攻击，通过酯化作用将聚氨酯长分子链分裂。脲链和异氰酸酯分解后形成多胺，用环氧烷将多胺转化为多元醇。工艺如下：在 190 ～210℃下，将回收料用等量的环氧烷和二醇／二乙醇胺的混合物（90/10）浸泡数小时，冷却后用环氧丙烷处理，过滤多元醇混合物，去除不溶材料，得到多元醇。可用于硬质泡沫塑料配方中，代替其中 40% 的多元醇，用乙酸钾作催化剂可加速 RIM-PU的醇解，回收多元醇可用于硬质泡沫塑料生产。用 100% 的回收多元醇生产的硬质泡沫塑料也有适宜的机械强度，而且泡沫塑料的传热性能优良，这说明泡孔结构合理，闭孔含量高。中等含量的回收多元醇提高了泡沫塑料的压缩强度。

微孔泡沫塑料可用丙二醇醇解，用四丁基钛酸盐作催化剂，得到的多元醇近乎线性，用其生产的聚氨酯泡沫塑料的尺寸稳定性很低。用高官能度的异氰酸酯和异氰脲酸酯可提高交联密度和泡沫塑料的尺寸稳定性。在湿气老化下，异氰脲酸酯对乙二醇醇解得到多元醇。

聚氨酯醇解得到的多元醇不仅用于汽车工业，也可被用于玻璃纤维结构塑料件、涂料、硬质泡沫塑料等。

（2）不饱和聚酯水解／醇解

不饱和聚酯大量地用于生产片状模塑料。SMC 是将切断的玻璃粗纱（长 25 ~ 50mm）分散在不饱和聚酯和乙烯基单体（如苯乙烯）的混合物中，添加交联剂、催化剂、增厚剂（如碳酸钙、氧化镁）等制得的。固化的不饱和聚酯在 225℃下水解 2 ~ 12h 后，过滤得到间苯二甲酸（理论上可得到 60%）、苯乙烯与酸的共聚物及未水解的反应材料等。SMC 醇解可以得到油，产率最高可达 18.3%，有的油的热值为 45 ~ 53MJ/kg，可作燃料油使用。于 400℃下，SMC 在空气中醇解得到的油可作环氧树脂的增韧剂。随着醇解油含量的增加，环氧树脂的拉伸强度和压缩强度下降，伸长率和压缩变形率增加，而基体的黏度下降。这种醇解油与环氧树脂的相容性很好，固化过程中和固化后都没有出现相分离和油析出，即使在室温下加压也不会发生上述现象。

SMC 醇解得到的玻璃纤维——碳酸钙残留物中玻璃纤维长 5 ~ 10nm，直径约 18um，可用作环氧树脂的填充剂。实验表明，在环氧树脂中加入 30% 的玻璃纤维——碳酸钙残留物不影响环氧树脂（含 30% 的标准碳酸钙）的性能。

3．分解

分解是将聚合物的大分子链断裂，生成小分子物质。分解有热分解、催化分解及加氢分解等。

（1）聚氨酯

聚氨酯的热分解温度为 250 ~ 1200℃。丙二醇和二异氰酸甲苯酯生产的聚氨酯在惰性气体下，于 200 ~ 250℃温度下的热分解是聚氨酯键自由断裂成异氰酸酯和羟基。温度升高，醚键断裂，产生一系列的氧化产品。在类似的条件下，软质泡沫塑料在 300℃时失去其中的大部分氮，同时失重约 1/3。对于硬质泡沫塑料而言，温度（200 ~ 250℃）越高，失氮和失重越多。在 200 ~ 300℃时，硬质聚氨酯泡沫塑料产生异氰酸酯和多元醇，比例相同。二异氰酸甲苯酯生产的软质泡沫塑料可分解为聚脲、二苯基甲烷 -4、4′ 二异氰酸酯，生产的硬质泡沫塑料热分解得到聚碳二酰亚胺。当温度高于 600℃时，聚脲和聚碳二酰亚胺可进一步分解为腈、烃和芳香族复合物。

（2）不饱和聚酯片状模塑料

不饱和聚酯片状模塑料热分解产生的燃料气体足够维持热分解反应。热分解的固体副产物如碳、碳酸钙和玻璃纤维排出反应器，冷却，分离。实验表明，20%的固体副产物可代替碳酸钙用于SMC中而不损害产品的性能和表面质量。

### 三、酚醛树脂

酚醛塑料热分解后可产生活性炭。工艺如下：将温度升至600℃（升温速度为10～30℃/min），保持30min，酚醛树脂即可被炭化形成碳化物。用盐酸溶液将碳化物中的灰分溶解掉，增大碳化物的比表面积，然后将温度升至850℃，用水蒸气活化，得到活性炭产品，产率为12%，产品的比表面积达1900$m^2$/g。这种活性炭的吸附能力较强，对十二烷基苯磺酸钠的吸附能力为通用活性炭的3～4倍。

密胺塑料和脲醛塑料热分解可以产生活性炭。在碳化温度600℃、碳化时间30min、活化用水蒸气温度为1000℃条件下，脲醛塑料的活性炭产率为2.6%，产品比表面积为750$m^2$/g。

# 第五节　废聚苯乙烯塑料的回收与利用技术

## 一、废聚苯乙烯塑料回收利用技术

### 1. 混合废塑料的分离

废塑料的利用，首先要将其中所含的各种垃圾分离出去，然后再进一步分类、清洗、破碎、加工。垃圾中的废聚苯乙烯制品主要是各种快餐盒、盘、饮料杯、罐及食品托盘，还有各种家用电器的泡沫包装、垫块等，这其中有些是由纯聚苯乙烯板、片制造的，有发泡与不发泡的，还有的是与其他材料复合在一起的，这种复合料回收难度要大得多，我们将分别叙述。

废聚苯乙烯塑料的回收利用与其他废塑料的回收利用既有其相同之处也有不同的地方，聚苯乙烯发泡制品废弃物的回收，较其他废塑料的回收要相对困难一些。

混合废塑料的分拣。目前一般是将混合废塑料统一送往回收工厂，由工厂分拣处理，对于表面黏附的剩余食品可以用水及洗涤剂清洗。塑料与其他物质的分离，目前国外已经研究了不少方法。例如，纸与塑料混合在一起的，回收时可以先通过80～100℃的温度处理，使塑料收缩结团，再通过空气分离器或旋风分离器，使纸与塑料分离。再一种方法是利用纸张与塑料的吸水性不同，把混合废塑料放入水中，纸张吸水后撕裂强度降低，在高速摩擦与切削中与塑料分离，再利用纸、塑料的密度不同将其分离。

国外目前所采用的分选废塑料的流程：粗分选→粗破碎→细破碎→细分选→清洗→干燥→造粒或以碎片形式供应再加工，其中分选包括磁选气动分选、水力分选及其他介质分选。清洗也是要经过多次，而且要用洗涤剂，一般采用循环水。有的回收料还需要加入一些改性助剂以提高其性能。

2. 回收工艺及设备

脱泡回收聚苯乙烯粒料，通常采用机械回收方法。将废聚苯乙烯泡沫块先加热使之缩小体积和脆化，再送入破碎机中破碎成小块，后经过挤出机熔融、排气、挤出造粒。对于聚苯乙烯泡沫片材，有的则直接送入专门设计的回收机中，这种回收机通常进料口很大，以便将尺寸较大的板片直接投入，内设有转动的切（铰）刀，能将较软的聚苯乙烯泡沫板片切（撕）碎压缩并加热，使之熔融再挤出具有一定密度的料条。有的则直接与排气式挤出机相连，直接挤出造粒，得到聚苯乙烯回收粒料。

（1）横滨废聚苯乙烯泡沫渔箱回收工艺

先把除掉污物的废聚苯乙烯泡沫大块投入破碎机内，破碎成 60mm × 60mm 的碎块，经过风力分选机除掉重质异物，由管道送到分离机内进一步除去杂质，只留下较轻的聚苯乙烯泡沫碎块由压缩空气吹入圆形筒仓（储留排出机）。然后将此泡沫块定量供给下一道工序的清洗机，废聚苯乙烯泡沫块在清洗机内用喷射水清洗干净后离心脱水，再经过空气干燥，送入粉碎机粉碎成 20mm 左右的碎块并经过热风干燥进一步降低水分，仍由管道送至储留管以供下面的挤出机使用。挤出机机筒温度分三段控制，第一段（170 ~ 230℃）是除残余的水分，第二段（200 ~ 230℃）使聚苯乙烯泡沫部分熔融，第三段（200 ~ 230℃）全部熔融，挤出机设有 2 个排气孔，废聚苯乙烯泡沫块在挤出机中逐渐加热熔融，随着螺杆转动产生的剪切作用使气泡破裂，气体由排气孔排出。最后从模头挤出密实的料条，经造粒冷却，得到质量较好的聚苯乙烯回收粒料。

（2）废聚苯乙烯泡沫小型回收工艺

对于不容易大量收集的废聚苯乙烯泡沫块可采用另一种较简单的小型回收设备。生产时，先把废聚苯乙烯泡沫破碎成 20mm × 20mm 的碎块投入料斗。在料斗的下端还设有 1 个添加防熔融剂的小螺杆料筒，它的头部有 1 个螺旋桨，当添加防熔融剂时螺旋桨旋转。防熔融剂一般是滑石粉、碳酸钙、黏土等无机物或高级脂肪酸盐如硬脂酸钙等，添加量为树脂的 0.4% ~ 0.5%。防熔融剂黏附于泡沫块表面一同被送往加热器，控制加热器的温度使之逐渐升高，大料筒的温度在 200℃ 左右。废聚苯乙烯泡沫块体积被压缩后送入小料筒，其温度较低，只有100℃左右。温度过高会使树脂熔融，所以必须严格控制温度。最后从小料筒里排出的是发泡倍数只有1～倍的、外形为0.2～2mm见方的粒子。这种设备相当简单，适合回收散落于社会的废聚苯乙烯泡沫块。不方便之处是泡沫必须先用人工切碎，或用其他设备破碎，但对于技术能力不高的小工厂或有充足劳力的地方来说，生产这种设备或采用这种方法回收废聚苯乙烯泡沫块则是一种投资少、见效快而且有一定社会效益的方法。

（3）熔融回收炉回收工艺

日本研制了一种熔融回收炉，主要适用于回收那些体积松散庞大而质量又轻的废塑料，通过这种熔融回收炉可有效地压缩体积，提高密度以方便运输和集中回收处理。经过熔融回收炉处理回收的塑料为棒状，密度很高，可根据需要再破碎或加工成粒料供使用。

（4）简单回收方法

对废聚苯乙烯泡沫块还可以用更简单的方法回收，不需要专用设备，利用一般塑料加工厂现有的设备即可回收废聚苯乙烯泡沫块。方法是把废聚苯乙烯泡沫块放入150～190℃的烘箱中加热10～15s，使泡沫块缩化，体积收缩1/5～1/30，密度达到0.2～0.8g/cm³的高密度化。收缩后的泡沫块变得又硬又脆，可以用普通粉碎机粉碎。加热烘烤可以因地制宜，采用红外线加热器或电烘箱。需要注意的是，废聚苯乙烯泡沫块在加热烘烤时会放出易燃气体，必须采取有效的方法将气体排出，否则易出危险。粉碎后的废泡沫可直接用挤出机挤成料条，切粒，也可以加到聚苯乙烯新料中使用。只要回收时注意将污损的和含有杂质的废泡沫块去掉，即可以得到很干净的回收料。这种方法对一般塑料加工厂来讲不难做到，也无须增加设备和资金。特别是对一些在生产线上经常要废弃聚苯乙烯泡沫包装箱盒的工厂来说，此法更具有一定的优点。采用此法即可自行处理掉废泡沫，如本厂不用还可以将回收的聚苯乙烯树脂出售，不仅可获利，更重要的是减少了环境污染。一般塑料加工厂现有设备的突出优点是体积小，质量轻，操作简单，既可以定点使用，也可以装载于汽车上流动回收，特别适合我国的实际情况。

3. 热分解回收苯乙烯和油类

热分解回收是近年来国内外都非常注重研究的一种回收方法，目前被认为是能最有效、最科学的回收废塑料方法。

聚苯乙烯的热分解过程主要是无规降解反应，聚苯乙烯受热达到分解温度时就会裂解成苯乙烯、苯、甲苯、乙苯，通常苯乙烯可占50%左右，因此可以使不便清洗或无法直接再生的废聚苯乙烯泡沫塑料通过裂解工艺来回收苯乙烯等物质。通常的回收工艺是将废聚苯乙烯泡沫塑料投入裂解釜中，控制温度使其裂解生成粗苯乙烯单体，再经过蒸馏、精馏即可得到纯度在 99% 以上的苯乙烯。如果将包括聚苯乙烯在内的废聚烯烃类塑料在更高的温度下热裂解和催化裂解，可变为汽油或柴油。由于将废塑料油化的方法不仅对环境无污染，又能将原先用石油制成的塑料还原成石油制品，能最有效地利用能源，近年国内外在这方面的研究相当多。

废塑料油化的技术是在 20 世纪 70 年代石油危机时就开始试验并确认分解可以油化，但是由于石油价格的下降，生成油的价格较高，该技术研究也就暂时中断。

近年来，因环境保护的原因，废塑料热分解油化技术作为一种废弃物回收技术而再度提起。在热分解时添加改性用的催化剂，即可得到具有高附加值的轻油、重油。可以这么说，废塑料热分解油化就是以石油为原料的石油化学工业制造塑料制品的逆过程。

通常，将废塑料热分解油化有以下三种方法：

（1）在无氧、近 650 ~ 800℃ 的高温下单独热分解的方法，这种情况下获得的液状产物量低于 50%。

（2）先在 200℃ 左右的催化罐里催化热分解，再对经热分解生成的重油在 400℃ 左右作进一步热分解，可生成轻质油，液状产物量高达 80%。

（3）在 9.8 ~ 39.2MPa 的高压氢中，在 300 ~ 500℃ 的温度下可使用多种原料的加水法。

废塑料热分解油化，由 7 个工序组成（见表 13-1）。

表 13-1　废塑料热分解油化的工序及操作

| 工序 | 具体操作 |
|---|---|
| 前处理工序 | 分离出废塑料中混入的异物（罐、瓶、金属类）后，将废塑料送入熔融滚筒中破碎成大块 |
| 熔融工序 | 将废塑料在 200 ~ 300℃ 下加热，使其熔融为煤油状液态。在此工序中有少量的热分解，特别是含有聚氯乙烯的废塑料，在 250 ~ 300℃ 时聚氯乙烯就会分解，产生氯化氢气体。本工序产生的氯化氢被送至中和处理工序处理 |
| 热分解工序 | 提高温度，分解反应速率也会加快，但液状生成物产率下降，并会产生不利的炭化现象。因此，选定什么样的温度范围成为工艺设计中的关键。将液状废塑料加热至 300 ~ 500℃ 使之分解。为了尽量多地得到在常温下呈液状的石油组分，有时使用催化剂。使用催化剂不仅可以提高油的产率，特别是轻质油的产率，还可以提高油的质量 |
| 生成油回收工序 | 将热分解工序产生的高温热分解气体冷却到常温成为液状，即得到油。生成油的质量、性质、产率均随投入塑料的种类、反应温度、反应时间的不同以及是否使用催化剂等而有很大差异 |

| 工序 | 具体操作 |
|---|---|
| 残渣处理工序 | 在热分解工序中不能分离的少量异物（沙子、玻璃、木屑等）以及热分解中生成的炭化物等都必须从炉中除去。尽量减少残渣量，保持运转正常是化工研究开发中的一种重要技术 |
| 中和处理工序 | 聚氯乙烯塑料热分解时会产生氯化氢气体，作为盐酸来回收，用烧碱、熟石灰等碱中和无害后再回收 |
| 排气处理工序 | 这是处理热分解工序中难以凝集的可燃性气体（一氧化碳、甲烷、丙烷等）的工序。可采用明火烟囱直接烧掉或作热分解用的燃料。另外，也能作为电力蒸气的能源在系统中再利用 |

# 第十四章　橡胶废弃物处理技术研究

## 第一节　废旧橡胶回收利用方法

### 一、翻新

翻新是利用废旧轮胎的主要方式和最佳选择。轮胎翻新最早起始于 1907 年的英国，1993 年后传人中国。传统的废旧轮胎翻新工艺是热硫化法，该法目前仍是我国翻新业的主导工艺，但在美国、法国、日本等发达国家已逐渐淘汰此法。最先进的翻新工艺是环状胎面预硫化法，由意大利马朗贡尼集团于 20 世纪 70 年代研发，并于 1973 年投放市场。近年来崛起的后起之秀米其林轮胎翻新技术公司拥有两项专利技术，即预硫化翻新技术和热硫化翻新技术。

美国 30% 以上的废旧载重轮胎得到翻新，欧盟规定 2000 年废旧轮胎 25% 必须得到翻新，而我国与发达国家之间存在较大的差距，目前得到翻新的废旧轮胎还不到 10%。

### 二、原形改制

原形改制是通过捆绑、裁剪、冲切等方式，将废旧橡胶改造成有利用价值的物品。最常见的是用作码头和船舶的护舷、用作航标灯的漂浮灯塔等。

美国每年产生的废旧轮胎 2.54 亿条，通过原形改制可使其中的 500 万 ~ 600 万条变废为宝。日本发明了用废旧轮胎固坡技术。法国技术人员用废旧轮胎建筑"绿色消音墙"，吸音效果极佳，音频在 250 ~ 2000Hz 的噪声可被吸收掉 85%。与其他综合利用途径相比，原形改制是一种非常有价值的回收利用方法，在耗费能源和人工较少的情况下，可使废旧橡胶物尽其用，而且给人们提供了充分发挥想象力的空间以及大胆实践的机会。但该方法消耗的废旧橡胶量较少，且在利用时影响环境美化，所以只能当作一种辅助途径。

### 三、热能利用

废旧橡胶是高热值材料，其每千克发热量比木材高 69%，比烟煤高 10%，比焦炭高 4%。热能利用就是将废旧橡胶代替燃料使用，主要有两种方法：一种方法是将废旧橡胶破碎后直接燃烧，此法虽然简单，但会造成大气污染，不宜提倡；另一种方法是将废旧橡胶破碎，然后按一定比例与各种可燃废旧物混合，配制成固体垃圾燃料（RDF），供高炉喷吹代替煤、油和焦炭，供水泥回转窑代替煤以及火力发电用。同时，该法还有副产品——炭黑生成，经活化后可作为补强剂再次用于橡胶生产。

如今在美国、日本以及欧洲许多国家，有不少水泥厂、发电厂、造纸厂、钢铁厂和冶炼厂都在用废旧橡胶作燃料，效果很好，不仅降低了生产成本，而且从根本上解决了废旧橡胶引起的环境问题。相对于其他综合利用途径，热能利用的设备投资最少。因此，近年来废旧橡胶的热能利用已逐渐引起各国政府和环保组织的重视，被认为是处理废旧橡胶的最好办法，从而被确定为综合利用废旧橡胶的重点发展方向。

### 四、再生胶

废橡胶的再生，可以节约大量的橡胶资源，减少对环境的污染。从总体而言，橡胶再生方法大体上可以分为物理再生和化学再生两类。

（1）物理再生。物理再生是利用外加能源，如力、微波、超声、电子束等，使交联橡胶的三维网络被破碎为低分子的碎片。除微波和超声能造成真正的橡胶再生外，其余的方法只是一种粉碎技术，即制作胶粉。当这些胶粉被用回橡胶行业时，只能作为非补强性填料来应用。利用微波、超声等物理能量能够达到满意的橡胶再生效果，但设备要求高，能量消耗大。

（2）化学再生。化学再生是利用化学助剂，如有机二硫化物、硫醇、碱金属等，在升温条件下，借助于机械力作用，使橡胶交联键被破坏，达到再生目的。化学再生过程中，要使用大量的化学品，并需要高温和高压，这些化学品几乎都是气味难闻和有害的。

目前，化学再生橡胶采用的再生剂主要有二硫化物、硫醇、烷基酚硫化物、二芳基二硫化物，可以选择地断裂 C—S，S—S 键的化学试剂、无机化合物、铁基催化剂、铜基催化剂等。

此外，还有生物技术再生、De-link 再生剂、RRM 再生剂、力化学再生等废旧橡胶再生技术。再生胶的主要用途是在橡胶制品生产中，按一定比例掺入胶料，一来取代一小部分生胶，以降低产品成本；二来改善胶料加工性能。掺有再生胶的胶料可制造多种橡胶制品。再生胶在轮胎中的用量一般为 5%，在工业制品中的用量一般为 10% ~ 20%，在鞋跟、鞋底等低档制品中用量一般能达到 40% 左右。

近些年来，随着全球环保意识的增强，再生胶工业的诸多劣势，如工艺复杂、耗费能源多、生产过程污染环境、造成第二次公害等愈加引起公众关注。另一方面，与橡胶相比，再生胶的性能欠佳，应用范围受到限制。基于上述原因，发达国家已逐年削减再生胶产量，有计划地关闭再生胶厂，用生产胶粉来逐渐取代制造再生胶。

### 五、热分解

热分解就是用高温加热废旧橡胶，促进其分解成油、可燃气体、炭粉。热分解所得到的油与商业燃油特性相近，可用于直接燃烧或与石油提取的燃油混合后使用，也可以用作橡胶加工软化剂。热分解所得的可燃气体主要由氢和甲烷等组成，可作燃料用，也可就地供热分解过程燃烧需要。热分解所得的炭粉可代替炭黑使用，或经处理后制成特种吸附剂。这种吸附剂对水中污物，尤其是水银等有毒金属具有极强的滤清作用。

## 第二节　胶粉的资源化利用

### 一、常温粉碎法

废橡胶制品经过分类加工处理后，在常温下粉碎，一般分粗碎和细碎。目前我国采用两种粉碎方式，一种是粗碎和细碎在同一台设备上完成。另一种是粗碎和细碎在两台不同的设备上完成。前者适合于小型工厂的生产，后者适合于大中型工厂生产。

### 二、低温粉碎法

低温粉碎是利用液氮冷冻或空气涡轮膨胀式冷冻，使废橡胶制品冷至玻璃化温度以下，然后用锤式粉碎机或盘式粉碎机粉碎。

### 三、超微细粉碎法

英国橡胶与塑料研究协会（RAPRA）曾发表过关于超微细胶粉制造方法的专利，美国 Gould 公司取得了这项专利的实施权，并在美国俄亥俄州建立了实验工厂，这种方法简称 RAPRA 方法。

RAPRA 方法分三个步骤进行，第一步是废橡胶的粗碎，第二步是用化学品或大量的水进行粗胶粉的前处理，第三步是使用圆盘胶体磨进行超微细粉碎。

1．活化胶粉的制法及其性能

胶粉未经处理掺入到胶料中会使胶料的物理机械性能下降，限制了胶粉在橡胶中的应用，因此，必须先行活化处理，以提高胶粉的表面活性。掺有普通胶粉胶料的物理机械性能下降的原因，众多学者证实是由于硫黄迁移和促进剂的影响。

（1）硫黄迁移的影响

由于胶粉内存在少量游离硫和促进剂，在硫化过程中活性增大，硫的消耗加快，促使胶粉的外层硫黄向内层迁移，胶料中的硫黄向胶粉外层迁移，胶粉周围区域胶料中的硫黄浓度下降，使胶粉与基质胶界面的交联密度降低，造成硫化胶的物理性能低劣。

用三层模拟试样研究顺丁胶料和成分相同的胶粉时，分别用硫黄、树脂硫化，发现同胶料层接触的胶粉层总硫量增加，胶料层总硫量减少，证明硫黄从胶料层迁移到胶粉层。还观察到硫黄迁移发生在硫化开始阶段，硫化初期过后，胶料层、胶粉层的总硫量不再变化。研究中还发现，在掺用普通胶粉的胶料制备过程中，增塑剂在分散介质和分散相之间的重新分布也进行得非常强烈。

（2）促进剂的影响

用不加填充剂的标准配方制备顺丁橡胶胶料，也采用三层模拟试样，并按等摩尔加入促进剂，观察到有二乙基二硫代氨基甲酸锌存在时，硫黄从胶料角胶粉迁移的程度最低；有次磺酰胺和促进剂 D 存在时，硫黄迁移程度最高，有秋兰姆存在时，由于硫化过程中诱导期较长，使硫黄有充分时间向胶粉迁移，因而迁移程度也较高。

2．胶粉改性沥青的优越性

由于沥青路面所采用的材料成本低，已为我国大部分城市所普遍接受，但国产筑路石油沥青低温塑性差，低温延度差，给许多公路的建筑和保养带来了很大的问题，许多公路经常出现裂缝、黏软、飞石等现象。为了解决这一问题，许多国家开始将橡胶粉掺入沥青中铺设路面，并取得了良好的效果。

（1）沥青路面出现的问题

随着社会生产力的发展，低成本的沥青路面已越来越不适应当前道路交通的要求。

国产筑路石油沥青低温塑性差，低温延度差。这种沥青路，当温度降低时，面层收缩，基层限制收缩，产生应力，当应力超过面层允许拉应力和收缩变形时，面层开裂。地表水通过裂缝渗透到道路基层和路基上，遇气温下降或夜间变冷后冻结膨胀，使裂缝增大，常致使路面早期就被破坏。

国产100#石油沥青软化点低，夏季路面黏软，受外力碾压和冲击时出现拥包和车辙而被破坏，南方地区尤为严重。另外它与石料的黏附力较低，受行车作用的冲击，路面易产生脱落和飞石的现象，耐老化性能也较差。

交通噪声大多是由汽车轮胎摩擦地面而产生的，如果能减少这种声音，整个噪声就会大大降低。由于橡胶粒子具有良好的弹性和黏合力，因此，它能避免碎石相互摩擦而产生的噪声，车辆行过路面所产生的压力也会被橡胶所吸收，从而减少了行车与路面的摩擦，降低了噪声。

由于上述各种原因，国内沥青混凝土路面在当年冬季或1～2年内，产生收缩裂缝，继而发展到网裂和脱落，使路面过早被破坏，难以适应当前和长远交通对路面的要求。同时，由于沥青路面本身的特点。它对于噪声的控制能力很差，不适应闹市区建设的需要。这就需要采取措施来提高和改善石油沥青的某些路用性能。

（2）橡胶粉沥青路面的优点

由于沥青路面存在着大量的缺陷，许多国家和地区试图放弃使用沥青路面，改用水泥路面，但水泥路面成本相当高，同时，由于水泥路面光滑度较大，光线充足时，容易反光，使驾驶员眼睛产生疲劳，长时间在水泥路面行驶，会使驾驶员反应迟钝，容易产生意外。

目前许多国家正在研究解决上述问题的方法，如采用橡胶粉混入沥青来铺路，因为橡胶粉是一种高分子的弹性体，它在很宽的温度范围内均具有良好的弹性和延伸性能。采用橡胶粉改性沥青具有以下优点：

防止或减少路面夏季黏软、反光，冬季开裂、打滑；降低噪声50%～70%；减少飞石；缩短汽车的刹车距离，提高安全性；减少废旧橡胶对环境的污染。

因此，用废硫化橡胶粉来改善和提高沥青的性能，比用纯天然橡胶、合成橡胶或其他材料既有益又经济。

（3）胶粉沥青与普通沥青性能比较

1）常温下胶粉沥青的针入度、延度都低于普通沥青，软化点较高。针入度指标与沥青重组分和杂质含量有关，而橡胶沥青的针入度降低是由于黏度增大而造成的。常温下，延度下降，将有利于提高路面的高温稳定性，不至于受外力作用产生大的变形。沥青掺胶粉后软化点提高10～15℃，这对提高路面的高温稳定性是非常重要的，可以避免在炎热夏季路面出现黏软和拥包现象。对解决地区夏季路面流淌问题有重要意义。

2）胶粉沥青的低温延度、脆性温度有明显改善。低温延度增大，表明在低温时具有较大的变形能力。可以缓解路面受外力作用或基层应力反射到面层的开裂与破损，有利于沥青混合料的低温抗裂性。脆性温度下降对于减轻路面的冬季开裂，提高沥青混凝土的低温稳定性是非常重要的，对解决东北地区冬季开裂具有现实意义。

3）胶粉沥青的黏度和与石料间的黏着性得到提高。由于胶粉沥青的黏度较高，所以它与石料间的黏着性也能得到增强，有助于防止沥青与石料的分离和脱落。

4）胶粉沥青抗老化性能比沥青要强。

3．胶粉改性沥青的制法

除了少数改性剂（如 SBR 胶乳，即乙烯－丁二烯胶乳）可以采用直接投入法制造改性沥青外，大部分改性剂与道路沥青的相容性并不好，所以必须采取特殊的加工方式，将改性剂完全分散在沥青中，才能制造改性沥青。我国之所以长期以来对改性沥青的研究和推广进展缓慢，是由于改性沥青所用设备有问题，如对 PE、SBS 等仅采用常规的机械搅拌方式，以致加工效果不明显，严重影响了改性沥青的质量。所以，改性沥青设备成了发展改性沥青的关键。

归纳起来，改性沥青的加工制作方式，可以分为预混法和直接投入法两大类。实际上，直接投入法是制作沥青混合料的工艺，只有预混法才是真正地制作改性沥青，不过现在通称为改性沥青，细分有下列几种方法。

（1）母体法

母体法是先采用一种适当的方法制备加工成高剂量聚合物改性沥青母体，再在现场把改性沥青母体与基质沥青调稀成要求改性剂含量的沥青，所以又称为二次掺配法。母体法可以采用溶剂法和混炼法制备改性沥青母体。

对与沥青相容性不好的 SBR、SBS、PE 橡胶粉等聚合物改性剂，都可以采用高速剪切等工艺生产高浓度的改性沥青母体。可是如果仅仅是增加聚合物剂量，不采取添加稳定剂等措施，那么改性沥青在冷却、运输、存放乃至将母体加热、与沥青稀释掺配的再加工过程中，改性剂势必会发生离析，严重影响改性效果。所以在二次掺配时还必须进行强力搅拌，使改性剂分散均匀。

生产改性沥青母体的方法在我国曾经用于 SBR 橡胶沥青的生产，其中能形成规模生产、工艺较为成熟的主要是交通部重庆公路科学研究所研制的溶剂法橡胶沥青生产工艺。该工艺分两步：

第一步，先将固体丁苯橡胶切成薄片，用溶剂（汽油）使丁苯橡胶溶解，经搅拌成胶浆，再与热沥青共混，再回收溶剂，制成高浓度 SBR 改性沥青母体，以商品形式销售。成品 SBR 改性沥青母体成分含量一般为 20%。由于生产过程中的溶剂难于完全回收，母体中一般残留有 5% 以下的溶剂。

第二步，在工程上使用时，用户将此固体形态的母体用人工方式切碎，按要求比例投入热沥青中，采用搅拌机或循环泵搅拌，直至混合均匀（一般需 1 ~ 2h），制成要求比例的改性沥青，再投入沥青混合料拌和锅中拌和即可。现在已经有了热法切割改性沥青母体的专用配套设备，切碎的程度越小越好，二段小于 1kg，均混的温度宜保持在 120 ~ 150℃范围内，并保持温度稳定。

溶剂法的优点是聚合物改性剂的粒度很细，改性剂在沥青中分散非常均匀。缺点是母体制造时需要用溶剂，回收后产品中仍含少量溶剂（溶剂回收大于 85%，残留率小于 5%），溶剂回收成本较高，增加了生产成本，因此现在橡胶沥青的价格昂贵，而且存在生产安全问题。另外在工程上应用比较困难，母体不容易打碎割断，人工粉碎母体特别麻烦，与沥青二次掺配的设备投资也比较高。由于制造工艺过程较为复杂，且长时间搅拌又影响沥青本身性能及改性效果，从而严重影响了推广的进程。另外，母体使用的沥青品种与工程上的沥青品种不一致时，也存在沥青的相容性问题。所以现在国外已经很少采用此法生产改性沥青了。

由溶剂法制成的改性沥青母体，可在现场利用改性沥青混炼设备稀释混炼成要求剂量的改性沥青，也可在生产改性沥青母体的工厂直接制成要求剂量的改性沥青，即跳过人工粉碎母体的过程。

试验表明，所制成的 SBR 改性沥青在 163℃温度下存储 8 ~ 12h 后，针入度和延度开始明显下降。为避免丁苯橡胶及改性沥青的老化，要求混合和保温的温度保持较低的水平，而且在制造后应该尽早安排使用。

（2）直接投入法

直接投入法是直接将改性剂投入沥青混合料搅拌机与矿料、沥青经搅拌制作改性沥青混合料的工艺。正如前述，现在一般都把预混法和直接投入法作为改性沥青制作工艺的两大类来看待。

由于 SBR 等橡胶固体很难与沥青共混，采用溶剂法制成橡胶沥青母体，再在现场使用的工艺又较为复杂，因此利用合成橡胶制造过程中的中间产品胶乳，再制成高浓度的胶乳，便可以在沥青混合料制造过程中直接喷入拌和锅中拌匀，将使施工工艺简化。目前国内外用得较多的是丁苯胶乳、氯丁胶乳等。

SBR 胶乳采用直接投入法施工时，只需将 SBR 胶乳大桶运到工地，倒入一个存放罐里，直接用一台泵抽取胶乳，然后通过喷嘴喷入拌和锅即可，所需的设备非常简单，施工成本很低。据北京市公路局核算，每生产 1 吨改性沥青混合料所增加的费用不超过 20 元（剂量 2%）。

胶乳直接投入拌和锅的技术关键是计量，为使计量准确，输送胶乳的管道不能堵塞，但胶乳在使用过程中可能发生少量的破乳，同时也会附着在设备的管道、泵、喷嘴等处，这些都会影响计量的准确性。为了解决这个问题，工地上往往采用两套设备轮流使用的办法，一台设备使用一段时间后，便换另一台设备使用，将替换下来的设备用水清洗备用。另外，在喷沥青的同时喷胶乳，使胶乳分散均匀是关键。

（3）胶体磨法和高速剪切法

对目前工程上使用较多的 SBS、SIS 等热塑性橡胶类和 EVA、PE 热塑性树脂类改性剂，由于它与沥青相容性较差，仅仅采用简单的机械搅拌势必需要很长的时间，且效果不好，所以我国长期以来始终停留在试验阶段。对这些改性剂，必须通过胶体磨或高速剪切设备等专用机械的研磨和剪切力强制将改性剂打碎，使改性剂充分分散到基质沥青中。这种生产改性沥青的方法是目前国际上最先进的方法，除了可以在工厂生产专用的改性沥青并运输到现场使用外，也可将改性沥青设备安装在现场，边制造边使用给生产带来了很大的方便，且改性沥青的质量良好。

目前我国主要采用现场制作法生产改性沥青，即采用专用的改性沥青制造设备在现场加工制作改性沥青，然后直接送入拌和机使用。改性剂分散后不等它离析或凝聚，便与混合料拌和，所以改性效果较好，是我国改性沥青制作的方向。所加工的改性沥青也可以供应一定范围内的沥青混合料拌和厂，由沥青车调运使用，只需在现场设置可搅拌的储存罐即可。因此，研制改性沥青制作设备，已成为发展我国改性沥青技术的关键。

采用胶体磨法和高速剪切法加工改性沥青，一般都需要经过改性剂融胀、分散磨细、继续发育三个阶段。每一阶段的工艺流程和时间随改性剂及加工设备的不同而不同，而加工温度是个关键。改性剂经过融胀阶段（SBS 充油将使融胀变得很容易）后，磨细分散才能做到又快又好，加工出来的改性沥青还需进入储存缸中不停地搅拌，使之继续发育（对 SBS 一般需 30min 以上），才能喷入拌和锅中使用。

# 第三节　再生橡胶的资源化利用

## 一、硫化橡胶的再生机理

橡胶是线状直链高分子聚合物塑性体，其相对分子质量为 10 万～100 万。它通过硫黄等物质在一定条件下进行化学反应，形成网状三维结构形态的无规高分子弹性体。因此，要想用再生方法使硫化橡胶再回到线型具有塑性结构的高分子材料，首先必须设法切断已形成的、牢固的以 7T 键为主的交联网点，即再生胶生产过程中所必不可少的脱硫工艺。然而，从脱硫的具体操作来看，硫黄并没有从橡胶中脱掉，实际上仍然如数残留于橡胶之中。

实验证明，橡胶在硫化之后已经在交联网点处形成了一硫化物、二硫化物和多硫化物三种硫键形态。由于橡胶主要是无规任意形的聚合物，分子量长短不一，分子量分布参差不齐同时在微观化学结构上除顺式 1，4 位之外，还有反式 1，4 位、1，2 位、3，4 位等多种形式，且其比例又视胶种不同而异，不饱和双键变化无常，所以硫化橡胶的硫键交联网点都是无序的。实际上，硫化橡胶中交联网点的位置、分布和数量都是不定的。一般来讲，对橡胶性能改善最大的一、二硫化物约各占 20%，其余 60% 则为多硫化物。此外，还有相当数量的未结合剩余硫黄游离于橡胶之中。

橡胶再生的目的，就是把硫化橡胶通过物理和化学手段，将橡胶中的多硫化物转为二硫化物，二硫化物再进而转为一硫化物，而后再将一硫化物切断，促其最终重新成为具有原来橡胶状塑性的再生橡胶，不过，目前工业上常用的拌油蒸汽加热、化学再生药剂、机械粉碎轧压等脱硫方法，大都往往不加区别地把橡胶交联网点与橡胶主链同时切断，导致主导橡胶性能的结构遭到了严重破坏。以目前的再生技术来说，橡胶交联网点仅能减少 50% 左右，有效硫键交联网点的切断不过是硫化橡胶的 5%，与此同时，橡胶分子主链也有 33% 遭到了损害，因此，分子量也随之相应下降。传统法生产的再生胶，基于上述原因，实际上其塑性有相当部分是靠橡胶相对分子质量的降解和添加大量的脱硫再生油来实现的，因而，再生胶的机械强度只能达到原胶的一半多一点的程度，同新橡胶相比，还有很大的差距，无法单独使用，甚至掺用的比例都受到很大的限制。

硫化橡胶的脱硫程度，主要是由化学和物理两个方面的因素确定的。在化学反应方面，可以通过高温、高压来促使交联网点发生变化。并且通过添加化学再生剂进一步加快交联网点断裂的速度。在物理机械方面，主要是通过高挤压、高剪切造成交联网点切断，添加油料则可加速橡胶膨润、脱硫塑化的过程。因此，对橡胶再生而言，粉碎设备的选型，胶粉粒径的选定，脱硫器具及其再生温度、压力、时间的选取，以及油料、再生剂种类和数量的选择，还有物料的静动形态等，都是使硫化橡胶达到最佳脱硫条件的关键所在。

此外，再生技术还要特别注意环境保护、能源消耗、生产效率以及成本价格等问题。近年来，有的国家开始对再生橡胶进行 LCA 生命循环评价的工作。再生橡胶同原料合成橡胶、轮胎、炭黑以及翻胎等生产相比，再生橡胶可以节约大量能源。生产 1kg 再生橡胶仅耗能 0.7kW·h/kg 只有原料合成橡胶的 5.4%，轮胎的 3.5%。硫化胶粉生产一般耗能 0.2kW·h/kg，胶粉表面活化改性需要 0.4kW·h/kg，两者合计为 0.6kW·h/kg。再生橡胶同活性胶粉生产相比，两者差不多，而再生橡胶的售价远高于胶粉。由此可见，再生橡胶的 LCA 是极为优越的。

## 二、国内再生胶生产工艺的发展概况

再生橡胶的工业化生产，在我国始于 20 世纪 50 年代初期，其生产工艺路线主要有水油法、油法，在 70 年代出现过高温快速脱硫法，80 年代初又有立式干态脱硫法和高温连续脱硫法。上述诸种生产工艺中，只有水油法得以生存与发展，有的工艺为何不能在再生橡胶行业推广应用，其关键在于产品质量。水油法工艺是将粉碎成一定细度的硫化胶粉与再生剂配合，在高压夹套带搅拌的立式脱硫罐内利用水作为传热介质，再生（脱硫）时利用搅拌装置将胶粉与再生剂混合，因而制得的再生橡胶物化指标高，质地均匀，是大中型再生橡胶生产企业普遍采用的一种生产工艺。但是水油法工艺在生产实践中也暴露出一系列弊端，最为突出的是产生二次污染源——废水，还存在能耗高，设备复杂，投资规模大等问题。油法生产工艺其产量规模在国内仅次于水油法，油法脱硫时因物料处于静止状态，热的传递效果受到影响，故制得的再生橡胶质量较差，且很不稳定。而新工艺如高温快速脱硫法、高温连续脱硫法均属同一类型的生产工艺，采用这两种方法生产，操作工艺条件不易控制。橡胶是热的不良导体，在短时间内要使硫化胶粉达到理想的溶胀状态是不大可能的。这两种方法生产出来的再生橡胶半成品，即脱硫胶粉表面烂而黏，胶粒内部仍是硫化橡胶的三维空间网状结构。立式干态脱硫法是利用水油法的设备，只是在配方的配比上做了些调整，而脱硫的工艺条件仍然是水油法的再生工艺条件。80年代末 90 年代初，高温高压动态脱硫法在国内再生橡胶行业问世，在诸多新的再生工艺方法中，高温高压动态脱硫新工艺一经问世，就显示出它一定的生命力，目前国内再生橡胶行业大多采用高温高压动态脱硫法。

## 三、硫化胶脱硫再生方法

纵观国内外再生胶行业的发展，科学家们致力于脱硫工艺的改革与创新。脱硫就是把废旧橡胶经过化学的与物理的加工处理后，使弹性硫化胶部分解聚，分子的网状结构受到破坏，成为不具有弹性而恢复其可塑性和黏性，并可重新获得硫化的混炼胶，而不是把硫化橡胶中所结合的硫原子与橡胶分子完全脱离开来，也不可能使硫化胶还原到生胶的结构状态。

硫化橡胶脱硫再生方法归纳起来有以下几种：

（1）直接蒸汽法。如静态、动态油法。

（2）蒸煮法。如水油法、碱法、中性法（即在再生过程中加入氯化锌溶解纤维的方法）。

（3）机械法。如快速搅拌法、开炼机或密炼机法、螺杆挤出法等。

（4）化学法。用化学溶剂使胶料浸润、膨胀，在高温下制成液体或半液体再生胶，或在胶料中加入不饱和酸，在高温下制得含羧基橡胶。

（5）物理法。如微波法、远红外法、超声波法等。

硫化胶的再生方法很多，有的已拥有国外专利。在我国普遍采用油法、水油法。动态油法是近年发展起来的。快速搅拌法为小厂使用，设备已定型。螺杆挤出法在湖南橡胶厂进行过设备研制，用于鞋类废胶的再生。

# 第四节　废旧橡胶直接作燃料与热裂解应用

### 一、废旧橡胶直接作为燃料和热裂解概况

轮胎使用的橡胶主要是天然橡胶、丁苯橡胶、顺丁橡胶、异戊橡胶和丁基橡胶等。这些组成成分均易燃烧、无自熄性，残渣（除含量较少的丁苯橡胶外）无黏性。废轮胎的燃烧热值大约为 39000kJ/kg，分别比木材高 69%，比烟煤高 10%，比焦炭高 4%。废旧轮胎的燃烧利用是目前发达国家处理废旧轮胎最为经济合理的方法。典型废轮胎的组成，其主要由橡胶、炭黑、软化剂、硫黄、硬脂酸、氧化锌和促进剂等组成。废轮胎的挥发分比较高，具有合适的反应速率，同时含氮量很低，是一种很好的再燃燃料。

典型废轮胎胶粉的燃烧热值比煤高得多，是具有开发性的燃烧能源。废轮胎胶粉的含氮量比煤低得多。研究表明，煤燃烧时产生的 $NOx$ 般比废轮胎胶粉燃烧产生的 $NOx$ 高 4 倍，$SO_2$ 的产生量和废轮胎胶粉的产生量差不多，所以用废轮胎胶粉作为再燃燃料时，不增加 $SO_2$ 的排放量，同时，在再燃区对 $NOx$ 产生的抑制作用比煤粉作为再燃燃料时效果要好，有利于更好地降低烟气中的 $NOx$ 浓度。

从燃料分级的原理可知，在再燃区的还原性气氛中最有利于 NO 还原的成分是烃，废旧轮胎胶粉的氢含量比煤的氢含量高得多，因此有助于 NO 的整体降低，特别在温度较低的流化床中效果更好。

废轮胎胶粉的挥发分高，研究表明，废轮胎热解时释放的挥发分气体产率达到 40%，气体成分具有很好的还原性，能在再燃区将 NO 还原成 $N_2$。

国内常温生产胶粉的技术已达到国际先进水平并投入规模化生产，粒径可加工到80～200目。胶粉燃烧容易，残渣无黏性，对燃烧设备的要求低，改造费用较低，具有很好的经济性。

随着环保要求的日益增高，以废旧轮胎胶粉为再燃燃料，将煤炭和废旧轮胎胶粉结合起来清洁使用，对于改善我国能源结构，加快国民经济快速发展具有重要意义。废旧轮胎氮含量低，燃烧热值高，用它作为再燃燃料可以达到利用其潜在能量、提高废旧橡胶的回收利用率、减少化石燃料的消耗量、解决废轮胎的环境污染问题。

废轮胎的大量废弃造成了环境污染，世界各国尤其是发达国家纷纷致力于废轮胎的回收利用研究。与翻新、制造胶粉和再生橡胶、焚烧等废旧轮胎处理方法相比，热解法具有对废轮胎处理量大、效益高和环境污染小等特点，更符合废弃物处理的资源化、无害化和减量化原则。近年来，废轮胎热解处理逐渐由小型试验转向中试规模试验，废轮胎的热解研究也逐步从新工艺开发、工艺优化向热解产物的分析和利用方向侧重。

随着废轮胎等橡胶类废弃物数量的迅速增加，对废轮胎进行回收处理，开发出符合无污染、连续化、完全深化的回收利用废轮胎的处理技术并将其应用推广，已成为迫切需要解决的问题。

## 二、废旧橡胶热裂解的工艺方法

将洗净的废旧轮胎经切片或粉碎后进入热解反应器，在反应器内经加热后发生热分解反应。气态产物通人冷凝器，可以实现油气分离，并可冷凝出多组馏分，如汽油馏分、柴油馏分和重质油馏分等。反应器内固态产物经磁选使粗炭黑与钢丝分离，粗炭黑进一步加工处理可制得活性炭或炭黑。具体的工艺方法又可分为以下几种。

（1）移动床热解工艺

移动床热解工艺属于慢速热解工艺，该热解技术可减少热解中间产物的二次反应，从而提高热解油的产率，低压有利于减少热解炭上附着的含碳残留物，从而提高其作为炭黑重新使用的可能性。热解油中轻质石脑油和芳香化合物含量较高，既提高了经济性，又有利于提高燃料油的辛烷值可处理大块废轮胎且不需除去钢丝和纤维帘线。缺点是热解炉的供热方式为外热式，传热效率较低，整个系统不能满负荷工作。

（2）流化床热解工艺

流化床热解工艺属于快速热解工艺，特点是加热速率快、反应迅速、气相停留时间短，因此热利用效率高，同时可以减少二次反应的发生，热解油产率较高。KaminskyW 等开发的流化床热解工艺具有代表性，该热解系统采用间接加热方式，热解产物为炭黑、热解油和钢丝。结果表明，利用较高的热解温度（700～800℃）进行二次芳香化反应，可以回收利用苯族化合物和苯乙烯等。

为了降低流化床热解温度从而降低能耗，KanrinekyW 等在 500℃和 600℃下利用流化床热解技术开展低温轮胎热解试验，使用氮气作为流化气。结果表明，温度从 500℃升到 600℃，气体和炭黑产量大幅度提高。且炭黑质量受温度影响不大。

（3）烧蚀床热解工艺

烧蚀床热解工艺是将反应物料与灼热的金属表面直接接触换热，使物料迅速升温并裂解。Black J W 等利用连续烧蚀床工艺中试试验装置，在氮气气氛、热解温度为 450～550℃、停留时间为 0.6～0.88s 条件下，对粒径约为 1cm 的废轮胎物料进行热解研究，并对热解炭进行活化处理，探讨了热解炭及以其为原料制得的活性炭的吸附性和炭黑的应用性能。结果表明，在 450℃时，热解油、热解炭和热解气的产率分别为 53%、39% 和 8% 较高的热解油产率表明连续烧蚀床工艺热解产物的停留时间较短，二次反应程度较低。

（4）固定床热解工艺

固定床热解系统为批量给料，不能长期连续运行。而且热解条件不易长期保持，整胎热解导致金属丝在床内缠绕等问题也亟待解决。

（5）其他热解工艺

废轮胎在无催化效应的高温盐溶液中进行热解属于熔浴热解工艺、微波热解工艺，主要回收固相和液相产物，此外，还有利用云母等作为催化剂进行催化裂解的工艺。催化裂解虽然可以降低热解温度，促进热解进行，但催化剂的加入使热解产物的品质受到影响。

## 三、废旧橡胶热裂解材料的应用

废旧橡胶热裂解主要热解产品为热解油、炭黑及热解气体。

（1）废轮胎热解油应用

热解油（链烷烃、烯烃、芳香烃的混合物）有大约 43MJ/kg 的较高热值，可以作为燃料直接燃烧或作为炼油厂的补充给料。因为产品主要成分是苯、甲苯、二甲苯、苯乙烯、二聚戊烯及三甲基萘、四甲基萘和萘，所以也可以作为化学制品的一种来源，这些化合物都是有用的化工原料。工业的发展需要越来越多的燃料和化工产品，然而全球固定资源有限，所以要提倡循环经济，实现废弃物资源化利用。废轮胎热解只是一种废弃物处置技术，而热解产物的应用才是实现资源化利用的关键。可将废轮胎热解油与石油原油进行对比研究，以寻求出废轮胎热解油的合理应用途径。

（2）废旧橡胶热解炭黑的应用

不经过处理的炭黑，可以用做低等橡胶制品的补强填料或用做墨水的色素，也可作为燃料直接使用。另外，由于碳残余物中含有难分解的硫化物、硫酸盐和橡胶加工过程加入的无机盐、金属氧化物以及处理过程中引入的机械杂质，因此可直接应用于橡胶成型的生产。而且，如果与普通耐磨炭黑按一定的比例混用，其耐磨性能将大大增强。热解炭黑、酸洗炭黑表面则含有较多酯基、链烃接枝。因此具有不同于色素炭黑的特殊表面特性，回收炭黑的表面极性比色素炭黑表面极性要低。该特性增加了回收炭黑的表面亲油性能，作为一种新型炭黑应用到橡胶、油墨等材料中将具有更好的分散性。

（3）废旧橡胶热解气体的应用

热解气体的主要成分是甲烷、乙烷、乙烯、丙烷、丙烯、乙炔、丁烷、丁烯、1，3-丁二烯、戊烷、苯、甲苯、二甲苯、苯乙烯、氢气、一氧化碳、二氧化碳和硫化氢等，气体分布以乙烯为主，其次是丙烯、丁烯、异丁烯等。热解气热值与天然气热值相当，可作为燃料使用。

## 四、废旧橡胶热裂解新技术

### 1. 废旧橡胶低温微负压催化裂解

废轮胎（废旧橡胶）、废塑料低温微负压催化裂解技术是当今该项技术最先进的低温催化裂解工艺之一，是利用废轮胎、废旧橡胶、废塑料等进行资源再生循环利用的高新技术。

以前在国际市场上比较常用的裂解方法如下：

（1）热能利用：直接燃烧，供发电厂、工业锅炉、水泥厂和钢铁厂等做热能燃料。用量也较大，但只能回收不到一半的能源，利用率较低。

（2）热裂解：这是一种废轮胎普遍的处理方法。热裂解处理过程是将胶粒输送到热裂解炉进行热裂解，胶粒在高温高压状态下进行热裂解，其中气相产品进入洗涤塔冷凝冷却。冷凝下来的燃料油晶经冷却后送地区储存，不可凝的轻组分（C5以下的烃类气相）回收作为热裂解炉的燃气。这是很普遍的一种处理方式，但因其是在高温高压下完成，在这个过程中，会有有毒气体产生，对环境和人体有很大的威胁。同时，由于这种方法技术复杂，装置庞大，成本很高，也制约了它的推广应用。

（3）废旧轮胎土法炼油：目前，我国较多采用废旧轮胎土法炼油，此法投资少，设备简陋，在生产过程中会产生大量有毒有害烟尘、气体，严重污染空气，生产过程中产生的废渣、废油也会严重污染环境。另外，土法炼油生产出的油多属于多种油体的混合物，油质极差，是对资源的一种极大浪费。

最新的低温微负压裂解技术与其他技术相比，优势在于以下几个方面：

（1）利用本技术同时能处理多种废料，如废旧橡胶、废旧轮胎、废旧塑料、废油、油浆、煤焦油等各种废油。其他技术的最终产品是燃油（混合油），经本装置深加工的最终产品是国标柴油、国标汽油、精品炭黑、沥青、钢丝、液化气等。

（2）最环保的处理方式无任何的"三废"排放和二次污染。

无废水：本工艺过程中的用水是循环冷却使用，因是循环利用，故没有废水的产生。

无废气：本装置由于是低温裂解，故没有产生有毒气体二噁英的条件，也就无二噁英产生和排放，因此不会产生有毒气体。而在裂解过程中产生的其他气体，是C4之前的C、H化合物，为不可凝的可燃气体，经脱硫后回燃烧机使用作为燃料，节约了能源。本装置不设烟囱，没有气体排放。

无废渣：本工艺流程中产生的渣是钢丝和炭黑。采用封闭式振动筛分离，通过废渣出料后在本系统内，钢丝和炭黑经振动筛分离，钢丝从钢丝出口排出，炭黑输送深加工系统处理还原为精品炭黑，自动包装成袋。整个过程在封闭式自动控制下处理，没有废渣粉尘。

2．废旧橡胶裂解制取柠檬油精

中国科学院广州能源研究所将减压热解与催化技术相结合，在较低温度和较短时间内，由废轮胎热解制取含有高浓度柠檬油精的燃油产品明显改善热解炭黑的品质，炭黑经粉碎风选所得超细粉可直接用作补强炭黑或油墨工业，粗粉经活化造孔制备高比表面积活性炭，可广泛应用于废水废气治理，经蒸馏提取富集的柠檬油精产品可作为优质溶剂，可用于去污剂、涂料、溶剂和制药等方面。

该技术创新点主要有三个：处理1t废轮胎制取浓度为90%的柠檬油45～50kg；热解炭黑超细粉达到商业补强炭黑和油墨炭黑标准；热解炭黑粗粉经造孔活化制备的活性炭比表面积高。

# 参考文献

［1］张甘霖.城市土壤的生态服务功能演变与城市生态环境保护［J］.科技导报，2005，23（3）：16-19.

［2］崔玉亭.化肥与生态环境保护［M］.化学工业出版社，2000.

［3］高向军，鞠正山.中国土地整理与生态环境保护［J］.资源与产业，2005，7（2）：1-3.

［4］赵其国.城市生态环境保护与可持续发展［J］.土壤，2003，35（6）：441-449.

［5］司全印，冉新权，周孝德.区域水污染控制与生态环境保护研究［M］.中国环境科学出版社，2000.

［6］苏少青，林碧珊，曾晓舵.土地整理中生态环境保护问题及对策［J］.生态环境学报，2006，15（4）：881-884.

［7］王玉庆.科学发展观与生态环境保护［J］.中国环境管理干部学院学报，2004，15（14）：50-53.

［8］鲁如坤.土壤磷素水平和水体环境保护［J］.磷肥与复肥，2003，18（1）：4-6.

［9］赵细康.环境保护与产业国际竞争力［M］.中国社会科学出版社，2003.

［10］李健，高沛峻.污水处理技术［M］.中国建筑工业出版社，2005.

［11］尹先清，陆晓华，邓皓.含油污水处理技术研究［J］.工业水处理，2000，20（3）：29-31.

［12］任广萌，孙德智，王美玲.我国三次采油污水处理技术研究进展［J］.工业水处理，2006，26（1）：1-4.

［13］柏景方.污水处理技术［M］.哈尔滨工业大学出版社，2006.

［14］建设部科技司组织编写.生物膜法污水处理技术［M］.中国建筑工业出版社，2000.

［15］沈耀良.固定化微生物污水处理技术［M］.化学工业出版社环境科学与工

程出版中心，2002.

［16］杨展里．我国城市污水处理技术剖析及对策研究［J］．环境科学研究，2001，14（5）：61-64.

［17］谢锦松，黄正义．固体废弃物处理［J］．中国环保产业，2001（S1）：40-42.

［18］张鸿波．固体废弃物处理［M］．吉林大学出版社，2013.

［19］赵丽华，赵中一．固体废弃物处理技术现状［J］．环境与可持续发展，2002（3）：26-27.

［20］孙跃跃，汪云甲．农村固体废弃物处理现状及对策分析［J］．农业资源与环境学报，2007，24（4）：88-90.

［21］方伟成，赵智平，梁飞．固体废弃物处理方法比较［J］．科技创新导报，2007（16）：88-88.

［22］林小英，李玉林．等离子体技术在固体废弃物处理中的应用［J］．资源调查与环境，2005（2）：128-131.